现代大气科学丛书

大气环境学

黄美元　徐华英　王庚辰　编著

气象出版社
China Meteorological Press

内 容 简 介

本书系统地介绍一门新兴的学科——大气环境学。全书分八章。先论述备受关注的大气环境污染问题，说明其来源、成因、物理和化学过程以及管理和治理；其次阐述近代国际上三个大气环境热点问题：即酸雨、臭氧层破坏和气候变暖，阐明它们的由来、危害、科学认识及防治对策等；书中对沙尘暴和污染物的远距离输送等现象也予以重视。全书立足于现代科技成果，扼要叙述为主，尽量少用数学公式和图表。本书既可作为大气科学、生态环境保护工作者的参考书，也可作为相关院校师生的教材。

图书在版编目(CIP)数据

大气环境学/黄美元　徐华英　王庚辰编著.
—北京：气象出版社，2005.10(2019.1重印)

ISBN 978-7-5029-4014-0

Ⅰ．大…　Ⅱ．黄…　Ⅲ．大气环境-研究　Ⅳ．X16

中国版本图书馆 CIP 数据核字(2005)第 109528 号

Daqi Huaijingxue

大气环境学

黄美元　徐华英　王庚辰　编著

出版发行：气象出版社
地　　址：北京市海淀区中关村南大街 46 号　　　　邮政编码：100081
电　　话：010-68407112(总编室)　010-68408042(发行部)
网　　址：http://www.qxcbs.com　　　**E-mail**：qxcbs@cma.gov.cn
责任编辑：李太宇　章澄昌　王萃萃　　　　　终　　审：吴晓鹏
封面设计：张建永
印　　刷：北京中石油彩色印刷有限责任公司
开　　本：787 mm×1092 mm　1/16　　　　印　　张：11.25
字　　数：282 千字
版　　次：2005 年 10 月第 1 版　　　　　　印　　次：2019 年 1 月第 4 次印刷
定　　价：50.00 元

本书如存在文字不清、漏印以及缺页、倒页、脱页等，请与本社发行部联系调换

作 者 简 介

　　黄美元，1934 年生于上海。1957～1961 年留学苏联，获副博士学位。以后一直在中国科学院大气物理研究所从事科学研究，历任研究室主任，所学术委员会副主任，中国气象学会常务理事等职，从 20 世纪 80 年代起为研究员、教授、博士生导师。在云物理学、人工影响天气、大气环境学等方面有深入研究。发表专著二种，论文一百三十余篇。先后九次获国家和中国科学院等科技成果奖。

序

    大气科学是研究地球大气圈及其与陆面、海洋、冰雪、生态系统、人类活动相互作用的动力、物理、化学过程及其机理。由于人类的生产和生活活动离不开大气，因此，这门科学不仅在自然科学中具有重要的科学地位，而且在国家的经济规划、防灾减灾、环境保护和国防建设中都具有重要的应用价值。

    随着人类生产活动的发展和科学技术水平的提高，特别是电子计算机和气象卫星及太空遥感探测大气技术的提高，大气科学得到了迅速的发展，它已形成了诸多分支学科，如大气探测学、天气学、气候学、动力气象学、大气环境学、大气物理学、大气化学等分支学科。为了回顾近百年来大气科学的发展成就以及展望21世纪初大气科学的发展、创新与突破，我们编写了这套《现代大气科学丛书》。它包括《大气科学概论》、《大气物理与大气探测学》、《大气化学概论》、《大气环境学》、《动力气象学导论》、《现代天气学概论》、《现代气候学概论》、《应用气候学概论》共八卷。本书是其中的一卷。

    在编写这套丛书时，内容力求简明扼要、通俗易懂，每部书的内容结构力求全面、系统。各卷还包括了对各分支学科的发展历程、研究方法和对今后的展望，以使读者对现代大气科学各分支学科有一个全面的了解。

    由于我们学识有限，加之本套丛书涉及的内容较为广泛，书中难免有不妥之处，希望读者给予指正。

    本套丛书得到了中国科学院大气物理研究所的大力支持和资助，在此表示衷心的感谢。

    此外，《中国现代科学全书》编辑工作委员会对本套丛书的组稿和书稿的排版做了不少工作，在此给予说明。王磊和刘春燕两同志对于本套丛书书稿做了许多工作，鲍名博士在此套丛书出版的联系方面付出许多精力，也在此表示感谢。

《现代大气科学丛书》编辑委员会

主编   黄荣辉[*]

2005 年 5 月 18 日

---

    [*] 黄荣辉，中国科学院院士

前　言

　　人需要空气、水和食物,成年人约在五周内没有食物、约在 5 天内没有水还能生存,但是没有空气只要 5 分钟就不能生存。如果空气中混合有害有毒物质,则生命现象就与有毒害物质有了牵连。生命现象并不只限于人类本身,动物和植物,乃至土壤和水都是有生命的。因此他(它)们都与大气环境有关。

　　大气环境学是大气科学与环境科学交叉的一门新兴的学科分类,它的研究对象、任务、内容和学科体系在发展之中,还有许多问题尚要进一步研究和探讨。大气环境学与污染气象学和大气化学的研究内容有交叉,但有明显区别。大气环境学主要是全面研究大气组分(组成大气的气体和气溶胶粒子)的科学。本书以此为主线,着重论述两方面的内容:首先论述由来已久、备受注目的(局地)大气环境污染,或简称大气污染。尽管这方面已有很多研究和成熟技术,但就全世界,特别是发展中国家来说,大气污染问题远没有解决,需要进一步研究。书中对大气污染的种类、源、扩散和输送,物理和化学过程,管理和治理等作了论述。其次,近 20~30 年来,国际上有三大大气环境热点问题,即酸雨、臭氧层破坏和气候变暖。书中对这些问题的由来、危害、科学认识、防治对策等予以阐述。另外,书中对沙尘暴和污染物的远距离输送等现象也予以一定注意。在编写上,本书立足于现代科技成果,以全面兼顾,扼要叙述为主,不过多旁征博引和推导数学公式,也尽量少用图表来补充文字论述。

　　参加本书编著的人员有黄美元(第一、二、五、八章)、徐华英(第三、四章)和王庚辰(第六、七章)。由于作者水平有限,书中如有错误和不当之处,敬请广大读者批评指正。

编著者

2005 年 5 月

目　录

序

前　言

第一章　大气环境学概述

第一节　大气环境学研究对象和内容

大气环境学是大气科学和环境科学两种学科交叉的分支学科。它是从人类环境的角度来研究地球大气。它主要研究大气组分(组成大气的气体和气溶胶粒子)的物理和化学特性、迁移转化规律以及它们与人类活动、气象和生态系统之间的相互影响。它与气象学关系密切,但二者有区别,气象学主要是研究影响天气、气候的要素(温、湿、压和风等)和现象(云、能见度、降水等)的变化规律,它并不研究大气组分(如 SO_2、O_3、气溶胶等)的变化规律。大气环境学与空气污染气象学也有密切关系,但二者研究侧重内容也不同。空气污染气象学是研究空气污染和气象学的相互关系。核心问题是研究污染物在大气中的湍流扩散,大气环境学较全面地研究大气中污染物和非污染物的物理、化学和生物过程。

人类很早就注意到了大气环境问题,如森林火灾和大规模烧荒引起的烟雾弥漫,过度开垦农田和采伐森林引起的沙漠化和风沙等危害。大约从 18 世纪起人们就开始研究空气组成及其化学特性。防化学战、防细菌战以及防核战的需要推动了大气污染、污染气象、空气化学等大气环境学研究的建立和发展,产业革命后的工业、交通迅速发展,更是迫使人们重视大气环境问题,研究大气污染规律及控制技术。污染物在大气中的输送和演化,大气组分的变化对人体健康、气候及生态环境的影响。大气环境学作为一门学科分支的正式提出,可能是 20 世纪中叶的事。在此以前,大气环境学的一些现象和内容散落在污染气象学、大气化学、大气物理、气候等学科内。大约在 20 世纪 70 年代提出了 3 个全球或洲际的重大的大气环境问题,即酸雨、气候变化和南极臭氧洞。这清楚地表明,人类活动可以引起全球性或很大范围的大气环境变化,这种变化将可能和已经产生了对人类生存和自然环境的严重危害。引起了各国政府和科学家的高度重视,有力地推动了大气环境学的深入发展。近年来火山喷发、森森大火和沙尘暴以及人类活动产生的粒子及其对大气环境的影响倍受关注。大气环境学的研究将向各种尺度和更为复杂的大气过程及其相互影响的领域发展。

我国大气环境学的研究大约始于 20 世纪 60 年代初。为防止核爆炸试验污染的需要,开展了复杂地形条件下的大气边界层气象要素的测量和扩散估计。60 到 70 年代为解决我国山区工业建设中的空气中的污染问题,开展了山区气象监测、山区大气扩散试验和污染扩散模式计算,对山区工厂建设进行大气环境影响评价,以及随着我国经济建设的迅速发展,我国空气污染监测,大气环境评价和规划有了广泛的开展。相应地,有关大气污染理论和模式,大气环境管理和污染控制得到了很大进展。80 年代起在我国发现了酸雨问题,从此国家及有关部门组织了长达十多年的酸雨研究计划;较大规模地开展了大气污染和云、雨化学监测,酸雨形成理论和来源,酸雨的危害和控制技术等方面的研究,初步弄清了我国酸雨现状和变化趋势,阐明了我国酸雨形成和来源的基本特点,明确了酸雨在我国造成的危害,提出了适合我国的酸雨控制技术,从而大大地推动了我国大气环境学的发展。随着国际上气候变化和臭氧问题研究的开展,我国从 80 年代中期以后,也相应开展了温室气体、臭氧和气溶胶监测及研究。研究和模式计算了这些物质对气候和大气环境影响,特别是对我国气候和环境的影响。与此同时,污染物的长距离输送、沙尘暴及其影响、大气污染预测等方面的研究也取得了显著进展。我国大气环境学的研究和应用正在向纵深方向发展。

大气环境学涉及的内容比较广泛,它包括大气环境的监测技术、理论和模式研究以及应用,主要有以下内容:

一、大气环境状态及其演化规律

研究太阳和地球系统的演化对地球大气环境的形成和演化的影响,包括不同历史时期大气环境的背景状态、大气组分的变化、各种自然过程对大气环境的影响。因此就需要对大气环境状态及其组成的气体和粒子进行长期和有代表性的监测,发展探测技术方法和装备,发展分析技术方法和装备以及数据积累和处理系统。大气环境探测已广泛利用卫星、激光、通讯及计算机等方面现代科学技术。

二、大气环境污染及其控制

自从工业、交通迅速发展,人口急剧增加和社会加速城市化以来,人类不断地面临着大气污染的困扰,人们重视研究污染源的调查和测算,污染物的理化特性、大气环境的污染过程、气象条件对污染散布的影响、大气污染对人体健康和生态环境的影响和危害及大气污染的控制和防治。大气污染可在多种空间尺度内发生。早期注意工矿区和城市地区的大气污染,现在已发展到既注意全球和洲际大气环境的污染,也重视研究室内和街道上的空气污染。随着人民对生活质量要求的不断提高,对污染物控制标准的日益提高,要控制的污染种类也逐渐增多,大气环境污染研究不断地得到推进。

三、大气环境中物质的迁移转化规律

大气环境中有许多气体、液体和固体粒子,它们在大气中经历着多种复杂的物理化学和生物过程;它们在太阳及地球系统的辐射作用下,产生吸收、散射和光化学反应,随着大气的运动,它们发生输送、扩散、沉降和并合;在大气的不同状态下,这些物质发生气相化学反应、液相化学反应或者均相和非均相化学反应;在有云和雨等环境中,它们被吸收、氧化、清除、凝结。大气环境是一个复杂、多变的系统,晴、阴、雨、雪、温、湿和风随时空不断变化;地表状态、太阳辐射、自然源和人为源等的空间分布极为不均匀,因此,上述许多物理和化学过程或是交义或是同时发生,而且相互影响、相互制约,因此需要建立能综合反映这许多理化过程,控制大气环境质量的方程组和模式,定量计算和研究大气中微量气体、污染物、各种粒子的时空分布和变化规律。近 20 a 以来,不同复杂程度、不同目的的大气环境质量模式和计算方法得到迅速发展。而这些物质在大气中迁移转化规律是大气环境学中模式研究的理论基础。

四、大气环境评价和管理

大气环境学研究的根本目的是清除大气污染,不断提高大气环境质量,为人类和生态系统营造一个可持续发展的良好的大气环境。因此在一些地区和国家要进行大气环境的现状和影

响(预测)评价,研究大气环境评价的实用方法和模式。为了防止大气环境污染,国家管理机构要加强大气环境的管理,建立污染源的排放标准及大气环境质量标准,以规范社会的生产和生活活动。要研究大气环境质量(或称大气污染)预测的理论和方法,以发布城市和区域大气污染状况的预报。要研究大气污染防治的理论、方法和技术,规划地区和城市的大气环境质量。

五、大气环境与人类和生态系统的相互影响

大气环境受到人类社会生产和生活活动以及地球上生态系统的重大影响。例如人类活动排放的硫化物和氮氧化物引起酸雨的产生和大气环境的酸化;人类活动排放的温室气体、硫酸盐和碳粒子影响全球气候变化;人类活动排放的卤素化合物、氮氧化物、碳氧化合物影响和破坏大气臭氧层以及浓度变化;土地荒漠化引起风沙危害的加剧;火山喷发、森林大火引起局地和区域大气环境质量的剧变。而恶化了的大气环境反过来又影响和危害人体健康和生态系统的正常演化。例如大气酸沉降既危害人体健康,又使土壤贫瘠、森林衰退、湖泊酸化、鱼类死亡。全球和区域气候变化可能引起海平面升高,淹没一些岛屿及沿海地区;可能引起全球和区域降水的重新分布,严重影响农业生产。大规模和长时间的风沙以及烟雾弥漫会影响交通运输、太阳辐射、植物的生长和发育。因此研究人类社会工业、交通的发展、人口的增加、社会城市化的推进、大规模水利、农田和森林建设,物种和资源的保护以及太阳和地球的演化,地球表面山、水、陆分布和植被覆盖率的变化和大的自然现象等对大气环境组成、结构、品质的影响和变化及其反馈是大气环境学的重要内容,它是有重大的科学意义和应用价值。

第二节　大气环境学与其他学科的关系

大气环境学既是大气科学的一个分支,也是环境科学的一部分。因此大气环境学与其他学科有密切的关系,但也有区别,而且自身具有一定的综合性。

大气环境学要研究大气组分(即有关气体和粒子)的输送、扩散和沉降,这就与大气动力学、气象学、大气边界层物理、污染气象学以及流体力学、热力学等有密切的关系。大气环境学要研究大气组分的化学特性和化学变化,这就与有机化学、无机化学、分析化学、大气化学等有关。要应用它们的有关理论、方法和研究成果,来推动大气环境科学的发展,而环境学的发展又为它们扩展了研究领域,提出了新的课题,促进了这些学科的发展。大气环境学要研究大气辐射、云和降水、湍流和气溶胶对大气组分的影响及其反馈,这就与大气辐射学、云物理学、大气气溶胶等大气物理学和物理学密切有关。大气环境学要了解和掌握大气组分的空间分布和随时间的变化,需要遥感、监测、理化分析和数据处理,这就与大气探测、物理与化学实验、电子和计算机科学有关。大气环境学要研究大气污染、人类活动对大气环境影响、大气环境对人体健康的影响等,这就与社会科学、经济学、能源、工业和交通运输业、人口学、医学、生理学等有关。大气环境与地球生态环境有相互影响,这就与地学、生态学、资源环境学以及植物学、动物学等有关。因此,大气环境学是与许多有关学科紧密联系,相互交义、相互促进的一门学科。

大气环境学作为一门相对独立的学科,显然它与其他学科是有区别的。它与大气动力学、气象学、污染气象学和大气物理学不同,它是研究大气组分、不是气象要素的动力学和物理过程,而且还研究其化学过程。它与大气化学不同,除研究大气中的化学过程外,还有物理过程及其相互的影响。就环境科学来说,大气环境学主要研究对象是大气环境。虽然它也涉及与

其他环境(如地球化学环境、海洋环境、土壤环境、生态环境等)的相互影响,但它并不研究其他环境本身的演化规律。

综合以上分析可以看到,大气环境学是一门相当综合性的学科。它几乎研究大气中各种气体和粒子的物理、化学以及生物过程;它与大气科学、地学、环境科学、生态学、社会科学有着密切的联系。

研究和发展大气环境学有重要的科学意义和应用价值。人类生活在大气的底层,已经适应了近地面大气的化学组成、气温、压力等。大气已成为维持生命的第一要素。各种生物没有水还可以支持 1~2 d,离开了空气,只要几分钟,生命就不能维持。一个成年人每天需要呼吸两万多次。每人每天吸入的空气量大约有 $1×10^4$ L,约为每天所需食物和饮水重量的 10 倍。大气环境质量(品质)是人类生存环境的一种晴雨表,大气环境品质及其变化对人类生存有严重影响。研究表明,包括大气污染在内的环境污染是影响人类寿命的一个重要因素。为了提高人们的生活质量,就要改善大气环境质量,防止大气污染。

当今世界,人口、资源和环境制约着社会经济的发展,人类社会及其经济建设只有走可持续发展的道路才有光明的前途。因此,社会发展、经济建设必须与保护环境联系起来。从这方面来说,大气环境学可以引导和推动经济发展,改善社会的能源利用,加速淘汰一些能源消耗高,污染严重的工、农业、交通运输业中落后的技术、装备及企业。不断推动煌开发新的清洁和高效的技术和装备,促进国民经济上一个新的台阶。例如,我国大气污染严重的重要原因之一是能源消耗高,浪费严重,燃烧方式落后。在我国 20 多万台工业锅炉中,小锅炉占 80% 左右,热效率很低。如果采取关掉一批,改造一批,新建一批,不只是大气污染将得到减轻,工业技术装备也将会向现代化明显推进,能源利用率显著提高,从而从整体上促进了工业的发展。

人类社会与其四周的生态环境是彼此依存和相互影响的。大气污染就是一个典型事例,人类活动造成了大气污染,而大气污染又影响了人体健康和生态环境。近 20~30a 又出现了一些新的大气环境问题。也是人类活动影响大气环境变化,再影响人和生态环境。随着社会的演化,经济和技术的发展,人类活动进一步在空间和规模上的扩大,人民对生活质量要求的不断提高,一定会产生新的大气环境问题,引起新的对人和生态环境的影响。在这方面,大气环境学有助于监测、发现、预测和评价这类新的大气环境问题的发生、发展和影响及其控制对策,服务于人类进步和社会发展。

第三节　大气环境学展望

20 世纪形成和发展了大气环境学科,有以下一系列的基本因素,可以展望在 21 世纪大气环境学将有更大的发展。现在人们已逐渐认识到,人类社会应该走可持续发展的道路,也就是说社会的发展应与周围的环境和生态系统相适应和协调,大气环境是人类生存的一个重要环境,必然受到重视,19 世纪产生了严重的大气污染,在 20 世纪大气污染经历了发展到控制,引起了人们的关注。但 20 世纪并没有完全解决大气污染问题,很多认识和技术问题留给了 21 世纪,大气环境质量与人的生活质量和人的寿命密切有关。人类社会的发展要求,应该使人的生活质量不断地得到提高,过去一些人们不认识的或可以容忍的或无能为力的环境问题,如全球变化,自然灾害、物种减少、森林过量砍伐、土地荒漠及其引起的大气环境变化,将日益被人们重视。改善大气环境质量的需求,会提出许多新的科学和技术问题;现代科学技术的发展,使人类的活动能力和强度达到前所未有的程度,人类活动对大气环境系统影响的深度和广度也愈来愈大,怎样分析、预测和评价这些影响,规范人类活动、确保和改善大气环境质量,将成为人类社会的一个重要课题。

21世纪大气环境学将在以下几个方面得到显著发展:

一、大气环境的监测技术

要及时和全面地掌握大气环境现状及其变化,需要发展先进和现代化探测技术,大气环境卫星、遥感遥测和特殊项目的直接测量将优先发展。各国和全球将逐步建立起大气环境监测和数据积累分析系统。

二、大气污染规律及防治技术

大气污染问题已经有一百多年的历史,老的大气污染问题,如小范围烟气和硫的污染已经或正在解决,但是新的大气污染问题,如氮氧化物和臭氧的影响,有毒和致癌物质的污染,污染物跨国家、跨洲际的输送,平流层大气的污染,沙尘暴的危害,粒子和放射性物质的中远距离输送等新的大气污染问题不断产生和引起重视,需要研究它们形成和演变过程,评估和分析它们的影响和危害,寻找它们防治的理论和技术,进而要发展多种大气污染(大气环境质量)预警、预测的理论和方法,为社会发展和人体健康服务。

三、全球性或广域性的大气环境变化规律及其影响

人类、生态系统和大气环境是相互依存、相互影响的。人类不适当或过量的活动会引起大气环境的不良变化,反过来也影响人的健康和生存。人类活动对全球和广域性的大气影响有二类,一类是人类活动引起大范围的天气和气候变化。如大规模的地貌变化(如大规模的水利设施建设、大规模的土地垦荒、大规模的森林砍伐)造成地球—大气系统的水、热平衡的破坏,引起天气气候变化。大规模的城市化对气温、风和降水等的影响。大气中二氧化碳和粒子的增加引起的气候变化,平流层喷气飞机的增多引起卷云和平流层水汽含量的增加。大范围海洋上的石油污染破坏海洋—大气的能量和水汽交换的影响等等。另一类是人类活动部分地改变了大气环境的自然状态,恶化了大气环境质量,如大气中硫和氮氧化物的过量增加,产生了酸雨和环境酸化的问题,氟氯溴化合物的过量排放引起臭氧层的破坏问题等。上述许多问题在20世纪只是刚开始了研究,对其形成、演变、影响还不是很清楚,特别是其中的相互影响、正和负反馈更是知之不多,另外将来还会出现一些新的大气环境问题。因此在21世纪,人类活动与全球大气环境的相互影响将成为一个令人十分关注的问题。

四、大气环境的管理

为了防止污染,改善大气环境质量。社会应规范人类活动,需要对大气环境进行管理。首先进行大气环境规划研究,拟定一套综合改善环境的步骤和措施的计划。落实环境规划必须加强环境管理,从环境质量要求出发,通过环境经济分析,制定必要的大气环境法规,并付之实施。

第二章　大气环境污染

第一节　大气环境的自然状态

大气环境污染是在与大气环境自然状态的对比下显现的,因此我们首先要了解大气或大气环境的自然状态。地球大气已有几十亿年的历史,在长期演变过程中,大气的结构和组成都在变化。下面要介绍的大气自然状态是指近几百年来的大气状态,一般认为,近几百年来大气自然状态变化很小。

一、大气的结构

地球表面上的大气层的厚度约 1000 km 以上,一般划分为低层和高层,低层从地面到平流层顶,约 50 km,属于气象学研究范围,高层从 50 km 以上,属于空间科学研究的范围。在地球大气中气压和温度随高度是变化的。在不同高度上大气有不同的特性,一般按平均温度把大气细分为 5 层(见图 2.1.1)。

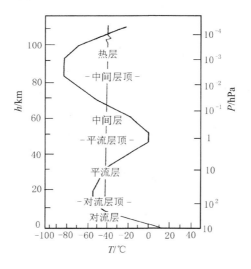

图 2.1.1　大气的分层(Seinfeld,1997)

(一)对流层:这是大气的最低层,从地球表面到对流层顶,它的高度随纬度和季节而变,一般在 10～15 km。在这一层温度随高度降低,垂直方向上、下混合迅速。

(二)平流层:从对流层顶到平流层顶(约 45～55 km)。在这层温度随高度增加,所以垂直方向的混合变慢。

(三)中间层:从平流层顶到中间层顶(约 80～90 km)。在这层温度随高度降低,在中间层顶达到大气的最低温度(约−90 ℃)。这层内垂直混合迅速。平流层和中间层又统称为中层大气。

(四)热层:它位于中间层之上。这层由于 N_2 和 O_2 吸收短波辐射而温度高,垂直混合迅速。电离层是位于中间层上部与热层下部,由热离子过程产生的离子组成。

(五)外逸层:这是大气的最外(最高)的区域,约大于 500 km,这层里的气体分子并携带着能量,摆脱地球重力的吸引而向外层空间脱逸。

二、大气的温度和水汽

大气中的温度随地理位置和高度而变化。图 2.1.2 给出了各纬度各高度上大气的平均温度。最高温度发生在热带,在 1000hPa 上的温度超过 295K。年平均温度在赤道南北大体上对称分布(但最高温度发生在约10°N)。从赤道向两极温度降低,赤道和极地的地面温差约 35 K。在约 200 hPa 的对流层顶,经向的温度梯度开始反向,即从赤道向极地温度递减变为递增,递增约 20 K。

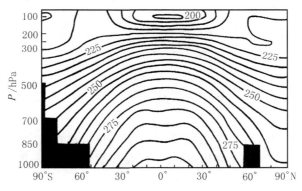

图 2.1.2 全球纬圈平均温度(K)(Seinfeld,1997)

水汽主要分布在低层大气中,它随纬度和高度都有变化。在赤道地球表面比湿最大,达 16 g/kg。在赤道上空 500 hPa 上为2 g/kg,从赤道向两极湿度大体对称地递减,在极地大气的比湿为 2 g/kg。

三、大气的组成

一般认为,大气是由干燥清洁的空气、水汽和悬浮的气溶胶粒子 3 部分组成。近地面干燥清洁空气的组成相对比较稳定(见表 2.1.1)。大气的主要成分是氮(N_2)、氧(O_2)、氩(Ar)和二氧化碳(CO_2)等气体,占有的体积为大气的 99.99% 以上,其余的气体只占 0.004% 左右。表 2.1.1 中右边的气体称为大气的微量气体。这些组成大气的气体,通过与地球上的植被、海洋及生物圈的经常交换,达到动态平衡。有些微量气体,如 O_3、CO、NO、NO_2、NH_3 和 SO_2 等在大气中的浓度很小,因此人类活动产生的这些气体浓度,在局部乃至洲际范围内超过大气本底值,于是就产生大气污染。大气中的水汽是变化的,在干旱地区可能低到占大气体积的 0.02%,在温湿地带可高达 6%。大气自然状态下大气中的气溶胶粒子主要是火山、海洋的喷发和生物过程造成的,在边远地区大气气溶胶的浓度约为 $1\sim10$ μg/m³,是空气重量的 $10^{-8}\sim10^{-9}$ 倍。云和雨滴在大气中的含量可达 $0.1\sim10$ g/m³。为空气重量的 $10^{-2}\sim10^{-4}$ 倍。

表 2.1.1 海平面上干燥清洁空气的组成(Seinfeld ,1997)

成分	分子量	体积比 (%)	成分	分子量	体积比 ($\times 10^{-6}$)
氮(N_2)	28.01	78.09	氖(Ne)	20.18	18
氧(O_2)	32.00	20.94	氦(He)	4.003	5.2
氩(Ar)	339.94	0.934	甲烷(CH_4)	16.04	1.72
二氧化碳(CO_2)	44.01	0.032	氪(Kr)	83.80	1.1
			一氧化二氮(N_2O)	44.01	0.31
			氢(H_2)	2.016	0.58
			氙(Xe)	131.30	0.09
			臭氧(O_3)	48.00	$10^{-1}\sim10^{-2}$
			一氧化碳(CO)	28.01	0.06~0.12
			氧化氮(NO)	30.01	$10^{-2}\sim10^{-6}$
			二氧化氮(NO_2)	46.01	
			氨(NH_3)	17	$10^{-3}\sim10^{-4}$
			二氧化硫(SO_2)	64.06	$10^{-4}\sim10^{-5}$

第二节 大气环境污染的种类和来源

按照国际标准化组织作出的定义:"空气(大气)污染通常系指由于人类活动和自然过程引起某些物质介入大气中,呈现出足够浓度,持续了足够的时间,并因此而危害了人体的舒适、健康和福利或危害了环境。"

所谓对人体的舒适、健康的危害,包括对人体正常生理机能的影响,引起急性病、慢性病以至死亡等。而所谓对人的福利的危害,则包括了对与人类协调并存的生物、自然资源以及财产、器物等的影响和危害。人类活动包括生活活动和生产活动两方面。但作为防止大气污染的主要对象,首先是工业生产和交通运输活动。所谓自然过程,包括火山活动,林草火灾,海啸、土壤和岩石风化以及大气运动和相变。但是,一般来说,自然环境有自净的能力。自然过程造成的大气污染,通过大气中的各种物理过程、化学过程以及生物过程,经过一定时间后会自动消除或调整,恢复或达到新的生态环境平衡。

从科学的观点来看,"大气"和"空气"并无实质性的差别。但在研究大气污染规律时,往往将室外空气称为"大气",将室外地区性空气污染称为"大气污染";而对室内或车间内的空气污染,就称为"空气污染"。

由于污染的物质和气象条件的不同,大气污染范围很不相同。对大气污染尺度范围的划分有不同的观点,我们推荐以下 4 种的分类:(1)局限性的局部地区大气污染。范围一般为0~30 km,如受某个工厂烟囱排气的直接影响;一个矿区及其附近的污染。(2)城市地区的大气污染。范围大约为 10~100 km,小的城市一般为 30 km,但大都会可以达到 100 km。(3)涉及到广泛地区的区域大气污染。其范围为 100~3000 km,涉及到跨越大的行政区、国家和洲内大陆的大气污染。如酸雨、沙尘暴等现象。(4)全球性大气污染。范围超过 3000 km,必须从洲际和全球的角度来考虑,如 CO_2 等温室气体引起的全球气候变化问题。

一、大气污染的种类

大气污染物的种类很多,根据其存在的状态,可以概括为两大类:即气态污染物和气溶胶状态污染物。所谓气溶胶是指能悬浮于气体介质中的固体粒子或液体粒子。从大气污染的角度,作为污染物的气溶胶粒子主要有以下几种:

(一)尘:它指能悬浮于大气中的小固体粒子,其直径一般为 $1\sim200~\mu m$。通常是由于固体物质的破碎、分级、研磨等机械过程或土壤、岩石风化等自然过程形成的,粒子形态往往是不规则的。其中有飘尘,系指大气中粒径小于 $10~\mu m$ 的固体粒子,它能长时间地在大气中飘浮。降尘:系指大气中粒径大于 $10~\mu m$ 的固体粒子,它在大气中一方面悬浮,一方面由于重力作用而沉降。粉尘:系指粒径小于 $75~\mu m$ 的固体粒子。沙(土)尘:系指主要从沙漠和土壤由风吹起的固体粒子,粒径范围很广,从 $15~\mu m$ 起到大于 $200~\mu m$。总悬浮颗粒物,系指大气中粒径小于 $100~\mu m$ 的固体粒子。

(二)液滴:系指大气中悬浮的液体粒子,一般是由于水汽凝结及随后的碰并增长而形成。其中有轻雾或霭:是由许多悬浮的水滴粒子群体组成,在气象上定义其能见度为小於 $2~km$。雾:是出现在近地面由许多小水滴组成的群体,小水滴直径一般在 $1\sim15~\mu m$,能见度小於 $1~km$。雨:是指由云中降落下来的水滴粒子群,水滴直径在 $100~\mu m$ 到 $6mm$ 之间,有较大降落速度。从大气污染的角度,人们更关心酸性雾和酸性雨。

(三)化学粒子:或称有机盐粒子和无机盐粒子,系指在大气中由化学过程产生的固态或液态粒子。如硫酸盐粒子、硝酸盐粒子和有机碳粒子等。这类粒子较小,一般不超过 $10~\mu m$,而多数粒子都小於 $1~\mu m$。

气态污染物种类别极多,主要有 5 个方面:即二氧化硫为主的含硫化物;以氧化氮和二氧化氮为主的含氮化合物、碳的氧化物、碳氢化合物及卤素化合物等,见表 2.2.1。

表 2.2.1　气体状态大气污染物种类(张秀宝等,1989)

污染物	一次污染物	二次污染物
含硫化合物	SO_2,H_2S	SO_3,H_2SO_4,MSO_4
碳的化合物	CO,CO_2	无
含氮化合物	NO,NH_3	NO_2,HNO_3,MNO_3,(O_3)
碳氢化合物	$C_m H_m$	醛、酮、过氧乙酰基硝酸酯
卤素化合物	HF,HCl	无

表中提到的一次污染物,是指从污染源直接排放的原始污染物。二次污染物,是指由一次污染物与大气中原有成分或几种一次污染物之间经过化学反应生成的新污染物。在大气污染中,人们普遍重视的二次污染物,主要有硫酸盐粒子和光化学烟雾等。二氧化硫在大气中与云、雨水、铁、锰等重金属以及氮氧化物并存时,发生一系列化学或光化学反应,生成硫酸液滴和硫酸盐粒子。光化学烟雾是在阳光照射下,大气中的氮氧化物、碳氢化合物和氧化剂之间发生一系列化学反应,生成蓝色(有时带紫色或黄褐色)的烟雾,其中主要成分有臭氧、过氧乙酰基硝酸脂(PAN)、酮类及醛类等。

20 世纪 70 年代以来,人们发现和提出了几个区域性及全球性的重大的大气环境污染问题,引起各国政府的高度重视。它们是酸雨,南极臭氧洞以及 CO_2 等温室气体引起全球气候变化问题。

(一)酸雨:酸雨是一种通俗的说法,科学地说,应是大气酸沉降。它包括酸性物质(如酸性硫化物、氮氧化物等)的干沉降,以及酸性物质的湿沉降(如酸性降雨、降雪、酸雾等)。当雨水的 pH 值小于 5.6 时,称这种雨为酸雨。酸雨已经在西欧、北美和东亚地区大面积地发生,对生态环境(森林、水体、农作物、文物)及人体健康等产生了危害和影响。酸雨主要是由于人类生产活动排放出的二氧化硫和氮氧化物造成的。为了控制酸雨的发展,减少危害,各国都在投入大量的资金和技术,减少由燃烧矿物(煤和石油)燃料而释放的 SO_2 和 NO_x 排放量。

(二)南极臭氧洞:1987 年发现,从 1977 年起南极上空 12～24 km 处臭氧浓度出现大面积的减少,好似一个洞,其中心臭氧浓度比洞外面的浓度严重时可减少 90%。大家知道,平流层中的一层薄薄的臭氧层,是人类和一切生物免遭太阳紫外强辐射危害,赖以生存的生命保护层。如果臭氧层遭到破坏,对人类和地球生态环境的影响是十分严重的。经研究,南极臭氧洞的形成主要原因有两方面:一是南极上空的特殊大气环境(极地冷涡和极地平流层云);另一是人类活动排放的卤素化合物(由致冷器及化学品等释放的氟氯溴化合物)。1987 年一些国家签订了蒙特利尔国际协议,同意逐步减少 CFC(氟氯溴化合物)的生产,避免臭氧层的破坏。

(三)全球气候变暖:根据近 100 a 以上的全球气温资料的分析,大约从 19 世纪 40 年代起,全球地面平均气温逐渐升高,到 70 年代后期以后,气温升高更为明显。总之,这个时段内比多年平均值升高 0.3～0.6 ℃。另外根据近地面大气中的 CO_2 观测,大约在 100 a 前的 CO_2 浓度为 280×10^{-6},到 1994 年 CO_2 浓度已升高了 75×10^{-6},达 355×10^{-6},平均年增长率为 1.7×10^{-6}。大气中 CO_2 浓度的增加主要是由于人类的生产和生活活动引起的。CO_2 在大气中能够吸收太阳光的红外辐射,加热大气,被称为能起类似于"温室效应"的"温室气体"。大气中还有其他的"温室气体",如甲烷(CH_4),一氧化二氮(N_2O),各种氟氯溴化合物(各种 CFC)以及臭氧(O_3)等。它们基本上都是由于人类活动而引起在大气中浓度的增加,因此大约从 20世纪 70 年代起,科学家提出了由于人类活动,大气中的"温室气体"增加,已经并会进一步引起全球气候变暖,气候变暖将使极地冰的融化,全世界海平面将升高,有些海岛和陆面将淹没在海水下。气候变暖将引起降水分布的变化(有的地方将增加降水,有的地方会减少降水);对农业和生态环境将产生有严重影响的变化等。因此在多次国际性会议上提出,各国要削减"温室气体"(主要是二氧化碳)的排放,避免全球气候变暖引起的灾害。近 10 多年来,科学家发现并提出,全球气溶胶粒子(主要是人为排放的硫酸盐粒子、碳粒子)的增加对全球气候起变冷的作用,从而可以减缓"温室气体"的变暖程度。但是全球气候变化是一个很复杂的问题,在地球历史上,地球大气温度曾经历过多次大的变化,近 1000 年内,就有中世纪的温暖期,14 到 18 世纪的小冰冷期。影响地球大气温度的自然因素很多,最主要的有:太阳及其辐射强度的变化,地球表面(陆地、山脉、植被、海洋、冰雪覆盖等)相对比例的变化,地球倾角的变化等。怎样区分全球气候变化的自然变化部分和人为因素引起强迫变化部分是十分困难的。目前在全球变暖的研究上仍有许多不确定性:如气候自然变化的规律和原因仍不很清楚;气候预测能力仍然很低;"温室气体"和气溶胶对气候的定量影响仍然计算不准等。

二、大气污染的来源

表 2.2.2 给出了气体状态污染物的主要来源、发生量、背景浓度等。可以看到,污染气体的主要人为活动来源有 3 种:(1) 燃料燃烧;(2) 工业生产过程;(3) 交通运输。前两种统称为固定源,汽车、火车、飞机等交通运输称为流动源。自然源主要是生物过程,火山和闪电等。

表 2.2.2　气体状态大气污染物的来源、发生量和背景浓度(马广大等,1989)

物质	主要人为污染源	自然源	发生量(t/a) 人为污染源	发生量(t/a) 自然源	大气中背景浓度	推算的在大气中的留存时间
SO_2	煤和油的燃烧	火山活动海洋释放	146×10^6	15×10^6	0.2×10^{-9}	4d
H_2S	化学过程污水处理	火山活动、沼泽中的生物作用	3×10^6	100×10^6	0.2×10^{-9}	2d
CO	机动车和其他燃烧过程排气	森林火灾、海洋、萜烯反应	304×10^6	33×10^6	0.1×10^{-9}	<3a
NO/NO_2	燃烧过程	土壤中的细菌作用,闪电	53×10^6	$NO:430 \times 10^6$ $NO_2:658 \times 10^6$	$NO:0.2 \sim 2 \times 10^{-9}$ $NO_2:0.5 \sim 4 \times 10^{-9}$	5d
NH_3	废物处理	生物腐烂	4×10^6	1160×10^6	$6 \sim 20 \times 10^{-9}$	7d
N_2O	无	土壤中的生物作用	无	590×10^6	0.25×10^{-9}	4a
C_mH_n	燃烧和化学过程	生物作用	88×10^6	$CH_4:1.6 \times 10^9$ 萜烯:200×10^9	$CH_4:1.5 \times 10^9$ 非 $CH_1<1 \times 10^9$	4a (CH₄)
CO_2	燃烧过程	生物腐烂,海洋释放	1.4×10^{10}	10^{12}	3201×10^9	$2 \sim 4a$

根据我国对 SO_2、NO_x、CO 和烟尘 4 种面大而广的污染物的调查表明,燃料燃烧占 70％,而非燃烧工业生产和交通运输分别占 20％和 10％。在直接燃烧的燃料中,煤炭一直占最大比例,约为 70.6％,液体燃料(包括汽油、柴油、重油等)占 17.2％,气体(包括天然气、煤气、液化石油气等)占 12.2％。因此,煤炭燃烧是造成我国大气污染的主要来源。我国机动车过去一直不多,但近年来在各大城市增加很迅速。再加上旧车多、耗油高,未安装尾气净化装置,车辆造成的大气污染日益加重。不同国家由于工业发达程度,能源结构,燃烧技术和大气环境标准等的不同,各种来源对大气污染的贡献也不同。表 2.2.3 给出了美国 1968 年各种大气污染物的来源统计。可以看到,美国大气污染的主要来源是交通运输,其次才是固定源和工业生产。而对硫氧化物来说,固定源占主要来源。但总的说,美国大气污染仍然主要是由于化石燃料(煤和石油)的燃烧。

表 2.2.3　美国大气污染物来源(张秀宝等,1989)

来　源	污染物排放量(×10⁶ t/a)						百分数
	CO	SO_x	NO_x	C_mH_n	烟尘	共计	(%)
固定源的燃料燃烧	2.0	24.7	9.7	1.0	6.0	43.4	16.7
交通运输	113.0	1.1	10.6	20.2	1.2	146.1	56.2
非燃烧工业生产过程	8.5	5.1	0.2	4.4	10.3	28.5	11.0
固体废物处理	8.0	0.1	0.4	2.0	0.93	11.4	4.4
农业生产过程	13.9		0.3	2.8	1.8	18.8	7.2
各种混杂源	5.0	0.3	0.2	4.9	1.3	11.7	4.5
共　计	150.4	31.3	21.4	35.3	21.5	259.9	
百分数(%)	57.9	12.0	8.2	13.6	8.3		100.0

第三节　大气污染概况

历史上曾发生过许多大气污染的公害事件,通常所说的世界八大公害事件,是指在 20 世纪 30 至 60 年代,在一些工业发达国家中发生的社会公害事件,其中属于大气污染的公害事件,就有 5 件。

一、马斯河谷烟雾事件

在比利时的马斯河谷地带,建有 3 个钢铁厂、4 个玻璃厂、3 个炼锌厂和若干硫酸及化肥等工厂。1930 年 12 月初,在这个峡谷地区,出现了大气逆温层,河谷被浓雾覆盖,上述许多工厂排放到大气中的污染物难以扩散,浓度急剧增加,造成严重大气污染事件。1 周内,有几千人受害发病,60 人死亡。发病症状是流泪、喉痛、胸痛、呼吸困难等。1931 年分析这一事件的主要原因是二氧化硫和几种化学物质对人体的协同危害作用。

二、多诺拉烟雾事件

美国多诺拉镇位于一个马蹄形的河谷丘陵地区,在这盆地内有大型炼铁厂,硫酸厂和炼锌厂。1948 年 10 月,多诺拉镇发生了严重的大气污染事件,使当时这个仅有 14000 人的小镇,在 4 d 内,就有 5900 人因大气污染而患病,20 人死亡。发病症状和大气污染的主要原因基本上和马斯河谷事件相同。

三、伦敦烟雾事件

英国伦敦地处泰晤士河下游的开阔河谷中,是英国的一个工业发达、人口稠密的大都市。1952 年 12 月 5～8 日,不列颠岛许多地区由于反气旋气象条件,一个强大的移动性高压控制着伦敦,高压中心就在伦敦附近。当时风力微弱,浓雾覆盖,50～150 m 低层出现逆温层,一直到 12 月 8 日连续 4 d,空气静稳、浓雾经久不散,从工厂和家庭炉灶排出的烟尘和污气在低空积聚,久久不能散开,使地面空气的污染物浓度不断增加,烟尘浓度最高达到 4.46 mg/L,为平时的 10 倍;二氧化硫最高浓度达到 $1.34×10^{-6}$,为平时的 6 倍。对于这一异常情况首先反应的是一群准备在交易会上展出的得奖牛,表现为呼吸困难、舌头吐露,有 160 头牛有病症,1 头当即死亡,12 头奄奄待毙。同时,几千市民感到胸闷,并有咳嗽、喉痛、呕吐等症况发生,老人和患病者死亡数增加,到第3、4d发病率和死亡率急剧上升,4d中死亡4000人,45岁以上的人死亡率最高,约为平时的3倍,1岁以下的儿童死亡率为平时的2倍,发生事件的1周中,因支气管炎死亡的有704人,为前周的7.3倍;冠心病死亡281人,为前周的2.8倍;肺结核死亡77人,为前周的5.5倍。此外,肺炎、肺癌、流感以及其他呼吸道患者死亡率都有成倍增加,甚至事件过后两个月内,还陆续有8000人死亡。这次事件的起因,除气象和地理条件之外,主要是大气中3种成分——SO_2、雾微小水滴和粉尘相互叠加并形成硫酸雾。1887~1960年期间伦敦曾发生过十几次空气烟雾污染事件,1952年是最严重的一次。

四、洛杉矶光化学烟雾事件

洛杉矶是美国的第三大城市,第二次世界大战以来工商业发达、飞机制造等军事工业迅速发展,人口激增。这城市面临大海,背后靠山形成一个直经约50 km的盆地,加上1a(年)有300 d出现逆温层。从40年代初期,洛杉矶上空出现一种浅蓝色的刺激性烟雾,有时持续几天不散,使大气能见度大大降低,许多人喉头发痛、鼻和眼受到刺激,并有不同程度头痛。洛杉矶从1943年发现到60年代,连续发生了7~8次严重烟雾污染危害。例如,1955年的1次烟雾事件中,仅65岁以上的老人就死亡400人。现在每年从5~10月就有60d烟雾比较严重,主要原因是,由汽车、工厂等污染源排入大气的碳氢化合物(HC)和氮氧化物(NO_x)等一次污染物,在阳光的作用下发生光化学反应,生成臭氧、醛、酮、酸、过氧乙酰硝酸酯(PAN)等二次污染物。参与光化学反应过程的一次污染物和二次污染物的混合物所形成这种烟雾现象称为光化学烟雾。

五、四日市事件

日本四日市是一个以石油联合企业为主的城市。1955年以来,由于工业迅速发展,每年排放到大气中的粉尘和二氧化硫总量达$13×10^4$t(吨),使这个城市终年烟雾弥漫。居民吸入这些有害污染物后,易患支气管炎、支气管哮喘、肺气肿等呼吸疾病,称为"四日市气喘病"。截至1992年,日本全国"四日市气喘病"患者高达6376人。

实际上,世界上发生的空气污染事件远不止这些。如1970年7月在日本东京发生的光化学烟雾事件,受害者高达6000多人;1930年发生在墨西哥的波奎、里加硫化氢大气污染事件,受害者320人,死亡20人。

1974年以来,我国兰州西固地区也常发生光化学烟雾,这时"雾茫茫、眼难睁、人不伤心泪长流"。兰州西固地处三面环山的黄河河谷盆地。在这块面积不大的土地上,建有石油化工厂、化肥厂、合成橡胶厂、炼油厂、炼铅厂、合成药厂、火力发电厂等大型企业。十里连绵的厂区,烟囱林立,烟雾弥漫。加之四周群山环绕,大气相对稳定,而且地处高原,日光辐射强烈,为产生光化学烟雾形成了必要条件。这里测出的O_3和HC浓度严重超标。1979年7到9月有12天发生光化学烟雾,这些天的上午10时左右起,整个西固地区上空被一种蓝白色的烟雾所笼罩,大气能见度只有200 m左右,此时,人们感觉眼酸、眼痛、流泪、胸闷、呼吸困难、喉痛和身体疲乏无力。在西固山坡、山顶和平地上都有此感,室内也不例外。可见光化学烟雾污染已相当严重。

工业的发展,需要大量消耗能源,到目前为止世界上许多国家利用的主要能源是矿物燃料(煤和石油)。所以工业发达国家都经历了大气污染发生、发展和演变的过程。一般都是先污染,后治理。大体上经历了3个阶段。

第 1 阶段,大约从 18 世纪末到 20 世纪中叶,大气污染状况是随工业的发展而发展,各国政府和资本家为追逐高额利润,不顾人民健康、自然环境和资源的保护,视环境污染任其发展。这一阶段的污染主要是由燃煤引起的,即称为"煤烟型"污染。主要污染物是烟尘、SO_2 和酸雨。世界上最早接受大范围大气污染洗礼的是英国,煤烟和硫氧化物的危害早在 17 世纪末就出现了,到 18 世纪后半叶,危害日益扩大。当时有人描述道,"地狱般的阴森森的烟气,像西西里岛火山和巴尔干神殿似地笼罩着伦敦","过去曾经是肥沃的田园,现在已经完全变成了死海沿岸似的凄凉的光景,随意环视一下四周,带有树叶子的树木一棵也看不见"。1880 年"伦敦烟雾"造成死亡 1200 人。1952 年伦敦的烟雾及酸雨,造成死亡 4000 人之多,死者多为老人和婴幼儿。在这阶段工业化国家也实行了能源管理,安装了一些消烟除尘装置,或加高了烟囱,使局地大气污染有所减缓,但在整体上大气污染仍然没有得到控制。

第 2 阶段,从 20 世纪 50 至 60 年代,发达国家工业畸形发展,汽车数量倍增,重油等燃料消耗量加大,大气污染日趋严重,这一阶段的大气污染,已不再局限于工矿区和城市了,而是呈现为所谓"石油型"的广域污染。飘尘尤其是重金属、SO_x、NO_x、CO、C_mH_n 和酸雨等已经普遍存在。这是多种污染物协同作用的复合污染。如美国洛杉矶市不断发生的光化学烟雾。日本 1967 年四日市的公害病事件。北欧许多湖泊酸化、鱼类灭绝,由于污染危害严重这时各国政府开始重视环境保护,加大力度治理大气污染。

第 3 阶段,70 年代以来,发达国家政府更加重视环境保护,花了大量的人力、财力和物力,经过较严格的控制、综合治理,取得了显著成效,烟尘和 SO_2 的排放得到较好的控制和削减,NO_x 的排放也有所控制,大气环境质量有了明显改善,如西欧、北美和日本从这阶段起 SO_2 的排放量大约都削减了 1/3。SO_2 和飘尘等都已达到国标大气环境质量标准。但是由于汽车数量不断增加且控制较难,CO、NO_x、C_mH_n 和光化学烟雾等的污染仍然严重,酸雨问题也未彻底解决。人体健康、森林、水体和文物等仍在继续遭受危害。

虽然我国对大气污染开始注意相对较早,实施边建设边治理,但是,由于治理力度跟不上大气污染的发展速率,因此,我国大气污染状况是很严重的。例如,全国粉尘的排放量每年约为 $2×10^7$ t,SO_2 排放量超过 $2×10^7$ t,均名列世界第一。近年来各大城市汽车量急增,NO_x 排放量日益加大。表 2.3.1~2.3.3 给出 1991~1993 年我国各大区 SO_2、NO_x 和 TSP(总悬浮颗粒物)浓度的实测情况。

表 2.3.1　1991~1993 年我国各大区城市 SO_2 浓度情况（徐华英,1999）

地区	年平均值($\mu g/m^3$)	浓度范围($\mu g/m^3$)	超标城市（%）	污染最重城市及超标倍数
东北	60.7	10~160	42%	本溪,2.7
华北	121.4	38~303	79%	太原,5.1
西北	99.3	4~207	44%	乌鲁木齐,3.5
华东	66.3	8~204	35%	青岛,3.4
中南	77.7	15~227	61%	宜昌,3.8
华南	45.0	3~216	25%	柳州,3.6
西南	321.7	2~475	49%	贵阳,7.9

表 2.3.2　1991～1993 年我国各大区城市 NOx 浓度情况(徐华英,1999)

地区	年平均值(μg/m³)	浓度范围(μg/m³)	超标城市(%)	污染最重城市及超标倍数
东北	41.3	10～82	57%	七台河,1.6
华北	58.4	22～97	42%	北京,1.9
西北	33.5	15～61	29%	宝鸡,1.2
华东	35.0	7～65	22%	无锡,1.3
中南	43.7	13～114	16%	郑州,2.3
华南	26.3	6～118	11%	深圳,2.4
西南	31.5	7～80	21%	重庆,1.6

表 2.3.3　1991～1993 年我国各大区城市 TSP 浓度情况(徐华英,1999)

地区	年平均值(μg/m³)	浓度范围(μg/m³)	超标城市(%)	污染最重城市及超标倍数
东北	433.3	138～710	97%	吉林,3.6
华北	446.0	252～878	100%	朔州,4.4
西北	437.0	260～950	100%	兰州,4.8
华东	295.8	90～624	58%	济南,3.1
中南	318.7	117～528	79%	安阳,2.6
华南	203.3	27～452	46%	钦州,2.3
西南	309.7	24～760	70%	安宁,3.8

　　从表 2.3.1～2.3.3 可以看到,我国城市中首要大气污染物是总悬浮颗粒物(TSP)。各大行政区的平均 TSP 浓度都是超过国家二级标准,其中以华北地区平均浓度最高,我国北方(华北、东北、西北)城市中的 TSP 年平均浓度几乎都是超标的。超标达 3 倍以上的城市有:太原、朔州、浑源、孝义、包头、赤峰、延吉、中卫、宝鸡、兰州、武威等。我国南方城市中有 50% 以上 TSP 浓度是超标的。相对来说,华南地区 TSP 浓度较低。SO_2 也是我国城市中一种主要污染物。全国城市超标率达 46%,其中北方城市超标度为 55%,南方为 41%。西南地区 SO_2 平均浓度最高,达 322 $μg/m^3$,其次是华北,其平均浓度为 121 $μg/m^3$,华北城市 SO_2 浓度超标率为 79%,是全国各大区中之最。全国城市 SO_2 超标达 4 倍及以上的有,太原、忻州、榆次、孝义、重庆、绵阳、德阳、宜宾、贵阳、遵义、都匀和安顺。其中贵阳超标 7.9 倍。SO_2 浓度最低省份在海南,平均浓度为 8 $μg/m^3$;其次是福建省,平均值为 34 $μg/m^3$。我国城市中 NOx 污染也开始出现。全国城市中 NOx 浓度超标率为 27%,北方为 46%,南方则为 19%;NOx 平均浓度最高的地区是华北,为 58.4 $μg/m^3$,最低为华南,为 26.3 $μg/m^3$;全国 NOx 浓度很高的城市有:深圳、郑州、广州、北京、太原等,其年平均浓度达 90～120 $μg/m^3$。

　　北京、广州等 11 个城市开展了大气中苯并(a)芘的监测工作,除杭州外,其年日均值皆在 1 $μg/m^3$ 以上,超过了国际抗癌组织推荐标准 0.1 $μg/m^3$ 的十几倍。

　　根据北京、上海等 30 城市的调查,有些地区 CO 的浓度超过了国家标准。大气中的氟有害于人体健康和植物生长,但在一些排氟的污染源地区有严重的氟污染。如包头、沈阳、北京、上海等 7 城市对大气中的铅浓度进行了监测,有 3 个城市超标,其中沈阳市区超标 2.4 倍,郊区超标 1.4 倍。

从 1981 年起,我国各地开展对酸雨的监测。发现我国有严重的酸雨,主要发生在长江以南地区,其中以四川、贵州、湖南、江西、浙江等最为严重,在严重地区雨水的 pH 值达到 4.0。北方地区雨中呈中性或偏碱性,但雨水中的硫酸根浓度很高,硫污染严重。有关酸雨详细情况见第五章。

我国大气污染严重的主要原因有:

(一)直接燃煤是我国大气污染严重的根本原因

建国以来一次能源的构成虽有变化,但煤炭一直是我国的最主要能源。1987 年生产的 9×10^8 t 煤炭中,有 84% 用作燃烧,除少数煤炭经洗选脱硫和少数大型燃煤装置有烟气脱硫外,其余的煤都是直接燃烧原煤,燃烧排放出的 SO_2 占全国总排放量的 87%。燃煤排放出的 NO_x 占全国总排放量的 67%,CO 排放量中燃煤占 71%。

(二)工业和城市布局不够合理

在工业结构中耗能高的重工业比例偏大。过去由于没有实行严格的环境影响评价制度,有的地区,从地形、气象、能源供应等条件来看,都不宜建立过多的工厂。有的地区,如辽沈地区和京津唐地区,城市密集,人口密集,同时又是工业和大企业集中,因此大气污染相当严重。

(三)能源浪费严重,燃烧技术落后。

我国能耗高,能源浪费严重,增加了燃煤量。如以 1978 年为例,日本能源消耗量是我国的 77.2%,而国民收入是我国的 4.6 倍。我国能源有效利用率只有 28%～30%,其余 70% 左右都是余热和损失。而工业发达国家的能源平均有效利用率,日本高达 57%,美国为 51%,欧共体国家约 42% 左右。在我国 20 多万台工业锅炉中,小锅炉占 80% 左右,热效率低、烟气排放率高,而且烟囱普遍偏低,当地污染严重。民用炉灶设备极为陈旧,燃烧极不完全,热效率更低,更加重了居民区的严重污染。

第四节　　大气污染的影响和危害

一、对人体健康的影响和危害

大气污染物侵入人体主要有 3 条途径:表面接触,食入含污染物的食物和水以及吸入被污染的空气。其中以第 3 条途径最为重要。大气污染对人体健康的危害主要表现为引起呼吸道疾病。在突然的高浓度作用下可造成急性中毒,甚至在短时间内死亡。长期接触低浓度污染物,会引起支气管炎、支气管哮喘、肺气肿和肺癌等疾病。污染物沉降到人体,产生表面接触,可引起皮肤和眼睛的刺激和过敏,引起眼疼和咳嗽等。此外,还发现一些尚未查明的可能与大气污染有关的疑难病症。

(一)粉尘的成分和理化性质是对人体危害的主要因素

有毒金属粉尘和非金属粉尘(铬、锰、镉、铅、汞、砷等)进入人体后,会引起中毒以至死亡。例如吸入铬尘能引起鼻干隔溃疡和穿孔,肺癌发病率增加;吸入锰尘会引起中毒性肺炎;吸入镉尘能引起心肺机能不全。无毒粉尘对人体也有危害,如含有游离二氧化硅的粉尘,吸入人体后,在肺内沉积,严重的发生"矽肺"病。粉尘表面可以吸附空气中的各种有害气体及其他污染物,如可以附着有强致癌物质苯(a)芘及细菌等。

（二）二氧化硫

SO_2 为一种无色的中等强度刺激性气体。在低浓度下,SO_2 能造成呼吸道管腔缩小,最初呼吸加快,每次呼吸量减小。浓度较高时,喉头感觉异常,出现咳嗽、喷嚏、咯痰、声哑、胸痛、呼吸困难、呼吸道红肿等症状,造成支气管炎、哮喘病,严重的可以引起肺气肿,甚至致人于死亡。一般认为,空气中 SO_2 浓度在 0.5×10^{-6} 以上时,对人体健康已有某些潜在影响,$1 \times 10^{-6} \sim 3 \times 10^{-6}$ 时多数人开始受到刺激,10×10^{-6} 时刺激加剧,个别人还会出现严重的支气管痉挛。当人体吸入由 SO_2 氧化形成的 SO_3 和硫酸烟雾时,即使其浓度只相当于 SO_2 的 $1/10$,其刺激和危害的程度将更加显著。据动物实验,硫酸烟雾引起的生理反应比 SO_2 气体强 $4 \sim 20$ 倍。据在美国和英国 20 世纪 $50 \sim 60$ 年代的调查统计,大气中的 SO_2 浓度与人的死亡率成正比。

（三）一氧化碳

CO 是无色、无臭、有毒的气体。一旦吸入 CO,它就和血红蛋白结合,迅速形成羰络血红蛋白,妨碍氧的补给,发生头晕、头痛、恶心、疲劳等氧气不足等症状,危害中枢神经系统,严重的导致窒息、死亡。CO 的危害与接触浓度、暴露时间等有关。

（四）氮氧化物

环境污染的 NO_x,主要是 NO 和 NO_2,NO_2 是棕红色气体,对呼吸器官有强烈刺激,能引起急性哮喘病。而且 NO_2 会迅速破坏肺细胞,可以引起肺气肿和肺癌。

（五）臭氧

O_3 有特殊臭味,是很强的氧化剂。对呼吸器官的刺激性,比 SO_2 和 NO_x 更强。在 O_3 浓度为 0.1×10^{-6} 时,呼吸 2h(小时)将使肺活量减少 20%;0.3×10^{-6} 时,对鼻子和胸部有刺激;到 $1 \times 10^{-6} \sim 2 \times 10^{-6}$ 时,眼和呼吸器官发干,有急性烧灼感、头痛、中枢神经发生障碍等。

（六）多环芳烃(PAH)

它是指多环结构的碳氢化合物,其种类很多,如蒽、蒽、萤蒽、苗、芘、苯并芘、苯并蒽、苯并萤蒽、苯并芘及晕苯等。这类物质大多数有致癌作用,其中苯并(a)芘是公认的致癌能力很强的物质。城市大气中的苯并(a)芘主要来自煤、油等不完全的燃烧,以及机动车的排气。实测数据表明,肺癌与大气污染、苯并(a)芘含量有显著的相关性,城市肺癌死亡率比农村高 $2 \sim 9$ 倍。

二、大气污染对植物的影响和危害

对植物生长产生明显影响和危害的大气污染物有二氧化硫、氟化物、二氧化氮、臭氧、酸雾和酸雨等。大气污染物对植物的危害可以有多种形式,如直接伤害、间接伤害、急性伤害、慢性和潜在伤害等。在高浓度污染物影响下植物会产生直接的急性的伤害,叶子表面出现坏死斑点,损伤了叶子表面的毛孔和气孔,从而破坏其光合作用和分泌作用。当污染物通过气孔或角质层进行扩散后,使植物细胞中毒,导致在叶片、花、嫩枝上出现深度坏死或衰老的斑点;当植物长期暴露在低浓度大气污染环境中,植物会受到慢性的伤害,会干扰植物养分和能量的吸收,影响植物的生长和发育,会干扰植物的繁殖过程,降低花粉的活力,减少果实,降低种子发芽能力,会干扰正常的代谢或生长过程,导致植物器官的异常发育和提前衰老。大气污染物还可以通过影响土壤来伤害植物。研究表明,大气污染物的沉降使土壤变质、酸化,使土壤淋失营养物质,以及使土壤溶出有害金属离子(铝离子),从而危害植物根系的生长和发育,伤害植物的生存。另外大气污染物还会降低植物对病虫害的抵抗能力,诱发严重的病虫害。

三、对建筑物和材料的影响和危害

研究表明,大气污染对建筑物、文物、金属材料及制品、皮革、纸张、纺织、橡胶等都会有严重损害,其中暴露于大气中的矿石、石灰岩、大理石和金属材料最易遭到腐蚀和伤害。这种损害包括沾污性损害和化学腐蚀损害,有些尘烟等粒子降落到器物表面形成表面沾污,很难清洗。酸性污染物降落到金属表面,发生电化学反应,在金属表面形成许多原电池,使金属腐蚀。大气污染物与建筑石料接触发生化学反应,形成容易脱落的硫酸钙,使许多文物、雕刻损害,失去原来的面貌。涂料与 SO_2、H_2S 等接触,能化合成硫化铅,使油画等美术品失去艺术价值,SO_2 和酸性沉降物可使工艺制品、纸品、皮革、纺织品等变质易碎,降低和失去其价值。

四、对天气和气候的影响

大气中的飘尘、烟雾及一些污染物硫氧化物、氮氧化物的增多,使大气变得混浊、能见度降低,太阳直接辐射减弱。人类活动排放出的热、水汽、各种粒子,对局部及区域大气的温度、湿度、云、降雨会产生影响。由于人类活动日益增加的温室气体(如 CO_2、CH_4、NO_2、CFC 等)排放,它们将吸收太阳辐射,使全球或区域气候变暖,海平面升高,可能对人类生存及环境产生重大影响。排放的 CFC 会破坏臭氧层,在南极上空形成臭氧洞。详见第六章和第七章。

第三章 大气污染的气象过程

从污染源排放的污染物,进入大气之后经历各种大气过程到接受体,许多情况污染物在大气中已稀释到人类可以承受的水平,不构成空气污染。但有的时候某些地区污染物浓度可能超过一定限量,空气质量恶化,构成空气污染的危害。空气污染的气象问题就是研究排放进入大气中的污染物在大气中扩散、迁移、转化和清除等过程的规律。但在大气中扩散和输送等过程的速率时空变化很大,支配因素很复杂。因此研究影响污染物浓度在大气中演变的各种过程,进行定量的计算,才能确定污染物的浓度和环境污染程度。为防治空气污染和改善大气环境提供科学依据。

空气污染物排放进入大气层,其活动决定于各种尺度的大气过程,包括几千公里范围的大尺度,几百公里范围的中尺度和小于 10 km 范围的小尺度,这些尺度的空气运动都对空气污染起作用。但是污染物首先进入的是低层大气,并且主要在这一层中传播,即小尺度问题。这个直接受地表影响的气层就是大气边界层。也是人类活动的主要地区。

本章首先讨论大气边界层的特性以及大气边界层中空气运动的一种形态即湍流,然后再讨论在大气中污染物的分布,主要介绍小尺度平坦地形和复杂地形条件下的扩散情况,最后简要介绍大尺度污染物的输送。

第一节 大气边界层的特征

研究空气污染物在大气中的物理行为,必须了解最低层大气中气流的性质,因为空气污染问题主要发生在这一层中。大气边界层是直接受地表影响的气层,又称为行星边界层,是微气象学研究的对象。大气边界层的厚度随天气条件和地表特征而变,一般 1 km 左右,它占有整个空气质量的 1/10。

在大气边界层中气象要素受地面边界的热量和粗糙度的影响,具有特殊的垂直梯度和日变化,这里的空气运动总是湍流性的,摩擦力对大气运动的影响必须考虑。在大气边界层以上是自由大气层那里摩擦力的影响可以忽略不计,作用于空气的力主要是气压梯度力和科氏力。因此大气边界层里空气运动的特点与自由大气有显著不同。

大气边界层一般分为两层:近地层和摩擦上层。离地大约 100 m 左右这一层称为近地层,它的厚度随时间和地点略有不同。这一层直接受下垫面影响,气象要素的日变化很大,主要气象要素(除气压外)的垂直梯度也很大,如垂直温度梯度大。

近地层中湍流切应力较气压梯度力、科氏力和分子应力都要大得多。在近地层中湍流切应力可以近似地看成不随高度改变的,因此动量和热量的垂直湍流通量在近地层中保持常值,这是近地层的一个重要性质,往往以此条件确定近地层的厚度。

摩擦上层或称过渡层是大气边界层的上层。在这一层里,湍流运动仍十分明显,湍流切应力与气压梯度力和科氏力具有相同的量级,都不能忽略。在这一层里气象要素仍有较大的垂直梯度和日变化。

在边界层中大气温度层结,风速和湍流随高度的分布是相互作用相互联系的。下面分别从温度、风和湍流的状况来描述大气边界层特别是近地层的特性。

一、低层大气的温度与大气稳定度

太阳辐射能是地面和大气最主要的能量来源。地面吸收了太阳辐射以后温度升高,同时它本身也要放射辐射热能,称为地面辐射,它是一种长波辐射(波长约 $3\sim120\ \mu m$)。地面放射的长波辐射约有 $75\%\sim95\%$ 被大气吸收,而大气对太阳辐射(波长集中在 $0.15\sim4\ \mu m$)的直接吸收却很少。大气吸收地面放出的长波辐射而增热,同时地面也吸收大气放出的长波辐射,这是空气与外界热交换的一种主要形式。一般情况下地面与大气的热量交换总是地面损失热量。

但是,实际大气中,空气与周围的热交换影响仅限于低层大气才比较显著。在低层由于气压变化不大,空气温度主要受地面增热和冷却的作用,热交换的影响是主要的。山坡和湖泊等下垫面由于接受和放射辐射能与平坦地面的差异而形成特有的低层空气温度分布。

近地层大气中温度随高度分布规律受下垫面的影响极大。白天地面因吸收太阳辐射而加热,使邻近地面这一层空气首先增温,然后通过湍流热传导和对流等过程,将热量向上传递,因而造成气温随高度的递减型分布。这种递减型分布以晴天中午为典型。如图 3.1.1 中 12h 的温度分布廓线。

日落前后,由于地面迅速冷却,邻近气层迅速降温,因而形成下层逆增(温度随高度增加称为逆温)上层递减的傍晚转变型分布,如图 3.1.1 中 18h 的温度分布廓线。

夜间,由于地面辐射冷却,近地层空气由下而上逐渐降温,形成了气温随高度的逆增型分布,如图 3.1.1 中 00h 温度廓线。

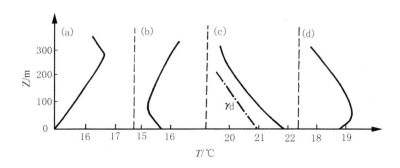

图 3.1.1　温度廓线日变化

(a)00h;(b)06h;(c)12h;(d)18h(李宗恺等 .1985)

日出后,邻近地面的空气随着地面的增热很快升温,使低层逆温迅速消失,而离地面较远处的空气却仍保持着夜间的分布状态,故形成了下层递减上层逆温的早晨转变型分布,如图 3.1.1 中 06h 的温度廓线。

日出后和日落前不久,邻近地面的气层会出现短暂的等温廓线。

上述温度廓线的日变化规律在阴天和风速比较大时不明显,晴天和小风情况下比较明显。近地层温度的垂直梯度比自由大气要大得多,而且愈近地面垂直梯度愈大。在邻近地面几十厘米的一层内温度梯度可达干绝热递减率的百倍以上,即使十几米高度的气层内,温度梯度仍可比干绝热递减率大几倍。

垂直温度梯度的大小与太阳辐射、云量和土壤导热性有关。一般说来,太阳辐射愈强、云量愈少、风速愈小、土壤导热性愈差则气温的垂直变化愈大。

影响气温的变化除了上述由于空气与外界有热量交换之外,还可以通过空气压力的变化使空气膨胀或压缩而改变气温。空气团作垂直运动时,外界的气压变化很大,当气压变化的影响远远超过气团与周围热交换的影响时,不考虑热交换的影响,即过程可视为绝热的。因为大气中的热交换影响往往比气体内能的变化要小得多,所以在多数情况下可将大气过程假设为绝热过程。在绝热过程中,空气温度变化完全由气压变化决定。

当一团干空气从地面绝热上升时,它将因气压减小而膨胀,它的温度就会逐渐降低。干空气在绝热升降过程中每升降单位距离时温度变化的数值称为干绝热直减率,通常以 γ_d 表示,它大约为 $1\ ℃/100\ m$。这是气块在垂直位移过程中的温度变化,它与气温随高度分布是完全不同的概念,气温随高度分布常以 γ 表示,称为气温的垂直递减率或称为大气温度层结,也是以高度升降每百米气温变化的度数来表示,它的数值随时间和空间而变。对于湿空气,若在上升过程中未达到饱和状态,它的温度直减率和干绝热直减率一样。但湿空气在上升过程中由于温度降低而达到饱和状态,如果继续上升,就会发生凝结,水汽凝结放出潜热,因此湿空气在饱和以后的绝热上升过程中温度减小数值要小于 $1\ ℃/100\ m$。以 γ_m 表示湿绝热直减率,它总是小于干绝热直减率即 $\gamma_m < \gamma_d$。

气温的垂直分布与空气污染物的散布有密切的联系,这是因为气温的垂直分布决定了大气稳定度,而大气稳定度又影响着空气运动,进而影响污染物的散布。

大气稳定度是大气的热力性质,如果 1 块空气由于某种原因产生了向上或向下的运动,当外力除去后这个气块可能有 3 种情况:逐渐减速并返回原来高度的趋势,这时大气是稳定的;气块仍加速前进,则大气是不稳定的;气块既不加速也不减速,可以认为大气处于中性平衡状态。

实际大气温度的垂直分布即大气温度层结可以用空气温度垂直递减率 γ_d 表示。气块在未饱和时上升空气温度按干绝热递减率 γ_d 降低。由图 3.1.2 可见当 $\gamma > \gamma_d$ 时,干空气团上升其温度将高于周围空气的温度,它可以在浮力作用下继续上升,空气处于不稳定状态。当 $\gamma < \gamma_d$ 时,干空气团由于外力而作上升运动时,将作减速运动回到原来位置空气处于稳定状态。当 $\gamma = \gamma_d$ 时,干空气团运动时,始终和周围温度相等,周围大气不给它以任何作用力,干空气依然作等速运动,空气处于平衡状态。对于饱和湿空气用 γ_m 换 γ_d 即可,由于 $\gamma_m < \gamma_d$ 因此湿空气较干空气不稳定。

气块在绝热移动时其温度随气压升降而变化,为了比较不同气压情况下气块间的温度,定义一个不受气压变化的温度就是位温。位温的

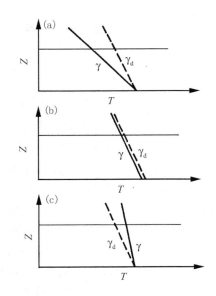

图 3.1.2　3 种不同大气稳定度
(a)$\gamma > \gamma_d$;(b)$\gamma = \gamma_d$;(c)$\gamma < \gamma_d$(李宗恺等.1985)

定义是:干空气绝热地移到标准气压 1000 hPa 处应有的温度,用 θ 表示。大气的垂直稳定度可以用位温梯度即 $\frac{\partial \theta}{\partial Z}$ 表示,当 $\gamma < \gamma_d$ 时,$\frac{\partial \theta}{\partial Z} > 0$,大气处于稳定状态;当 $\gamma > \gamma_d$ 时,$\frac{\partial \theta}{\partial Z} < 0$,大气处于稳定状态;当 $\gamma = \gamma_d$ 时,$\frac{\partial \theta}{\partial Z} = 0$,大气处于中性平衡状态。

当空气温度随高度增加而增加时,即 γ 小于零称为逆温。逆温是一种十分稳定的状态,在逆温层内大气的垂直运动很难发展。对于逆温层中的烟尘等污染物因不易扩散而大量积聚,空气质量差,甚至形成严重污染。

逆温一般有以下几种情况:在无风或小风时,少云的夜晚近地面层产生辐射逆温;暖空气经过冷的地面、冷水体或融雪面形成平流逆温;夏季阵雨之后地面因蒸发冷却形成逆温;副热带反气旋形成的下沉逆温。

在没有大天气系统影响的情况下,辐射逆温有如下的变化:傍晚时逆温逐渐在近地面生成,至午夜逆温强度达最大,高度不断升高,日出前达最高,日出后逆温逐渐从下面破坏,最后完全消失(见图 3.1.1)。

逆温的年变化比较复杂,大致冬季比夏季发展强烈,高度也高。

二、风的垂直分布

风是空气的水平运动,在低层大气中因为受地面摩擦力的影响,风速随高度增大,形成了有一定规律的垂直分布或称为风的廓线。在大气边界层以上的自由大气层中,气流不受地面摩擦力的影响为地转风;在大气边界层的上层和近地层中由于各自气流受力的差异,形成了特殊的气流分布,这便是下面将要讲述的内容。风直接携带污染物输送,而且影响污染物的扩散,因此风的大小和分布对污染物的分布有很大关系。

(一)近地层中中性层结时的风廓线

中性层结条件下湍流运动完全取决于动力因子的作用,热力湍流不发展。近地层风速廓线的典型形式为对数风速廓线,即

$$\bar{u} = \frac{u_*}{\kappa} \ln \frac{z}{z_0} \qquad (3.1.1)$$

式中,κ 称为卡门(Karman)常数,风洞试验结果,其值为 0.4,大气中取 0.35。u_* 称为摩擦速度,它具有切应力的性质,而因次是速度。在近地层 u_* 可近似看作不随高度改变。Z_0 的定义是离地面高度处 $z = z_0$ 处平均风速 $\bar{u} = 0$,z_0 的大小与地面状况有关,称为粗糙度。

中性层结下只要已知摩擦速度 u_* 和粗糙度 z_0 便可求得任一高度上的风速 $\bar{u}(z)$。而 u_* 和 z_0 可利用两个高度上测得的风速值按对数律风廓线(公式 3.1.1)求得。为了提高测量效果,根据多层风的梯度观测资料,可用图解方法计算 u_* 和 z_0。图解方法是用高度对数尺度作纵坐标,平均风速线性尺度为横坐标作图,对数风廓线将是一条直线,由直线的斜率可求得 u_*。由直线在纵坐标上的截距可求得 z_0 值。

在近地层研究中通常是由风速分布的廓线推出地面切应力(按定义切应力 $\tau = \rho u_*^2$),这方法在中性层结的边界层中是令人满意的。粗糙度 z_0 与粗糙元的高度有关,还没有严格的物理含意,由实验确定,表 3.1.1 给出了一些典型表面的 z_0 值。

表 3.1.1　自然地面上 z_0 和 u_*（李宗恺等.1985）

地面的种类	z_0(cm)	u_*(cm/s)
很平滑(泥面、冰)	0.001	16
草地,草高 1cm	0.1	26
坡地,10cm 高稀草	0.7	36
密草,到 10cm 高	2.3	45
稀草,到 50cm 高	5	55
密草,到 50cm 高	9	63

（二）近地层中非中性层结时的风速廓线

可以用简单指数律配合,其形式为

$$\bar{u} = \bar{u}_1 \left[\frac{z}{z_1}\right]^n, \tag{3.1.2}$$

其中,$\bar{u}_1$ 是 z_1 高度上的平均风速,n 为稳定度参数。层结愈不稳定 n 值愈小,中性层结时 n 等于 1/7 左右。

指数律在离地面几米高度以上的大气层中一般是比较适合的,但在紧靠地面附近,与实况符合程度不如对数律。因为近地层温度层结对空气运动的影响只有在离开下垫面一定高度以上才变得显著,在此高度以下,下垫面对空气运动的限制作用比热力作用更重要,因此紧靠地面附近,气象要素的垂直分布都满足对数律。

指数律的优点是形式简单,应用方便,它只有一个参数 n,求 n 的方法也是由一组风速梯度观测资料,用图解方法求得。即以 $\ln z$ 为纵坐标,$\ln \bar{u}$ 为横坐标的双对数图上,n 为直线的斜率。

观测发现,稳定度参数 n 不仅与大气层结有关,而且随风速和下垫面粗糙度而变。因此利用指数律时必须考虑这些因素。

（三）莱赫特曼提出综合指数律

是简单指数律的一种改进。其形式为

$$\bar{u} = \bar{u}_1 \frac{z^\eta - z_0{}^\eta}{z_1{}^\eta - z_0{}^\eta}, \tag{3.1.3}$$

式中的 η 可正可负。根据观测,在逆温时 η 为正,其值范围为 $0 < \eta < +0.5$;而当不稳定时 η 为负值,其值范围为 $-0.5 < \eta < 0$;在中性层结时 $\eta = 0$,综合指数律将转化为对数律。

以上建立的风廓线模式都是以半经验理论为基础的。

（四）相似理论建立的近地层风廓线

在层结大气中,近地层的湍流性质决定于 4 个因子:u_*、z、$\frac{H}{\rho c_P}$ 和 $\frac{g}{T}$。前两个是动力因子,第 3 个为湍流热通量系数,最后一个为浮力系数,因此后两个为热力因子。莫宁－奥布霍夫利用量纲分析的 π 定理,得出风速垂直切变表达式,利用边界条件:$z = z_0$ 时 $\bar{u} = 0$,进行积分可得到风速廓线的普遍形式。

$$\bar{u}(z) = \frac{u^*}{\kappa} \left[f\left[\frac{z}{L}\right] - f\left[\frac{z_0}{L}\right] \right], \tag{3.1.4}$$

式中
$$L = \frac{u_*^2}{\kappa \dfrac{g}{T} \dfrac{H}{\rho c_p}},$$
(3.1.5)

L 是莫宁—奥布霍夫长度，$f\left(\dfrac{z}{L}\right)$ 为无因次量 $\left(\dfrac{z}{L}\right)$ 的通用函数。在中性层结时 $L \to \infty$，风速廓线为对数分布即(3.1.1)式。

（五）大气边界层中风的分布

在大气边界层中，假设空气运动水平均匀且定常，此时空气运动处于湍流应力、科氏力和气压梯度力的平衡状态。假设 x 轴沿等压线方向，湍流应力用交换系数 K 表示，且假设 K 与高度无关。得到平均风速 $\overline{u}$ 和 $\overline{v}$ 的方程

$$\overline{u} = u_g(1 - e^{-\gamma z}\cos\gamma z),$$
$$\overline{v} = u_e(e^{-\gamma z}\sin\gamma z),$$
(3.1.6)

式中，$\gamma = \left(\dfrac{1}{2K}\right)^{\frac{1}{2}}$，$u_g$ 为地转风速

$$u_g = \frac{1}{\rho f}\frac{\partial p}{\partial y},$$
(3.1.7)

这个解是 1902 年由爱克曼(Ekman)得出的。由此式可见，平均风速随高度增加而增强，风矢量随高度顺时针旋转而呈螺旋状(见图 3.1.3)，称此风廓线为爱克曼螺线。当 $z > z_H = \dfrac{\pi}{\gamma}$ 时，$\overline{u} \to u_g$，$\overline{v} \to 0$ 即与地转风一致，z_H 为边界层顶的高度。

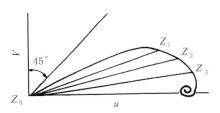

图 3.1.3 爱克曼螺旋线

爱克曼螺线是一种非常理想的风廓线，与实况有一定的差异，但它反映了大气边界层中风向、风速分布的一般规律。

大气边界层中平均风速随高度变化常可用经验的指数规律廓线来描述

$$\frac{\overline{u}}{u_y} = \left(\frac{z}{z_H}\right)^{\alpha},$$
(3.1.8)

式中，z_H 为边界层顶高度，指数 α 是变化于 0.1 到 0.4 之间的数，它依赖于地面粗糙度和大气层结。表 3.1.2 给出了 α 值，图 3.1.4 给出不同地面粗糙度的风速廓线的形式。

表 3.1.2 式中不同类型地区 α 的估算值(Davenport 1965)

地 区 类 型		
开阔地区	近郊区	城 市
0.16	0.28	0.40

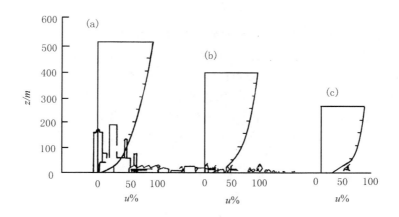

图 3.1.4　不同地面粗糙度风速廓线的形式

(a)城区;(b)郊区;(c)乡间(李宗恺等.1985)

三、大气湍流

(一)湍流与雷诺数

层流和湍流是流体运动的两种基本形态。层流是一种有序的确定性的流体运动。湍流则是一种不规则的非确定性的流体运动,其流场的各特征量是时间和空间的随机变量,它的统计平均值是有规律的。

大气湍流的形成和发展取决于两种因素,一种是机械的或动力的因素形成的湍流叫机械湍流,另一种是热力因素形成的湍流叫热力湍流。如近地面空气与静止地面的相对运动,即近地面风的切变形成的就是一种机械湍流,它是低层大气湍流的主要形式。又如空气流经地面障碍物(如山丘、树木、建筑物等)时,会引起风向和风速的突然改变,也会形成局地的机械湍流。热力湍流主要由地表面受热不均,或由于大气层结不稳定等会引起热力湍流。一般情况下,大气湍流的强弱决定于热力和动力两个因子。在气温垂直分布呈强递减时,热力因子起主要作用,在中性层结情况下,动力因子起主要作用。

排放到大气中的污染物质,在湍流的作用下散布开来。通常可以看到烟囱中冒出的烟气向下风方向飘移,同时不断地向四周扩散,这就是大气中的湍流运动使烟团与空气之间强烈地混合和交换,并扩散开来。湍流扩散比分子扩散速率快 $10^5\sim10^6$ 倍,因此湍流扩散很重要。

1883 年雷诺(Reynold)首先系统地研究了流体中产生湍流的条件。他发现当流体在长而直的管子里流动时,要使层流转变为湍流必须增加流动速度,或增加与流动有关的特征长度,或减少流体的粘性。这 3 种方面的因素可以组成一个无量纲数,称为雷诺数

$$Re = \frac{UL}{\nu},\tag{3.1.9}$$

式中 U 为平均流动速度,L 为流动的特征长度,ν 为运动学粘滞系数。

雷诺数也可以看成作用于一个小流体体积上的惯性力与粘滞力之比。因为惯性力的量纲为 $\frac{U^2}{L}$,粘滞力的量纲为 $\nu\frac{U}{L^2}$,故

$$Re = 惯性力 / 粘滞力 = \frac{U^2/L}{vU/L^2} = \frac{UL}{\nu}, \tag{3.1.10}$$

当 $Re < Re^*$ 时,流动为层流,称 Re^* 为下临界雷诺数,Re^* 约等于 1000～2320。当 $Re > Re^{**}$ 时,流动为湍流,称 Re^{**} 为上临界雷诺数,Re^{**} 约等于 12000～13800。在两个临界雷诺数之间,流动是不稳定的过渡状态,即可以是层流也可以湍流,在层流状态下稍加扰动就变成湍流状态。

大气中一般的速度量级为 10^2 cm/s,ν 大约等于 0.15 cm²/s,而流动的特征长度一般取离地面的高度,因此大气运动的雷诺数很大,大气的流动通常是湍流的。

如果用一架感应极为灵敏的风速仪记录风速的连续变化,常可得出如图 3.1.5 所示的曲线。

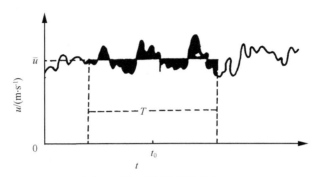

图 3.1.5 湍流运动与平均风速的定义(李宗恺等.1985)

可见,湍流为一种叠加在平均风上的脉动变化。

雷诺提出把湍流流动设想成两种运动的组合,即在平均运动上叠加脉动运动。若以 $\bar{u}$、$\bar{v}$、$\bar{w}$ 分别表示 x、y、z 方向上的平均风速,u'、v'、w' 分别表示 3 个方向上的脉动风速,则自然状态下风速的 3 个分量 u、v、w 分别可用平均值和脉动值之和来表示,即

$$\begin{cases} u = \bar{u} + u', \\ v = \bar{v} + v', \\ w = \bar{w} + w'. \end{cases} \tag{3.1.11}$$

湍流还可以看作由一系列的涡旋运动组成,这种涡旋称为湍涡。大气总是处于不停息的湍流运动之中,大气结构及其物理参数经历着各种尺度的随机变化。这种变化引起大气中能量、动量和物质成份等的输送,称之为湍流输送,其输送速率比分子热运动引起的输送要大几个数量级。

(二)理查孙数

均匀不可压缩流体,从层流状态转变为湍流状态的判据是雷诺数。但大气不是均匀介质,大气有明显的密度梯度,即大气是一种层结流体。在大气中浮力对于湍流能量的维持或抑制起着重要的作用。必须考虑近地层中温度层结对湍流性质的影响。

从能量的角度讲,大气运动的产生、增强和减弱主要取决于大气中各种能量的转换。大气的内能和位能在水平方向上分布不均匀会促使空气运动,使位能转变成动能,再由于湍流摩擦的作用将动能转变成湍能。然后由大涡涡的湍能转变成小涡涡的湍能,再转变成更小涡涡的湍能,最后通过分子粘性将湍能消耗成热能,即能量耗散。

从大气中能量转换过程可见,大气湍流运动的强弱取决于平均动能转变成湍能的速率以

及湍能消耗的速率。以湍能消耗率和湍能补充率的比值定义一个无因次参量 R_f 称为通量理查孙数

$$R_f = \frac{K_{Hz}}{K_{Mz}} \frac{g}{\theta} \frac{\frac{\partial \bar{\theta}}{\partial z}}{\left(\frac{\partial \bar{u}}{\partial z}\right)^2},$$ (3.1.12)

式中 K_{Hz} 和 K_{Mz} 分别为热量和动量的垂直交换系数。

定义理查孙数（Ri）为

$$Ri = \frac{g}{\theta} \frac{\frac{\partial \bar{\theta}}{\partial z}}{\left(\frac{\partial \bar{u}}{\partial z}\right)^2}.$$ (3.1.13)

可见，当取 $K_{Hz} = K_{Mz}$ 时，$Ri = R_f$，

当湍能消耗率大于湍能补充率，即 $Ri > \frac{K_{Mz}}{K_{Hz}}$ 时，湍能将减弱；当湍能消耗率小于湍能补充率，即 $Ri < \frac{K_{Mz}}{K_{Hz}}$ 时，湍能将加强；而当 $Ri = \frac{K_{Mz}}{K_{Hz}}$ 时，因为湍能消耗率等于补充率，故湍流将维持原状。$\frac{K_{Mz}}{K_{Hz}}$ 称为临界理查孙数。

大量的研究指出临界理查孙数并非常数，与流场的具体情况有关，通常在 1/2～1/4 之间。这是因为动量和热量交换系数的比值是一个不确定值，而且在湍流能量消耗和补充的推导中有一些简化处理，有些因素没有考虑进去，然而 Ri 数仍然是表征层结大气稳定度，反映湍流能否发展的重要参数之一。

理查孙数综合反映了热力因子和动力因子对湍流发展的影响，用它来反映层结大气稳定度比单纯用热力因子来判断要客观得多。从 Ri 数的定义可以看到，Ri 数的分母总是正的，分子可正可负，因此 Ri 数的符号主要取决于 $\frac{\partial \bar{\theta}}{\partial z}$ 的符号。$\frac{\partial \bar{\theta}}{\partial z} < 0$ 时，$Ri < 0$，表示热力因子和动力因子的作用都使湍流运动加强；当 $\frac{\partial \bar{\theta}}{\partial z} = 0$ 时，$Ri = 0$，说明虽然热力因子不起作用但动力因子的作用仍然使湍流加强；当 $\frac{\partial \bar{\theta}}{\partial z} > 0$ 时，$Ri > 0$ 时，此时热力因子使湍流减弱，动力因子使湍流加强，湍流是否发展取决于风速切变的大小，风速切变很大时，湍流将加强。

（三）低层大气的湍流特征

低层大气中的湍流运动强烈地受热力层结和地表性质的影响。下面根据一些观测事实介绍低层大气的若干湍流特征。

图 3.1.6 是美国布鲁克海汶（Brookhaven）国家实验室 125 m 高气象塔上测得的水平风速谱。从图上可以看到在周期 1 min 和 4 d 处风速谱密度有极大值，前者表示低层大气的湍流过程，后者反映了天气尺度的振动。在周期 20 min 左右，谱密度为最小值。因此在边界层湍流的统计研究中，往往取 10～20 min 的观测资料来得到比较稳定的统计平均值。因此低层大气湍流运动的研究对象是频率在 1 周/h 以上（周期小于 1 h）的那些湍涡，而周期为 1 min（频率为 50 周/h）左右的湍涡对总湍能的贡献最大。

根据观测资料分析各种层结稳定度条件下的频谱发现，高频部分谱密度与稳定度基本无

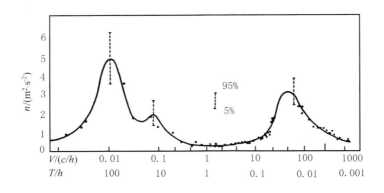

图 3.1.6 近地面水平风速谱(塞思菲尔德著,1986)

关,可以认为高频湍流主要是由动力作用引起的;而低频部分,层结愈不稳定谱密度愈大,表示热力作用只对较大尺度的湍涡有影响。不稳定层结下要比稳定层结下,某一频段所含的总能大。3 个方向的能谱比较可见,在低频段 3 个方向上的能谱密度相差很大,垂直速度能量很小,只有在高频范围 3 个方向的能谱才比较接近,说明小湍涡具有各向同性的性质。

大气中湍流运动的强弱可以用湍强大小来表示。湍强的定义为风速的标准差 σ 与平均风速 $\bar{u}$ 之比。中性层结时理论分析和观测资料都表明垂直风速标准差 σ_w 与平均风速 $\bar{u}$ 成正比,即垂直湍强 $\sigma_w/\bar{u}$ 不随风速而变。σ_w 随粗糙度 z_0 的加大而加大,而与高度 z 无关。在强对流情况下 σ_w 却与高度的 1/3 次方成比例,即随高度缓慢地增加,层结愈不稳定 σ_w 愈大。层结稳定度对垂直湍强的影响,在接近地面处不明显,特别是地面粗糙度比较大的地区;只有在较高处,层结的影响才显得重要。

横向风标准差 σ_v 对稳定度十分敏感,以致可以将 $\sigma_A \approx \dfrac{\sigma_v}{\bar{u}}$ 当作大气稳定度的一个指标,对此已有大量资料证明。在中性和不稳定层结下 σ_A 与 $\bar{u}$ 基本无关,即 σ_v 与 $\bar{u}$ 成正比,但不稳定时 σ_A 值比中性时大 3 倍左右。在稳定时,σ_A 随风速加大略有减小。由于向上增加,故横向湍强 $\dfrac{\sigma_v}{\bar{u}}$ 向上减小。

纵向湍强 $\dfrac{\sigma_w}{\bar{u}}$ 不随风速变化,随稳定度有变化,但不如 σ_v 激烈。在中性和稳定条件下,σ_u 随高度不变,因而纵向湍强随高度减小。

第二节　大气湍流扩散的理论处理

空气污染物的散布是在大气边界层的湍流中进行的,描述空气污染物在大气中的散布过程,并进行数学模拟,就要依据大气湍流的基本理论。处理大气湍流扩散有两种基本方法,即欧拉方法和拉格朗日方法。按照欧拉方法是相对于固定坐标系描述污染物的输送与扩散;拉格朗日方法则是跟随流体移行的粒子来描述污染物的浓度及其变化。两种方法采用不同类型的描述空气污染物浓度的数学表达式,都能正确地描述湍流扩散过程,但两种方法在处理上都有一些困难,有些限制条件,影响模拟的精确。下面介绍研究湍流扩散的三个理论体系。

一、湍流扩散的梯度输送理论

湍流扩散的梯度输送理论是按照欧拉方法处理扩散问题,研究流体相对于空间固定坐标系的运动状况。

19 世纪末,雷诺建立了不可压缩湍流动力学方程。他把速度和压力等流场物理量分解成平均值与脉动值之和(见公式(3.1.11)),并代入不可压缩流体力学方程中,再取统计平均后,即得到湍流统计平均运动所满足的方程,称为雷诺方程。在方程中出现了脉动速度的二阶矩(即下面的公式(3.2.1)之左边),因而方程不闭合。许多作者给出经验关系以获得闭合的动力方程组。其中最简单的就是寻找脉动速度的二阶矩与平均场之间的关系,从而使雷诺方程闭合。这类理论称为湍流半经验理论。

在雷诺方程中,出现的脉动速度二阶矩形式的项称为雷诺应力项。它反映了流场的非线性相互作用,表示单位时间通过单位面积的动量,也就是湍流所引起的摩擦力,又称为湍流粘性应力。这些湍流粘性应力体现了湍流脉动速度对整个流场的影响;又是湍流流场强度和湍流输送速率的量度。

湍流半经验理论的基本假定是比拟分子扩散过程,假设湍流引起的动量通量与局地的平均风速梯度成正比,比例系数 K 称为湍流交换系数。例如铅直方向的通量

$$\overline{\rho u' w'} = -\rho K_z \frac{\partial \bar{u}}{\partial z}, 。 \tag{3.2.1}$$

在湍流扩散问题中,同样可以假设由湍流引起的局地质量通量与该地扩散物质平均浓度梯度成正比,比例系数 K 称为湍流扩散系数。若扩散物质的浓度为 q,则有

$$\overline{\rho u' q'} = -\rho K_z \frac{\partial q}{\partial z}, \tag{3.2.2}$$

式中负号表示质量输送的方向与梯度方向相反。这就是梯度输送理论(也称为 K 理论)的基本关系式,也是建立湍流扩散方程的基础。它表示湍流扩散引起的物质输送速率取决于该物质分布的不均匀程度(梯度的大小)以及流场本身所具有的扩散能力(K 值的大小)。

湍流扩散方程是描述污染物质在湍流场中散布的规律。在一个体积元中污染物质的浓度应满足质量守恒定律,假设不考虑化学反应和分子扩散造成的浓度变化,则扩散物质的浓度 q 必须满足连续方程。利用梯度输送理论湍流脉动项用平均浓度梯度来表示,则有

$$\frac{\mathrm{d}q}{\mathrm{d}t} = \frac{\partial}{\partial x}\left[K_x \frac{\partial q}{\partial x}\right] + \frac{\partial}{\partial y}\left[K_y \frac{\partial q}{\partial y}\right] + \frac{\partial}{\partial z}\left[K_z \frac{\partial q}{\partial z}\right], \tag{3.2.3}$$

式中,q 为污染物的平均浓度,以 mg/m³ 表示;K_x、K_y、K_z 分别表示坐标 x、y、z 方向的湍流扩散系数。(3.2.3)式即为根据梯度输送理论导出的普遍形式湍流扩散方程。对大气扩散问题的处理就成为在一定边界条件下求解方程(3.2.3)。

求解扩散方程的一个主要问题是如何确定扩散系数 K_x、K_y、K_z。它们与流场形式和气象条件等有关,而且随时空而变。为得到解析解,求解时做一些假定和简化。最简单的情况是假设 3 个方向的扩散系数 K_x、K_y、K_z 为常数,称为裴克扩散。对无风和有风以及瞬时点源和连续点源等典型情况下求解裴克扩散。实验检验表明湍流扩散系数应随距离增加而增大,如假设湍流扩散系数是高度 z 的函数并与风及其切变有关,结合风随高度变化的形式可以求解扩散方程。但应用更为广泛的是直接用数值方法来解扩散方程,这使梯度输送理论增强了实用价值。

大气扩散的梯度输送理论根本缺陷来自湍流半经验理论。这个理论把无规则的湍涡运动

看成像分子热运动那样,以与分子运动过程相同的方式来完成对流场中各种属性的交换和输送。实际上,这种比拟是表象的,它们之间有本质的不同。分子过程以客观的分子输送模型为基础,严格地导出了通量与梯度的线性关系,分子扩散系数是流体的物理属性,近似为常数。湍流半经验理论以假想的湍涡输送模型为基础,梯度与通量之间的线性关系是一种假定。湍流交换系数 K 不是流体的物理属性,而是流体的运动属性。它随流场的运动性质改变,也随平均的时间和空间尺度改变。K 值可以改变几个数量级,这就大大限制了这种理论对实际应用的普遍指导意义。

虽然这种理论存在重要的缺陷,但在大气扩散理论处理和应用中仍起着重要作用。在大中尺度扩散的数值模拟中,由于研究的尺度比较大,扩散项相对重要性减小,因此理论的缺陷就不那么突出了。而且还有一些优点,如能够利用实际的风速分布资料不必作流场均匀的假设;对扩散物质的浓度分布也不必假定某种分布形式;易于加入源变化、化学变化和其他迁移清除过程。因此得到了广泛的应用。

二、湍流扩散的统计理论

湍流扩散的统计理论是按照拉格朗日方法处理扩散问题,从研究湍流脉动场的统计性质出发,描述在湍流场中扩散物质的散布规律。

考察从原点出发的一个标记粒子的运动(见图 3.2.1),取 x 轴与平均风向一致,经过 T 时间以后,粒子在 x 方向移动了 $x = \bar{u}T$ 距离。由于湍流脉动速度 $v'(t)$ 的作用,粒子在 y 方向位移 $y(t)$。而粒子的湍流运动是一个随机过程 $y(t)$,具有随机性,不能确定 $y(t)$ 的数值,但许多粒子位移的集合却趋向于一个稳定的统计分布。也就是说,虽然不能确定某一个粒子在 y 方向移动的距离,但可以给出粒子在每个位置上出现的概率。

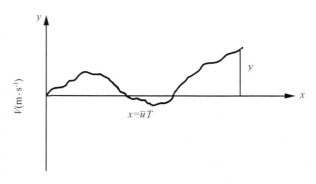

图 3.2.1　标记粒子的随机运动(蒋维楣等,1993)

大气扩散的统计理论研究的中心内容就是寻求扩散粒子的概率分布,进而求出扩散物质浓度的空间和时间的分布。

在平稳和均匀湍流的假定下,可以证明粒子分布符合正态分布规律,在实际大气中,扩散试验的结果也表明,浓度分布接近正态分布形式。在给定正态分布以后,决定扩散物质浓度分布的主要参量便是标准差,即扩散参数。

泰勒(Taylor,1921)首先把浓度分布的标准差 σ 与湍流脉动统计特征量联系起来,给出

$$\sigma_y{}^2 = y^2(T) = 2\overline{v'^2} \int_0^T \int_0^t R_L(\tau) \mathrm{d}\tau \mathrm{d}t. \tag{3.2.4}$$

这就是著名的泰勒公式。$R_L(\tau)$ 是标记粒子运动的拉格朗日相关系数。$y^2(T)$ 表示从原点出发的许多粒子经过 T 时段在 y 方向位移的方差。由公式(3.2.4)可见粒子湍流扩散范围取决于湍流脉动速度方差 $\overline{v'^2}$ 和拉格朗日相关系数 $R_L(\tau)$,湍流强度愈大,脉动速度的拉氏相关系数愈高,则粒子散布的范围愈大。

泰勒公式是用脉动速度的统计特征量即拉格朗日相关系数 $R_L(\tau)$ 来描写扩散参数 σ，还必须用实测气象参量来表达相关系数 $R_L(\tau)$，进而导出扩散参数 σ 与气象参量的联系。在正态分布假设下，利用泰勒公式定出方差，则浓度分布可以确定，这是大气扩散计算的最基本方法。

湍流统计理论处理扩散问题的主要困难在于实际湍流的非定常和非均匀性。而泰勒公式是在平稳和均匀湍流假定下导出的，只有在下垫面平坦开阔、气流稳定的小尺度扩散处理中，才近似满足这些条件。这使得理论的应用受到很大的限制。

三、湍流扩散的相似理论

湍流相似理论是在量纲分析的基础上发展起来的，是研究近地层大气湍流的一种有效的理论方法。莫宁(Monin)首先将相似理论用来研究湍流扩散。后来进一步发展，已成为研究近地层湍流扩散的又一种理论处理方法。

相似理论的基本原理是关于拉格朗日相似性的假设。假定流体质点的统计特性完全可以用表征流体欧拉性质的参量来确定。在上述假定下，就可以把粒子扩散特征与风速和温度的空间分布联系起来。

在近地层，中性大气中，表征流场欧拉性质的参量是摩擦速度 u_*，在非中性层结时除 u_* 外还有热通量 H_T，两个参量同时考虑，则可用莫宁—奥布霍夫长度 L。根据相似性假设，可以用它们来描写粒子的扩散。

设粒子从原点出发，垂直向位移的平均值为 $\overline{z}$，相应的水平位移为 $\overline{x}$。用量纲分析方法，可以得到位移的增长率有以下形式

$$\frac{\mathrm{d}\overline{z}}{\mathrm{d}t} = bu_* \phi\left[\frac{\overline{z}}{L}\right], \qquad (3.2.5)$$

式中，b 和 ϕ 是待定的普适常数和普适函数。相应的平均水平位移的增长率等于由 $\overline{z}$ 决定的某高度上的平均风速，则

$$\frac{\mathrm{d}\overline{x}}{\mathrm{d}t} = \overline{u}(c\overline{z}), \qquad (3.2.6)$$

式中，c 是待定常数。

以上 2 式给出了粒子的平均速率，是决定粒子平均扩散状态的方程。给定了风速廓线和函数的具体形式后，就可以求解。

已知中性层结下的风廓线公式(3.1.2)和非中性层结下的风廓线公式(3.1.4)代入以上 2 式经过积分可求得 $\overline{x}$ 和 $\overline{z}$。

以上由相似理论导出的扩散问题的解限制在近地层内，即限制在湍流粘滞力等于常数的薄层内，其厚度仅几十米，在这个高度以上，必须考虑柯氏力等其他因子的作用，使量纲分析复杂化，难以导出确定结果。

至今湍流扩散的相似理论实际应用并不多。

四、三种理论的比较

大气扩散的理论研究是沿着三个理论体系发展起来的，即梯度输送理论、湍流统计理论和相似理论。这三个理论分别考虑不同的物理机制，采用不同的参数，利用不同的气象资料，在不同的假定条件下建立起来的。它们具有不同的优缺点，只能在一定范围内使用，其主要差异

列于表 3.2.1。

　　上述三种大气扩散理论都有较大的局限性,但在处理空气污染物散布的实际应用中往往超出其适用范围,在使用中应了解扩散理论的适用性,将有助于分析误差的来源和大小,进行必要的修正,避免盲目使用。

表 3.2.1　三种理论体系比较 (蒋维楣等,1993)

理论类型	梯度输送理论	统计理论	相似理论
基本原理	湍流半经验理论	湍流脉动速度统计特征量与扩散参数之间的关系	拉格朗日相似性假设
基本参数	湍流交换系数 K	风速的脉动速度均方差拉格朗日自相关系数	摩擦速度 u_* 湍流热通量 H_T
气象资料	风速及 K 的垂直廓线	湍流能谱	风、温廓线
主要限制条件	小尺度湍涡作用	均匀湍流	地面应力层
基本适用范围	σ_z 地面源	σ_y、σ_z 高架源 σ_y 地面源	σ_z 地面源近距离

　　除上述三种大气扩散理论外,还发展了一些新的理论方法,其中有粒子扩散的随机游动模拟和高阶矩湍流闭合模拟等。这些理论具有一定的优点,但应用于扩散模拟中尚不成熟,有待进一步发展。

第三节　大气污染物浓度分布的模式计算

　　大气污染的危害程度是以大气中污染物的浓度来决定。因此大气污染的基本问题就是正确估算各种条件下污染物浓度的时空分布。前一节讲述了污染物散布过程的大气湍流扩散理论,本节是在此理论基础上寻求如何利用实测气象资料估算污染物浓度分布的有效方法,以及研究污染物散布的各种大气过程并定量估算它们的影响,实际上就是建立大气扩散的数学模式。

　　本节首先介绍适用于开阔平坦地形上的小尺度(10 km)扩散模式,以连续点源模式为主,并假定污染物是被动的,在进入大气以后立即跟随周围空气运动。然后再介绍在扩散过程中发生的清除和转化。城市和山地等复杂地形以及大中尺度的扩散和模式计算将在下节讲述。

一、高斯扩散公式

　　高斯扩散公式是在污染物浓度符合正态分布的前提下导出的大气扩散公式。根据梯度输送理论,假设扩散系数 K 等于常数,可以得到正态分布形式的解;从统计理论出发,在平稳和均匀湍流的假设下,也可以证明粒子扩散位移的概率分布符合正态分布形式。大量试验和观测事实表明,空气污染物以烟流形式排放,在湍流作用下,其浓度分布通常符合平均烟流在垂直于轴线的两个方向呈正态分布规律。按照统计理论的处理途径,假设浓度分布为正态分布形式,导出的高斯扩散公式是一种至今仍在应用的最普遍的大气扩散公式。

在理想条件下,湍流场均匀定常。设源位于无界空间,即不考虑地面的存在及影响。源位于坐标系原点,x 轴与平均风向一致,为烟流浓度分布轴线,烟流呈锥形向下风向扩散,浓度在 y 和 z 方向对称,并符合正态分布。

可得到无界情况连续点源高斯扩散公式

$$q(x,y,z) = \frac{Q}{2\pi \bar{u}\sigma_y\sigma_z}\exp\left[-\frac{1}{2}\left(\frac{y^2}{\sigma_y^2}+\frac{z^2}{\sigma_y^2}\right)\right] \qquad (3.3.1)$$

由上式可知,若已知源强 Q 和平均速度 $\bar{u}$,只要再知道 σ_y 和 σ_z 便可以求得空间任意点的浓度 $q(x,y,z)$。σ_y 和 σ_z 为大气扩散参数,其单位为 m。$\bar{u}\sigma_y\sigma_z$ 是单位时间通过烟流截面的空气量的量度,是大气扩散稀释能力的标志。σ_y 和 σ_z 随距离 x 增大。式中指数项表示污染物浓度自烟流轴线向 y 向和 z 向按正态分布形式降低。

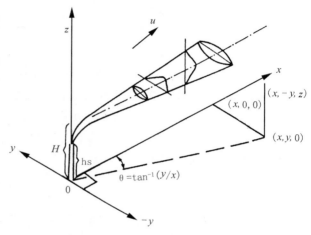

图 3.3.1　有界高架烟流的扩散(蒋维楣等,1993)

实际烟流是从离地面上一定高度排放的,如图 3.3.1 所示,烟囱高度 h_s,烟流出烟囱后抬升到高度 H 向下风方输送并扩散。坐标原点选在污染源在地面的投影点上,x 轴为平均风方向,指向下风方,z 轴指向天顶与地面垂直。由于有地面作为边界,烟流的散布受到地面的影响,而且地面及其覆盖物对污染物散布的影响很复杂。最简单的情形是假设地面对污染物无吸收和吸附作用,得到有界高架连续点源的高斯公式。

$$q(x,y,z;H) = \frac{Q}{2\pi \bar{u}\sigma_y\sigma_z}\exp\left[-\frac{y^2}{2\sigma_y^2}\right] \cdot$$
$$\left\{\exp\left[-\frac{(z-H)^2}{2\sigma_z^2}\right]+\exp\left[-\frac{(z+H)^2}{2\sigma_z^2}\right]\right\} \cdot \qquad (3.3.2)$$

排放源离地高度 H 称为烟流的有效源高,它包含烟囱高度 h 和烟流抬升高度 Δh。

在实用中往往只需要计算某些特征浓度,可以从浓度分布公式中导出。对于有界高架源的地面浓度可令 $z=0$ 得到。

$$q(x,y,0;H) = \frac{Q}{\pi \bar{u}\sigma_y\sigma_z}\exp\left[-\frac{1}{2}\left(\frac{y^2}{2\sigma_y^2}+\frac{H^2}{2\sigma_z^2}\right)\right], \qquad (3.3.3)$$

地面轴线上的浓度,可以令 y=0 得到,它比地面上轴线两侧的浓度高。

$$q(x,0,0;H) = \frac{Q}{\pi \bar{u}\sigma_y\sigma_z}\exp\left[-\frac{H^2}{2\sigma_z^2}\right]. \qquad (3.3.4)$$

图 3.3.2 是有界高架连续点源地面浓度分布。由图可见在污染源附近地面浓度接近于零,然后逐渐增高,在某个距离 x_m 处达到最大值 q_m,然后再缓慢减少,在 y 方向上浓度则按正态分布规律向两侧降低。

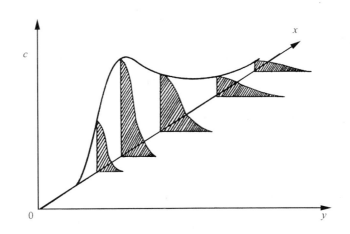

图 3.3.2 有界源地面浓度分布(蒋维楣等,1993)

在实际大气污染问题中,高架源的地面最大浓度 q_m 和它离源的距离 x_m 是两个常用的量。最简单的情形,假设 $\sigma_y/\sigma_z =$ 常数,则当 $x=x_\mathrm{m}$

$$\sigma_z = H/\sqrt{2}. \tag{3.3.5}$$

此时,地面浓度达最大值

$$q_\mathrm{m} = \frac{2Q}{\pi e \bar{u} H^2}\frac{\sigma_z}{\sigma_y}, \tag{3.3.6}$$

式中 e=2.718,为自然对数的底。由公式(3.2.5)和(3.2.6)可见,增加有效源高 H,则 $x=x_\mathrm{m}$ 处 σ_z 的增大,在稳定度不变情况下,对应较大的 x_m,即在较远处出现浓度最大值,而地面最大浓度 q_m 则与 H 平方呈反比。

实际处理的空气污染物排放源除了点源还有线源、面源和体源等形式。运用上述连续点源烟流的高斯扩散公式,可以分别给出各种形式源的扩散公式。

利用上述高斯扩散公式,为计算污染物浓度及其分布必须确定公式中的参数,其中源强 Q 和平均风速往往可通过测量获得或由工程设计给出。问题主要是如何确定大气扩散参数和以及源高 H。下面将讲述这个问题。

二、大气扩散参数

大气扩散参数 σ_y 和 σ_z 和表征空气污染物在湍流场中的扩散和散布范围,它与一些重要气象因子和下垫面条件的关系十分密切,是一个相当复杂的特征量。大气扩散参数在扩散计算中主要起两个作用,一是通过指数项影响污染物浓度沿烟流轴线垂直方向呈高斯分布形态,二是它们的乘积与污染物浓度成反比,因此是一个十分重要的参量。长期以来,对大气扩散参数的确定进行了大量的理论和实验研究,建立了许多模式,在实际应用中发挥了很大作用。

(一)萨顿模式

英国气象学家萨顿(O. G. Sutton)1953 年在泰勒公式的基础上建立了第 1 个实用的大气扩散模式。萨顿从理论研究入手,先找出泰勒公式中的拉氏相关系数 $R_\mathrm{L}(\tau)$ 与某些可测气象参数间的联系。然后代入泰勒公式,经数学处理和简化可得到用萨顿扩散参数 C_y 和 C_z 表达的大气扩散参数 σ_y 和 σ_z。而萨顿扩散参数是由可观测量确定的,它们是表征地面粗糙度的宏

观粘滞度 N,湍流特征量 $\overline{v'^2}$ 和 $\overline{w'^2}$ 以及与风廓线指数有关的大气稳定度函数。

　　萨顿模式是遵循统计理论处理扩散的公式,通过泰勒公式将大气扩散参数与可由观测得到的气象参量联系起来,由此求得扩散参数。此模式除了理论局限性外,物理考虑尚欠缺,数学推导也不甚严密,实用时有些参量的使用也较复杂,因此迄今已不作实用。

　　Hay—Pasquill 模式与 Sutton 模式相似,利用泰勒公式求取扩散参数。他们没有给出相关函数 $R_L(\tau)$ 的具体形式,而是利用相关函数与湍流能谱的关系进行谱分析,为便于利用观测资料进行计算,假设用欧拉变数代替拉格朗日变数的方法。此模式考虑了湍流场基本特性,但对观测量要求较高,应用尚不普遍。

　　(二)稳定度扩散级别与扩散曲线法

　　大气中扩散稀释的速率、距离和范围受大气稳定度的影响,为此首先由常规气象观测资料判定稳定度 6 类级别(A、B、C、D、E、F),然后由大量扩散试验资料和理论分析总结得出此 6 类稳定度条件下,扩散参数随离源下风距离 x 的变化曲线,即扩散曲线。此法应用广泛。

　　1. P—G—T 法:Pasqull(1961)建立了一套估算方法,后经 Gifford(1961)和 Turner(1967)改进完善构成了 P—G—T 实用系统,广泛用于估算大气扩散参数。

　　Pasqull 根据风速与日间日射程度和夜间天空状况半定量地给出 6 个稳定度扩散级别(见表 3.3.1)。Turner 引进太阳高度角来判定日射强度,结合云况确定日射等级,再由日射等级和地面风速给出稳定度扩散级别。(见表 3.3.2 和 3.3.3)。

表 3.3.1　**Pasquill 的稳定度分级方法**(蒋维楣等,1993)

地面风速(m/s)	日间日射程度			夜间天空状况	
	强	中等	弱	薄云遮阴天或低云量≥4/8	云量≤3/8
<2	A	A—B	B		
2~3	A~B	B	C	E	F
3~5	B	B—C	C	D	E
5~6	C	C—D	D	D	D
>6	C	D	D	D	D

表 3.3.2　**日射等级确定规则**(蒋维楣等,1993)

时　间	天空状况	日射等级
不论日间或夜间	总云量 10/10 而且云高<2000 m	0
夜　间	总云量≤4/10	−2
	总云量≥4/10	−1
日　间	$h_\odot<15°$	1
	$15°<h_\odot<35°$	2
	$35°<h_\odot<60°$	3
	$h_\odot>60°$	4
	云高<2000 m 的低云量为 6~9,而且 $h_\odot>60°$	1
	$h_\odot\leqslant60°$	0
	云高<2000 m 的低云量为>9,不论 $h_\odot$	0

表 3.3.3　**Turner 的稳定度分级方法**(蒋维楣等,1993)

地面风速(m/s)	日射等级						
	4	3	2	1	0	−1	−2
<2	A	A—B	B	C	D	E	F
2～3	A—B	B	C	D	D	D—E	E
3～5	B	B—C	C	D	D	D	D—E
5～6	C	C	D	D	D	D	D—E
>6	C	D	D	D	D	D	D

　　根据确定的稳定度扩散级别,由扩散曲线(图 3.3.3 所示)便可读出不同离源距离处的扩散参数。扩散曲线是依据大量扩散试验资料绘制的,为使扩散参数的估算更可靠并更有普遍意义,他们尽可能应用了湍流扩散处理的理论原理,而不是单纯地依据实测浓度资料。对 σ_y 采用统计理论的成果,在近距离($x=0.1\sim1.0$km)依据风向脉动观测资料统计分析,在较远距离($x=1\sim10$ km)利用近距离资料外推,同时参考有限数量的示踪扩散试验资料。对 σ_z 曲线在近距离应用梯度输送理论并利用风廓线观测资料,远距离也是外推的并参考垂直湍流观测资料。

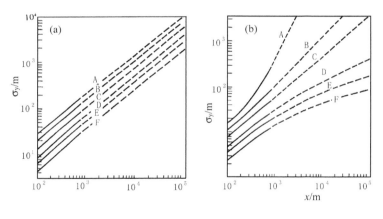

图 3.3.3　P-G 扩散曲线(蒋维楣等,1993)

　　2. 其他稳定度分类方法:以上根据地面宏观气象观测资料判定稳定度类的做法有较大的局限性。常用的分类法还有以下几种:

　　(1)风向脉动标准差方法——BNL 法风的方位角和高度角脉动的标准差 σ_A 和 σ_E 是表征湍流强度的直接参量,与扩散参数 σ_y 和 σ_z 的关系密切。如 Smith(1951,1968)采用的水平风向脉动角范围作为湍流特征量,构成 BNL 方案。

　　(2)温度递减率法近地层温度随高度变化也是大气稳定度状况的定量判据,此方法对于稳定大气状况较可靠。还有以温度递减率与风速结合划分稳定度类等方法。美国国家环保局(EPA)提出风速和日间用入射太阳辐射及夜间用温度递减率。

　　(3)我国在应用扩散曲线法中根据国情作了修改。用计算所得太阳高度角和观测的云量确定辐射等级,再由辐射等级与地面风速给出稳定度类别,还将 P-G-T 法的扩散曲线改为指数表达式,并规定不同下垫面确定参数的修改意见。

（4）边界层湍流参量方法采用具有明确理论意义的边界层湍流参量作为划分稳定度扩散级别的判据，更客观地表征大气稳定度状况。这类判据中最常使用的是梯度理查孙数（Ri），总体理查孙数（Ri_B）和莫宁—奥布霍夫长度（L）。这种方法优于温度递减率法，但实际使用中会因观测技术问题，引起不同程度偏差。

所有以上这些方法和判据都有一定的使用条件和适用范围。

3. 扩散曲线：已有的 3 组扩散曲线：P-G 扩散曲线，BNL 扩散曲线和 TVA 扩散曲线都具有各自的特性，它们依据的试验条件各不相同，Briggs（1974）分析这些曲线在不同距离的特性，提出了一套内插公式（见表 3.3.4），和相应的扩散曲线，

表 3.3.4　3 组扩散曲线的实验基础（蒋维楣等，1993）

扩散曲线	扩散试验	源高(m)	场址 z_0(m)	采样时间(min)	采样范围(km)	稳定度分类方法	扩散参数
P—G	示踪试验	近地面源	0.03	3	1	常规气象资料	扩散曲线
BNL	示踪试验	108	1.0	60	1～10	风向摆动角度	指数表达和扩散曲线
TVA	热烟流	150～600	开阔平坦	2～5	10～100	位温梯度	扩散曲线

（三）扩散函数法

1970 年代中期以来，人们寻找更好反映流场结构与大气扩散特性之间关系的处理方法，形成了一种由风向脉动与扩散函数来确定扩散参数的方法，这也是扩散参数研究的重要进展之一。按照大气扩散的湍流统计理论，在均匀定常条件下，粒子位移的总体平均用泰勒公式表述，由泰勒公式可以得到扩散参数的表达式。

$$\sigma_y = \sigma_A \cdot x \cdot f_y\left[\frac{T}{t_L}\right], \qquad (3.3.7)$$

$$\sigma_z = \sigma_E \cdot x \cdot f_z\left[\frac{T}{t_L}\right], \qquad (3.3.8)$$

式中，$T = x/\bar{u}$，为扩散时间，可见在取得了风向方位角和风向高度脉动标准差 σ_A 和 σ_B 情况下，只要给出扩散函数 f_y 和 f_z 的形式，并正确估算湍流时间尺度 t_L，便可求得扩散系数 σ_y 和 σ_z。

用泰勒公式可以推出扩散函数的理论形式，并且与试验结果基本吻合。但人们还是依据试验资料得出一些经验表达式。

扩散函数法的原理与湍流扩散统计理论的基础泰勒公式一致，引进了以边界层参量表述扩散参数，采用了连续性的稳定度概念，舍弃了原来间隔分级的稳定度分类，并考虑了源高的影响，推进了扩散参数应用与研究的新发展。

三、烟流抬升高度

运用高斯扩散公式估算空气污染物分布浓度时，除大气扩散参数外，还要确定源高 H。烟囱排出的烟气常常会继续上升，因此烟流达到的高度比烟囱高，称为烟流抬升。在扩散公式

中的源高是烟源的有效高度,它包含排放源即烟囱高度 h 和烟流抬升高度 Δh,即 $H = h + \Delta h$。由高斯扩散公式可见,增加源高可降低地面浓度,而像火力发电厂等强的热烟源,其抬升高度可以和烟囱高度相当,有时可达数百米,这样有抬升烟源的地面最大浓度仅等于无抬升时的 $1/4$。因此准确估计烟流抬升高度有重要意义。

影响热烟流抬升的因子可归纳为以下三类:

(一)排出烟流本身的性质

烟流从烟囱口向上喷出,以出口处初始动量继续上升。而且烟流温度高于周围空气形成浮力,对抬升起重要作用。

(二)周围大气的性质

烟流与周围空气混合快慢对抬升高度有重要影响。混合较快,烟流升速很快减小,抬升高度就低。与混合速率有关的因子是平均风速和环境湍流强度。烟流所处气层的温度层结也影响抬升高度。稳定层结抑制烟流浮升,不稳定层结可促进浮升,但这时湍流变换强,混合较快又对抬升不利。

(三)下垫面影响

地面粗糙上空湍流较强不利于抬升。烟气自烟囱口排出后,形成烟流,经历初期准垂直形式,然后弯曲并扩大,接着瓦解变平,达到最大抬升高度,称为终极抬升高度,并以此高度计算烟流抬升高度 Δh 和有效源高 H。

烟流的抬升遵循流体力学的基本定律,即质量守恒,浮力守恒和动量守恒。通过积分这些守恒表达式来描述烟流的轨迹。

描述烟流轨迹的方程可分为垂直烟流(无风时)和弯曲烟流(有风时)两类,根据大气稳定度又可分别考虑中性、稳定和不稳定 3 种条件。

中性稳定度条件下弯曲浮升烟流轴线高度的时间变化方程为

$$Z = \left[\frac{3F_m}{\beta^2 \bar{u}} t + \frac{3F}{2\beta^2 \bar{u}} t^2 \right]^{\frac{1}{3}}, \tag{3.3.9}$$

式中,F 为浮力通量,F_m 为初始的垂直通量,β 是挟卷系数。根据 $x = \bar{u} t$ 得到 $z \sim x$ 关系,即烟流轨迹方程。

根据上式可以分析两种特殊情形。如浮力项等于零(非热源)或 t 很小时上式第二项可忽略,于是有

$$Z = \left[\frac{3}{\beta^2} \frac{F_m}{\bar{u}} t \right]^{\frac{1}{3}} = \left[\frac{3F_m}{\beta^2} \right]^{\frac{1}{3}} \bar{u}^{-\frac{1}{3}} x^{\frac{1}{3}}, \tag{3.3.10}$$

这就是动力抬升规律,称为"1/3"次律

当 t 足够大,(3.3.9)式前项可忽略,得

$$Z = \left[\frac{3F}{2\beta^2 \bar{u}} t^2 \right]^{\frac{1}{3}} = \left[\frac{3F}{2\beta^2} \right]^{\frac{1}{3}} \bar{u}^{-1} x^{\frac{2}{3}}, \tag{3.3.11}$$

这是热力抬升规律,称为"2/3"次律

对于兼有动力和热力抬升的烟源,近距离的抬升由动力项支配,远距离由浮力项支配。动力抬升在全部抬升高度中只占很小的成分。在计算强热源的抬升高度时,动力项可以忽略。

稳定层结时,大气对烟流抬升起抑制作用,浮升高度振荡变化。实际烟流和周围空气混合,振荡的阻尼衰减很快,观测时未发现振荡起伏情形。Biggs用实验观测资料得到静风时浮

力抬升高度

$$\Delta h = 4.0F^{\frac{1}{4}}S^{-\frac{3}{8}} \qquad (3.3.12)$$

有风时，

$$\Delta h = 2.4\left[\frac{F}{\bar{u}S}\right]^{\frac{1}{3}}, \qquad (3.3.13)$$

式中 S 为大气稳定度参数。

不稳定层结时,S<0 浮力通量随高度增加,抬升速度加速增长,但这时湍流活动剧烈,烟流与空气混合强烈,抬升速度减弱。因此不稳定时浮力和湍流对抬升作用是相互抵消的。观测的抬升高度离散很大,平均结果与中性情况无明显差别。实用中采用中性层结的抬升公式。

理论上,在中性和不稳定层结条件下,受浮力影响烟流抬升是无止境的。但实际上并非如此,这是由于烟流抬升后期阶段受环境湍流的支配。为了得到合理的终极抬升高度,需要考虑环境湍流的作用。求解支配方程或者根据试验观测,定出终极抬升高度。

烟流抬升理论和实验研究的一个主要目的是建立可行的实用计算公式,供大气扩散模拟中确定抬升高度和有效源高。此类公式很多,有的是纯经验的,在野外或在风洞实验室中测定后拟合得出经验公式。有的是理论公式,其中包含一些经验假定或经验系数。由此可见,这些公式大多带有较强的经验性,使用中必须经过观测检验。由于理论发展不完善及观测条件的限制,不同公式相差较大,给实际应用造成一定困难。

四、污染物在大气中的清除

污染物在大气中输送和扩散的过程,并非像高斯扩散模式中所假设是被动的和保守的,还会发生沉积和化学变化等清除过程,改变污染物的浓度分布。空气污染物从大气中清除的基本机制有干沉积、湿沉积和化学转换。

干沉积是污染物质通过重力沉降、碰撞和吸收等过程从大气中清除并降落到地面上的过程。污染物质包括气体和各种大小的粒子,较大的粒子具有较大的降落速度 v_s。在近地面层大气中湍流脉动速度大约 w' 为 10 cm/s 量级,因此对于粒子直径大于 20 μm 的较大粒子就有明显的重力沉降,在使用高斯扩散公式处理中应考虑粒子的重力沉降修正,即以 $H - \frac{v_s x}{u}$ 代替有效源高 H。这时烟流轴线呈下倾斜状,(见图3.3.4)。轴线与水平夹角 α,根据地面特性,考虑地面吸收及反射性质,修改高斯公式可以求得地面浓度 $q(x,y,o)$,于是地面上任意位置(x,y)的沉降率 w_s

$$w_s = v_s q(x,y,0), \qquad (3.3.14)$$

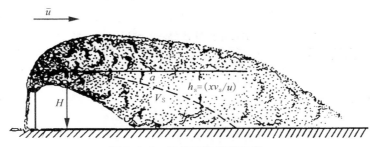

图 3.3.4 偏斜烟流模型示意

按高斯扩散公式计算,大致有一半粒子会在烟流轴线触地的这段水平距离$\left(\dfrac{H\bar{u}}{W_s}\right)$内沉降。

气体和很小的粒子(粒径小于 $10\sim20\ \mu m$)上述沉降作用可忽略,但会由于湍流和布朗运动沉积到地面上。这种情况下,沉积速度 v_d 可定义为由实测沉积速率 w_d 和地面浓度 $q(x,y,0)$ 而定。

$$v_d = w_d/q(x,y,0), \tag{3.3.15}$$

由于清除过程很缓慢,一般都假定下垫面的这类清除作用不影响污染物在大气中的浓度分布形式,只是减少了大气中污染物的总量。

干沉积速度 v_d 受气象条件、污染物性质和地表面特性的影响,可以通过测量及理论计算确定。表 3.3.5 为用梯度法测量的气体沉积速度。

表 3.3.5 梯度法测量的气体沉积速度(李宗恺等,1985)

沉积表面	气体	沉积速度(cm/s)	备注
牧草	甲基碘	$1.4\times10^{-4}\sim2.4\times10^{-3}$	
草	NO_x	最大 0.02	出现负值 v_d
草	O_3	最大 0.6	同上
冰面	SO_2	$0.10\sim0.17$	
清洁水面	SO_2	0.46	
短草	SO_2	0.55	
草	SO_2	$0.27\sim1.5$	
中等高度的草	SO_2	$0.77\sim1.9$	
石灰质土壤	SO_2	1.1	
草	SO_2	$0.2\sim2.06$	u * 为 0.07～0.33 m/
草	SO_2	最大 2.4	出现负值 v_d
森林	SO_2	<2	

云雾以及雨、雪等降水都能对空气污染物,包括气体和粒子起到清除作用,称为降水清除或湿沉积。空气污染物的降水清除过程是由降水和污染物之间相互作用完成的。因此降水和空气污染物的性状对于降水清除过程都有重要影响。假设单位时间、单位体积空气内被清除的污染物质量与其浓度成正比,比例系数 Λ,称为降水清除系数。清除系数 Λ 应由降水的粒子谱分布特性和降水率以及污染物的物理化学特性来决定。野外试验的测量结果给出中值 $\Lambda = 1.5\times10^{-4}\text{s}^{-1}$,取值范围 $0.4\times10^{-5}\sim3\times10^3\text{s}^{-1}$。对 SO_2 实验结果为 $17\times10^{-5}J_0$,这里 J_0 是雨强(mm/h)。下面两个表 3.3.6 和表 3.3.7 列出了各种清除系数。

表 3.3.6 粒子的降水清除系数测量结果(李宗恺等,1985)

粒子污染物及大小（μm）	$\Lambda(\text{s}^{-1})$	清除类型
核裂变产物	$\leqslant1\times10^{-5}$	
可溶性无机物	4×10^{-5}	
～0.2	$15\times10^{-5}\,p_0^{0.5}$	云下雨洗
5	$16\times10^{-5}\,p_0^{0.8}$	

（续表）

粒子污染物及大小(μm)	$\Lambda(s^{-1})$	清除类型
3，7.5	$13\times10^{-5}p_0$	
氡	0.4×10^{-5}	
核裂变产物	$2\times10^{-5}\sim20\times10^{-5}$	
可溶性无机物	$4\times10^{-5}\sim22\times10^{-5}$	云中清除
大气尘埃	$0.4\times10^{-5}\sim300\times10^{-5}$	
～0.2	$20\times10^{-5}p_0$	
<1	50×10^{-5}	
0.3～0.5	18×10^{-5}	
0.5～0.7	28×10^{-5}	
0.7～0.9	43×10^{-5}	雪清除
0.9～1.5	65×10^{-5}	
1.5～3.0	92×10^{-5}	

表 3.3.7　气体的降水清除系数（李宗恺等,1985 ）

气体污染物	$\Lambda(s^{-1})$	备　注
SO_2	$17\times10^{-5}p_0^{0.6}$	实验室测量
NO_2	$\Lambda no_2=(1/4)\Lambda so_2$	实验室测量
SO_2	$1.3\times10^{-5}\sim6\times10^{-5}$	野外测量
SO_2	2×10^{-5}	野外测量
SO_2	0.1×10^{-5}(存在解吸作用)	野外测量

空气中的污染物与空气中的其他成分以及其他污染物发生化学反应生成二次污染物,也是污染物从大气中清除的一种形式。发生化学反应的速率与气象条件和各种成分的浓度有关。主要有以下几种:由煤的燃烧排放 SO_2 和 NO_2 在空气中氧化生成二级污染物硫酸盐、硝酸盐和臭氧等。汽车等废气中的 HC 化合物和 NO_x 等在太阳辐射下生成光化学烟雾,其中主要成分有臭氧和过氧乙醛硝酸盐(PAN)第二次污染物,还有放射性衰变与迁移。

污染物通过上述清除过程逐渐减少它在大气中的含量(见表 3.3.7),或者说污染物质在大气中有一定的滞留时间。滞留时间的长短综合反映了包括干、湿沉积和化学变化等清除过程的作用。不同污染物质在不同的气象条件下会有不同的滞留时间,一般为几天到几十天。污染物在大气中的滞留,主要影响长期效应,对于较短距离的输送,如 $20\sim50$ km 范围,通常采用简化的处理方法。

基本的高斯扩散模式是在一定的气象条件和排放方式下给出的。实际应用中会出现另外的一些情况,如边界层内的层结稳定度,有时随高度而变,在某高度上有一个逆温层,以及层结的日变化等都会严重影响污染物的扩散,需作专门的处理。还有当风速很小甚至静风条件下的扩散也与高斯扩散模式不同,都要认真处理。

第四节　复杂地形上的大气污染

复杂地形包括建筑物、山区和湖泊等,在复杂地形上的大气污染过程与局地的气象条件有密切关系。污染物的输送和扩散规律比平原复杂得多,这也是近一二十年来大气污染气象学发展的一个主要方面。某些问题虽然不成熟,但是一些定性的结论在实际工作中还是有参考价值的。

一、局地建筑物对大气污染散布的影响

建筑物作为障碍物会改变周围的气流分布,从而改变污染物的散布。在一个建筑物的周围气流发生变形,可分为 3 部分(见图 3.4.1)即位移区、空腔区和尾流区。位移区位于建筑物迎风面上游,遇建筑物发生气流分离的区域。空腔区位于建筑物后的背风部位,此处气流发生循环回流现象,流速低而湍流度高。污染物会积累而浓度增高。其高度约为建筑物高度 1.5 倍,长度则为建筑物高度的 2.5～3.0 倍。尾流区位于空腔区后,空气动力学下沉,会将位于建筑物上方空气带到近地面,这个区域可持续伸延 5～30 倍建筑物高度。

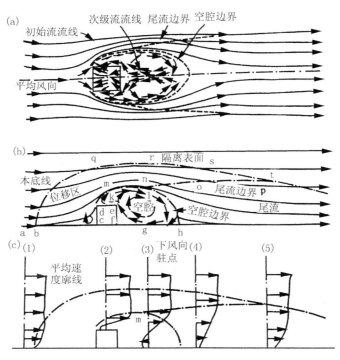

图 3.4.1　方形建筑物附近的气流分布(蒋维楣等,1993)

(a)俯视;(b)侧视;(c)平均风廓线

风洞试验结果表明,由建筑物引起的绕流区的高度为建筑物的 2 倍,向下风方伸延的距离为该建筑物高度的 5～10 倍。因此为避免烟囱排放烟流遭受建筑物绕流影响,需将烟囱高度设计为附近建筑物高度 2.5 倍以上,以避免建筑物的空气动力学下洗影响。对建筑物顶上的低矮烟囱,则要求排出烟气速度为平均风速的 3～5 倍,才可避免湍流卷夹作用的影响。只要

有效源高超过建筑物长度的 $1/2$,下风方浓度就可以按惯常的高斯公式计算。当烟流停滞或分裂于建筑物周围时,建筑物迎风面会由于污染物向下输送而造成地面高浓度。

在城市建筑群中汽车尾气排放造成的污染与建筑群的排列有关。当风向与交通线源垂直时空气质量最差,街区的上风方会出现污染物高浓度。当风向与排放源呈 45°交角,而且源附近的建筑物排列不规则的情况下,街区下方大气质量状况最佳。

二、山地地形影响与扩散处理

山地地形在动力上和热力上改变气流输送的规律和气象特征,直接影响大气污染物的散布。

(一)几种典型的山区大气污染过程

山地地形造成各种气流现象,使得这些地区排放的污染物的散布十分复杂。以下简要讲述几种典型情景。

1. 山谷中的污染　山谷两侧坡面受日射不均形成环流,可将夜间积聚在逆温层上部的高浓度烟气导向山谷。因此污染物浓度有明显的日变化,在日出后会出现极大值,午后局地环流逆转傍晚出现另一次极大值。

2. 下坡风的污染　晴夜山坡辐射冷却,冷空气顺山坡向下流动,形成下坡风(厚度不超过50 m)。若位于山坡上的排放源低矮,污染物将被带向谷底。山谷凹地中逆温伴随静风可能污染物大量积聚,造成严重的空气污染。

3. 迎风坡污染　烟流与山体障碍物相遇,在稳定层结条件下,在烟流绕行的山侧会形成地面高浓度。

4. 背风区污染　气流过山后形成地形波,背风面出现明显的上升气流和下沉气流,有时还会出现剧烈的湍流区。流场形式与风速、大气稳定度和地形结构等因素有关。几种典型的背风区污染情形示于图3.4.2。第一种,排放源位于山前,烟流随过山气流带向地面;第二种,排放源位于过山下沉气流或湍流区中。此时烟流被向下倾斜的气流带向地面,或由于强烈的湍流很快扩散到地面,造成地面高浓度;第3种,污染源位于背风侧回波区中,此时烟流被回流区的下沉气流带向地面,而且部分污染物可能在回流区内往返积累,造成高浓度。

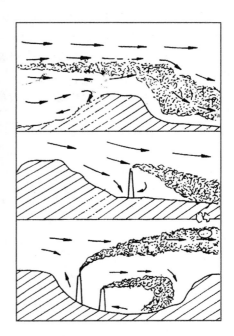

5. 小风条件下的污染　在无典型山谷风发展的地方,受地形屏障形成小风。有的地区日落后至次日午前近地面风速都很小。由于静风和小风持续时间长,污染物浓度高。

上面列举了几种山区大气污染过程,由于各地的气候、地理条件不同以及局地地形的特点,山区大气污染都具有各自的特殊性,典型的过程可以提供分析参考。

图 3.4.2　几种典型的背风区污染
(蒋维楣等,1993)

（二）山区扩散特性

讨论山区大气扩散问题，首先要给出定量表示扩散速率的方法，研究它随地形和气象条件的变化，建立相应的模式和经验关系。目前这方面的理论研究还比较薄弱，作为第一步，仍沿用平原地区的方法，以高斯模式的扩散参数和作为表征扩散速率的定量指标，以便将山区和平原的结果作经验对比。但山区扩散试验少，情况又比较复杂，尚不能总结山区扩散的一般规律，只能根据有限资料说明山区扩散的若干特征。

1. 近地面源的扩散　试验结果表明，山区日间和夜晚平均接近平原地区 B 类稳定度的扩散参数值，显然明显增高。另外山区扩散特征还明显受局地地形影响，在同一离源距离上，山脊浓度等于山谷浓度的 1.25～10 倍，平均 2 倍左右。在稳定条件下局地地形和气候条件对扩散影响更为显著。

2. 起伏地形上空的高架源扩散　这里是指烟流超过地形高度未被阻挡的情形，仍可假设符合高斯分布并可用高斯公式，只是应取山区扩散参数。试验表明，山区与平原扩散参数有明显差别，10 km 范围内平均可差 5 倍左右。

美国大发电厂排放研究计划（LAPPES）根据宾州西部位于半丘陵半山区的三个高烟囱燃煤发电厂野外观测资料。表 3.4.1 是中性时扩散参数观测值和由特纳尔方法推断值之差，以及用 K_y 和 K_z 分别表示 σ_y 和 σ_z 观测值相当的帕斯圭尔（Pasguill）稳定度等级数（令 $A=1$，$B=2$ 等等）。从此表可见丘陵地区上空的 σ_y 值在近距离显著增大，并随距离增加逐渐减小，因为观测时为中性即稳定度等级接近 4，地形影响下 4 km 处平均为 2.5，16 km 处平均为 3.6，而 K_z 值的变化趋势相同，但从数值上看近距离与平原接近，远距离反而更小。表中 SDE 是沿烟流路径计算的地面高度的标准差，SDE 值越高，表示地形起伏越大。

20 世纪 70 年代中期，我国有关单位进行了山区污染气象测试，采用多种方法测量并计算离源 800 m 处的扩散参数与 P-G 扩散参数作比较，结果为 σ_z 为 1.9～2.5 倍，σ_y 为 2.0～2.5 倍左右。当地面风特别大时，两者差别因地形扰动增强而变得更大，上述结果换算成浓度计，则山区与平原相差 4～6 倍。

表 3.4.1　起伏地形上扩散参数实测值与 P-G 估算值比较（蒋维楣等，1993）

距离 (km)	观测次数	SDE(m)	σ_y(m) 观测值减推断值	K_y	σ_z(m) 观测值减推断值	K_z
4	4	16.8～19.8	191.0	2.6	−24.5	4.9
	14	25.2～27.2	162.5	2.8	−14.4	4.4
	6	30.5～34.7	273.5	2.1	12.9	3.8
	5	40.8～43.1	132.4	3.0	9.1	3.9
	2	105.0～117.6	287.1	2.0	15.1	3.8
10	7	23.1～24.3	472.9	2.4	−68.1	5.3
	12	31.0～33.7	232.9	3.2	−77.3	5.6
	4	37.3～40.0	34.9	3.8	−77.3	5.6
	3	58.2～66.8	401.7	2.6	−66.3	5.2
	1	92.3	131.5	3.5	−95.5	6.0
	2	166.8～175.3	612.2	2.1	−52.6	4.9
16	17	28.5～30.7	285.7	3.3	−133.6	5.8
	7	36.5～42.5	57.2	3.9	−97.8	5.3
	3	58.2～65.0	160.6	3.5	−132.4	6.0

3. 山谷里的扩散　峡谷内的扩散是污染物直接排入地形风流场中,它的输送和扩散主要由地形风决定,并受到地形限制。美国哈廷顿(Huntington)深谷扩散试验的结果表明,以 10 km 范围平均值论,按照 P-G 扩散参数计算的平原地区烟流轴线浓度,在不稳定 B 类条件下,与峡谷内的实测值差别不大,但中性(D 类)和稳定(F 类)条件下可差 5 倍和 10~15 倍,见表 3.4.2。

山谷内的扩散特性与山谷的宽度、山高和坡度等形态有很大关系。在狭长的山谷中,当烟流的边缘接近两侧山体时,侧向扩散会受到地形的限制,在浓度分布计算公式中应考虑烟流受侧壁的反射。

表 3.4.2　平原与峡谷内实测浓度比较(蒋维楣等,1993)

试验地点	稳定度类	平均比值			试验次数
		最小	最大	总平均	
Huntington 峡谷	B	—	—	1.4	1
	D	3.7	7.5	5.3	4
	F	11.8	18.9	15.2	3

(三)山区大气扩散模式

在山区中烟流随地形发生变形或绕流等,而改变了烟流的中心轴线的高度及扩散强度。已有的几种大气扩散模式都是对高斯模式进行修正,即改变模式中的烟流抬升高度和扩散参数等。

1. 美国国家大气海洋局(NOAA)分析高架源烟流受起伏地形的影响,在高斯公式基础上建立了 NOAA 模式。在中性和不稳定层结时假定烟流移行路径与地面平行,地面浓度计算仍用平坦地形模式。在稳定层结条件下,假定烟流中心线与海平面平行,当地形高度超过烟流中心线高度时,地面浓度取烟流中心浓度。未考虑山区扩散参数的改变。

2. 美国国家环保局(EPA)提出两个地形模式,第一种适用于计算地形高度低于有效源高时,采用高斯扩散公式将有效源高减去地形高度作为烟流中心线高度;另一种主要用来计算地形高于烟流中心线高度情况。在中性和不稳定时,烟流中心线平行于地面;在稳定层结时烟流高度不变,当地形抬升时,烟流将靠近地面,并假设烟流中心线离地不低于 10 m。还考虑地形的影响,假设浓度随高度线性递减进行订正,以及考虑沿平均风向侧向散布浓度的改变和受逆温层及地面的反射等。

3. 艾根(Egan,1976)以绕过障碍物流动的位势理论近似模拟规则气流,给出了一些有意义的启示:(1)烟流流过起伏地形时烟流和地形的高度差根据位势流理论确定。(2)烟流绕过起伏地形时,流线密集度改变,因此流线断面的尺寸和形状也改变,应在浓度计算中加以订正。(3)山区扩散率比平原快。艾根提出了一个简单的实用公式,式中将有效源高 H 乘上地形修正系数 T 作为烟流与地面的高度差,并引进大气稳定度和地形特征决定的烟流路径系数 K 来确定 T。当 $H \leqslant h_T$ 时,$T = K$;当 $H > h_T$ 时,$T = 1 - \dfrac{h_T}{H} + K + \dfrac{h_T}{H}$。美国 ERT 的 PSDM 模式取 $K = 1/2$。这个模式对烟流高度的处理见图 3.4.3。在地形高度 H_T 低于有效源高 H 的地方,模式假定烟流和地面的高度差 H_P 为 $\left[H - \dfrac{h_T}{2} \right]$,在高于有效高的地方,则假定两者的高度差等于初始源高的一半。

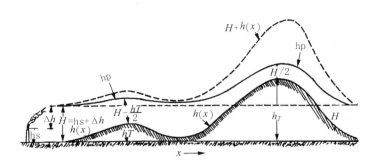

图 3.4.3　PSDM 模式烟流高度修正方案示意(蒋维楣等,1993)

4. 美国国家环保局的 CTMD 计划提出了一个流线分裂高度的概念,根据能量平衡原理,在 H_d 高度以下的流体,没有足够的能量越过山顶高度 H_m 的山体,因而绕山而行,在 H_d 高度以上的流体,则越山顶而过。对于风速 u 和 Brunt—Vaisula 频率 N 的气流。只能抬升 $\dfrac{u}{N}$ 高度。位于 $H_a = H_m - \dfrac{u}{N}$ 高度以下的烟流绕山而行,山地地面污染物浓度主要由静滞流线带到地面上,可以导出在山体静滞点上的最高浓度。位于 H_d 高度以上的烟流沿着山的等高线移行,气流过山顶时增速,流线在垂直方向辐合,同时横侧向流线则疏散,而且山体近地面滞流增强,在浓度计算公式中考虑了这些因素。图 3.4.4 为理想化的山体层结流图像。

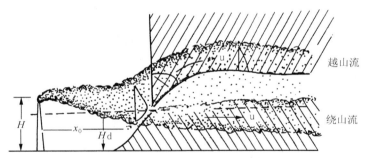

图 3.4.4　理想化的山体层结流(蒋维楣等,1993)

综上所述,高斯扩散公式经过修正后,可应用于山区起伏地形,但参数的选取应视具体条件调整。为解决山区大气扩散问题,有的模式数值求解山区风场,但一般都没有考虑背风坡环流、山谷风和海陆风等热成局地气流,以及受下垫面特性的影响形成非定常过程都是山区扩散计算未能解决的。利用风洞模拟可以研究地形对气流的影响,但对复杂地形上的热力过程和非定常过程的模拟是困难的。当前研究的主要方法是进行实地的山区扩散试验,给出山区空气质量评价的依据。

三、水陆交界下垫面影响与扩散处理

海、湖与其岸边陆地交界地区非均一的不连续下垫面,其动力学和热力学特性有明显差异,并具有强烈的局地特征和日变化特征。在水陆交界地区上方的气流系统和湍流边界层有其特殊性,影响这些地区的空气污染物的散布。

水上湍流强度往往低于陆面上,用飞机照相办法测定扩散参数 σ_y 和 σ_z,所有不稳定类的

测量结果均小于 P-G 的 C-D 类的值,而稳定类均小于 P-G 的 E-F 类的值。综合分析可知,水上稳定气流中,σ_y 的量值比 P-G 的 F 类曲线平均小 2 倍,而 σ_z 的量值则平均小 1.6 倍。

（一）水陆交界处的空气污染过程

水域附近的局地气象条件会形成特殊的空气污染过程,主要有两种类型。一种是海陆风环流引起的污染,另一种是局地气团变性引起的污染。

海陆风引起的污染,由于海陆风气流比较紊乱,不同位置上气流的方向和速度有明显差异。污染物可能循环累积达到高浓度;在海陆风转换期,原来随陆风转向海洋的污染物又会被海风带回陆地,而且此时平均风速小,不利于污染物的输送和稀释造成高浓度。如果大范围的盛行风和海风方向相反,下层海风温度低,上层陆上气流温度高,在冷暖空气交界面上,形成一层倾斜的逆温顶盖,如图 3.4.5 所示。海风入侵的距离和厚度视它和盛行风的相对强度而定,通常近岸处的厚度可达数百米,入侵距离为几公里。此时,沿岸低矮的烟流随下层海风吹向内陆,它的上部受逆温顶盖限制,属封闭型扩散,可形成地面高浓度。在海风的前缘,污染物随辐合气流上升,然后被上层盛行风吹向海洋。这样在岸边排放源高度不同的烟流,输运方向相反。

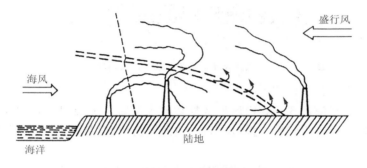

图 3.4.5　海风入侵时烟流的散布(李宗恺等,1985)

另一种空气污染过程发生在气团变性形成的热边界层内。白天陆地温度比水温高得多,当气流从水面吹向陆面时,低层空气很快增温,温度层结转向超绝热状态,形成热边界层。热边界层从海岸向内陆延伸,受地面加温变性的气层逐断增厚。热边界层内的层结不稳定,并且受陆面粗糙度影响,这层内湍流交换强。未受地面影响的热边界层上层,保持原先水面上的层结稳定状态及低湍流特征。当沿岸地区出现上述热边界层时,在岸边的烟源就会在陆地上形成持续的熏烟污染,见图 3.4.6。高架源的烟流开始处在稳定气层中,后进入热边界层内的不稳定气层中,此后向上的扩散受边界层顶逆温的限制,而层内湍流交换活跃,污染物很快向下扩散,形成熏烟,地面出现高浓度。发生熏烟的位置取决于烟源的有效高度的边界层的厚度。一次观测实例烟源有效高度 320 m,在离岸 5 km 处和热边界层相交,8 km 处可闻到 SO_2 的气味,计算地面最大浓度出现在 6.8 km 处。这种类型的污染一般出现在晴朗的白天,并且气流恒定吹向内陆时,可稳定地维持几个小时,是沿岸地区的一种重要的空气污染现象。处于热边界层内的低矮烟源,烟流被封闭在热边界层内形成封闭型扩散。

在阴天或者多云的天气,陆地温度不高,当水面上的空气移到陆地后,下部的加热只能形成一个薄的不稳定层,其厚度仅 100 m 以上。低矮烟流被限制在边层内,形成典型的封闭型扩散,污染物在层内混合均匀。较高烟囱的烟流处在逆温层内,一直向内陆飘行数十公里而无明显的垂直扩散。见图 3.4.7。

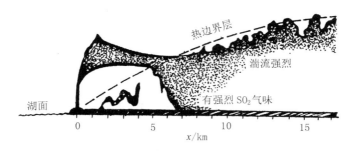

图 3.4.6　湖风条件下,熏烟型散布形式(蒋维楣,1993)

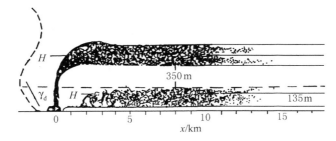

图 3.4.7　湖风条件下,封闭型散布形式(蒋维楣,1993)

(二)沿岸地区大气扩散模式

沿岸地区的大气扩散模式是将沿岸地区复杂的大气特性和规律列入到模式中去,如具体考虑风场和气流轨迹的三维特性、边界层结构、逆温层变化、以及稳定度、扩散速率和扩散参数等的选取。

这里简单介绍 GLUMP 模式的概况。这是美国威斯康辛－密尔沃基大学大湖区中尺度气象计划所的模式。模拟湖岸地区日间向岸气流变性生成热力内边界层,造成岸边高架点源排放烟流持续熏烟扩散。将沿岸熏烟扩散过程分成三个阶段,分段采用合适的扩散参数和扩散公式。

第一阶段,烟流处在 $0 < x \leqslant x_B$,这里 x_B 是烟流下缘和热力内边界层界面相交点的离源距离。这阶段,烟流处在层结稳定的均匀气层内,尚未受到岸上的边界层的影响。它的扩散与一般高架点源烟流扩散相同。

第二阶段,烟流开始进入内边界层到全部进入完毕。这是烟流扩散的转折阶段,即 $x_B < x \leqslant x_E$ 段。x_E 是烟流上缘与热力内边界层交点的水平距离坐标。这阶段的基本假定是,进入内边界层的污染物瞬即扩散到地面,并均匀分布在内边界层顶下的垂直气层里,而在 y 方向,仍假定符合高斯分布。

第三阶段,污染物已全部进入热力内边界层以后,即 $x > x_E$,为封闭型扩散,混合层厚度是随下风距离而变的。是在不稳定混合条件下进行的。

应用实践和检验表明,模式计算值偏高。模式中假设烟流瞬时混合和定常热力内边界层不太合理。

近来对沿岸地区的空气污染散布问题研究的尺度和范围愈来愈大,研究重点转向中尺度输送与扩散的模拟。

第五节 城市和区域大气扩散

一、城市大气扩散

城市的空气污染与城市边界层气象特性及城市污染源状况有关。

城市建筑增加了下垫面的粗糙度,建筑物成为气流的障碍物,改变风和湍流特性。下垫面导热率高和热容量大以及生产和生活排放热量改变了近地面层的热量收支。城市下垫面干燥,改变了水汽的平衡。城市动力、热力和水汽的这些特点改变了城市边界层的气象条件。

城市人口密集、工业发达、交通繁忙、造成城市空气污染物排放源多,种类复杂且密集,污染严重,危害较大。

随着城市和工业的发展,在城市规划工作中必须考虑环境保护。对已建的城市和工业区中存在比较严重空气污染的必须采取防治措施。为此首先要了解城市空气污染的特征。

(一)城市边界层气象特征

城市的气温比周围乡间开阔地区要高,一般温度要高出零点几度到几度,尤其在夏季晴朗夜晚,微风状况下更甚。这种现象称为城市热岛。图 3.5.1 为上海市区 1.5 m 高度上温度分布的实测结果,这是由两辆汽车作 56 个测点的流动观测得到的,该日上海市区由高压控制,静风无云。由图可见,城市中心温度高达 8.5 ℃并向四周降低,市区位在 5 ℃等温线范围,而郊区则为 4 ℃左右。热岛现象形成的原因主要是:(1)城市工业及居民的生产和生活释放热量大。据估计此种热能的散发量可与太阳辐射能相当;(2)城市建筑物的热容量大,同时地面水域少,蒸发消耗热量少,热量大部份以湍流方式传给大气层;(3)城市大气污染物吸收地面长波辐射。

城市边界层的低层温度增高,因而城市气温的垂直分布与周围乡村也不相同,这是影响城市大气扩散的一个重要因素。图3.5.2表示晴天城市和乡村典型的温度廓线。在白天,城市和乡村近地面气温都较高,温度层结是超绝热的,形成一个深厚的混合层。日落之后,乡村近地面气温渐渐下降,逐步形成由地面向上发展的逆温层,这一稳定气层的厚度可达数百米。但当空气移行到城市上空后,从下部向上加热,近地面形成一个薄的超绝热或中性的温度层结,这就是夜间城市混合层,上部则仍维持从乡村移行过来的逆温,这个逆温层以下的混合层的厚度从城市上风向边缘向城市中心逐渐加厚,最大厚度可达 200～300 m。

城市下垫面比乡间粗糙,使得市区上空的平均风速比乡间上空风速小 30%～40% 左右,而且城市粗糙下垫面也加强了湍流交换强度,改变风随高度分布。城市地面附近风速梯度较小,影响层的厚度增加。几种下垫面上的风速廓线见图 3.1.4。

城市下垫面的动力效应主要是由建筑物造成的,它不仅总体上减少风速,改变气流方向,而且局部形成特殊气流分布,如建筑物尾流和街道通风效应等,城市风场复杂和湍流强度大都影响大气扩散过程。

城市地面粗糙度大,而且热容量和热释放量都大于乡间,因此城市的机械湍流和热力湍流都较强。城市风速较乡间减少约 30%,而风速脉动量却差不多,因而湍流强度大,这意味着城区的扩散速率比乡间增大。

(二)城市空气污染特征

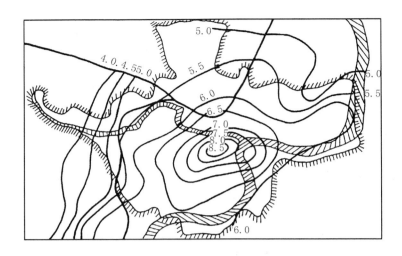

图 3.5.1　上海市城市热岛实例(1979 年 12 月 13 日 20:00)

(蒋维楣等,1993)

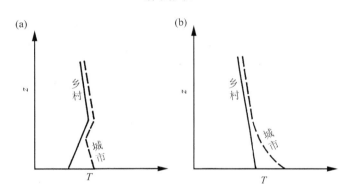

图 3.5.2　晴天城市与乡村典型的温度廓线(蒋维楣等,1993)

　　城市下垫面,气象条件和污染源的特殊条件形成了城市大气扩散和空气污染的特征。

　　城市中有各种各样大量的污染源通常分成以下几类:(1)孤立的高架点源,如火电厂的高烟囱;(2)各种工业生产用的矮小的烟囱;(3)地面密集的许多小排放源构成面源排放,这主要是居民生活排放的;(4)交通造成的流动排放源,如汽车等。城市污染源分布往往不均匀,并与气流分布和下垫面条件有关。

　　城市空气污染的日变化是气象条件和污染排放率日变化的综合结果。城市空气污染监测表明,地面浓度常出现两个高峰:日出之后高峰和傍晚以后次高峰。清晨日出后逆温逐渐破坏抬升,形成下部对流混合,上部逆温覆盖,扩散受抑。而此时城市活动逐渐增加,污染物排放量增大,但湍流活动不大,所以地面浓度增加。通常在上午 08:00 时左右出现污染物浓度峰值。此后因混合层向上发展,风速加大,而排放量并不增加,因此污染浓度减小,到午后湍流混合充分发展时降到白天最低值。接近日落时,混合层高度开始降低,形成薄的混合层,风速也渐渐减小,地面污染物浓度再一次增加。造成城区地面浓度在 18:00~20:00 时段出现第二峰值。随后夜间污染物排放量减少,污染浓度下降到最低点。

　　城市空气污染有明显的季节变化。以二氧化硫和飘尘来说,一般冬季浓度最高,春、秋次之,夏季最低。这些变化与污染物排放量及气象条件变化有关。

(三)城市空气污染模式

城市空气污染模式模拟的范围达几十公里,污染物的转化和清除过程都要考虑。城市污染源复杂,模式中应将各类源都包括在内,构成整个城市的多源体系。气象参数是模式计算必须引进的数据,需要建立气象观测网,取得气象参数的空间和时间分布资料。为校核数学模式还需要有实测的污染浓度数据,应建立监测网测量空气污染物浓度的时空变化。现有的城市空气污染模式分成以下几类:

1. 罗尔勃克(Rollboch)模式。假定空气污染浓度与污染源的排放量成比例,这个比例系数反映气象因子和污染源的分布状况。此模式主要考虑污染源的排放量大小对空气污染浓度的影响,可以粗略估计排放量增减的影响,称为比例缩减法。但没有考虑污染源条件和气象条件对扩散的影响,是很粗糙的。

2. 统计模式。建立污染物浓度与气象参数之间的回归方程,即可由气象条件推算浓度。美国 ANL 发展了一种统计预报表的方法,用表格方式给出各种气象参数组合对应的浓度。如要了解城市的污染浓度分布,就需要设立许多个监测站,分别制定统计预报模式。这种方法只有在污染源不变的情况下才有效,不能推断排放量增减可能造成的污染浓度。

3. 分析模式是指通过简化求得数学问题分析解的模式。包括高斯点源扩散模式以及通过积分得到的线源模式和面源模式。这些模式一般不考虑浓度变化的许多物理和化学过程,但仍能模拟主要物理过程,给出浓度概貌。

箱体模式也是一种分析模式,是实用的城市扩散模式。它把一个城市或一个区域的空间看成一个或几个箱体,在箱体内浓度均匀分布,讨论箱体中污染物平均浓度的变化。这是考虑城市中有混合层,污染物在箱体内均匀混合。根据箱体内污染物守恒可以粗略计算污染物的浓度,能在一定程度上反映出平均污染状况随时间变化的动态规律。窄烟流模式也是一个箱体模式,模式应用高斯烟流扩散公式的积分形式把面源处理成为多个点源的组合排列。并考虑在箱体内垂直方向浓度不是均匀的,用扩散参数来表示。这类模式在计算长期平均浓度中效果较好。

4. 数值计算模式有 K 模式和多源高斯模式。在湍流梯度输送理论基础上导出了湍流扩散方程,方程中引进了扩散系数 K 故称为 K 模式,在实际大气扩散问题中不可能求分析解,一般都采用数值计算方法。现有 3 种类型的 K 模式即:固定网格的欧拉模式;轨迹法的拉格朗日模式;粒子单元法模式。

多源情况,利用高斯公式计算全部污染源浓度场对空间各坐标位置的贡献,需要反复的运算与求和。

二、中、远距离污染物输送

随着排放高度增加以及对流等向上输送过程的作用,污染物可能进入几公里高度层。这样空气污染影响范围扩大到水平范围 20 km 至 1000~2000 km。这涉及中尺度、天气尺度以致全球范围。为讨论污染物在此范围内的输送与扩散,发展了中、远距离污染物输送模式,或称为区域大气扩散模式。

与小尺度大气扩散模式不同的是平均风场本身就是变量,它对大气输送和扩散起着重要作用。由于中尺度和天气尺度环流系统的复杂,研究并表述这些环流过程便成为中、远距离扩散输送的重要环节。风场的输送显得格外重要。

在此空间范围里大气稳定度和边界层结构不再是均匀定常的,还必须考虑地球自转的影响。而且由于输送扩散过程时间尺度的增长,污染物的干、湿沉降及化学转换过程也显得更为重要。

(一)中尺度输送与扩散

因为中尺度大气运动的复杂性和处理上的困难,由它支配的中尺度扩散问题也显得十分复杂。这主要是中尺度空气运动与下垫面地形和热力结构特征密切有关但难于精确模拟,而且气象观测网站的时空分辨率明显不够,再加上一些中尺度天气系统本身结构和演变复杂,都给中尺度扩散模拟造成困难。

当前中尺度扩散模拟都是将中尺度扩散的气象系统,包括气流系统和各种物理因子,引入扩散模式,构成一个完整的模拟系统。

中尺度大气扩散模式主要有 3 类:(1)经修正的高斯烟流模式。受高斯模式定常和均匀假设的限制可以处理一些没有发生特殊大气过程的情况,并对模式经过一些细致的修正;(2)拉格朗日型模式。以一系列分离单元模拟烟流,这些单元的运动由大尺度气流系统支配,单元内考虑湍流扩散引入扩散速度。为精确描绘污染物分布,要求用许多单元;(3)欧拉模式。能够处理三维时空变化的气象场,并包括化学变化等过程。此类模式存在的根本问题是空间分辨率不可能很高,不能清楚描绘输送与扩散的初始状况和细致分布。

三维欧拉型中尺度扩散模拟系统是一个三维边界层风场和空气污染物输送的联接模式。即由一个中尺度边界层风场动力学预报模式和一个区域大气扩散 K 模式相接而成。首先给风场预报模式提供初始场,将背景风场输入给预报模式,由模式进行调整,使风场趋于稳定且满足无辐散条件,将此风场作为初始场。或者用一个质量连续约束风场调整模式,经客观分析得出初始场,提供给风场预报模式使用。所用的区域平流扩散 K 模式是一个完善的大气扩散模式,它能很好地处理气象场的时空变化对污染物散布的影响,并有处理非线性化学变化过程和其他转换过程的能力。

(二)远距离输送与扩散

随着工业的发展大量燃烧煤和石油等,排放出硫和氮氧化物导致形成各种酸性物质,从而产生空气污染和酸雨等环境问题。考虑到污染物可在大气中停留较长时间而被输送到很远的距离,并造成空气污染和酸雨等危害。20 世纪 70 年代以来建立并发展了酸沉降模式。这些模式主要分为拉格朗日模式和欧拉模式。

拉格朗日模式假定污染物在一个气团内充分混合并随气流移动,通过描述在移动的轨迹中气团内的物理、化学变化,就可以得到污染物分布的图象。基本假设在于随时空变化的大尺度气流平均输送作用占主导地位,小尺度气流的扩散作用则处于次要地位。由于拉格朗日模式在计算上比较简单,已被广泛用来研究酸沉降问题。但由于模式无法考虑影响气团之间、气团与环境之间的质量交换的一些物理、化学过程,并且模式对干、湿清除过程、化学转化等的考虑都比较简单,使得拉格朗日模式的应用受到限制。

欧拉模式几乎可以考虑所有的物理和化学过程,因而成为输送研究的一个主要工具,20世纪 80 年代后,已设计并完善了一批欧拉模式。这些模式由于不同的用途具有各自不同的特点。有的模式为探讨酸沉降形成的机理,在模式中详细考虑了各种物理和化学过程,但这类模式仅能用于一些天气个例和短期的模拟。另有模式为探讨污染物输送的长期气候平均状况,计算区域之间的相互输送,经简化只考虑主要的物理和化学过程,以便计算众多地区之间长时间的相互输送。

风场变量强烈地影响污染物的输送轨迹和浓度分布。在各种模式中都要求有一个能符合模式要求的风场。它既能代表实况,又能满足模式支配方程的物理关系,如质量连续性约束条件。实用中实测风资料因网点稀疏、观测误差和局地扰动影响,往往不满足质量连续性条件。常采用内插外推的客观分析并作风场调整,以满足连续性约束条件并提高初始场精度。有的模式采用实测气象资料插值到计算的网格上;有的模式采用预报气象场的方法,将输入的气象资料作为初值,利用数值天气预报模式,即中尺度气象模式或区域大气环流模式计算各网格点以后时刻的气象场。

欧拉型污染物输送直角坐标形式为

$$\frac{\partial c_i}{\partial t} + u\frac{\partial c_i}{\partial x} + v\frac{\partial c_i}{\partial y} + w\frac{\partial c_i}{\partial z} =$$

$$\frac{\partial}{\partial x}\left[K_x\frac{\partial c_i}{\partial x}\right] + \frac{\partial}{\partial y}\left[K_y\frac{\partial c_i}{\partial y}\right] + \frac{\partial}{\partial z}\left[K_z\frac{\partial c_i}{\partial z}\right] + S + P + R_d - W_e, \qquad (3.5.1)$$

式中,c_i 为第 i 种污染物的浓度,K_x、K_y、K_z 为 3 个方向的湍流扩散系数,S 为源排放速率,P 为化学转化项,R_d 为干沉降项,W_e 为湿清除项。由于远距离输送范围较大,一般需要用球坐标,又考虑到地形对输送的影响,采用地形坐标,可将上述直角坐标输送方程改写为地形追随的球坐标系三维输送方程。

空气污染物的远距离输送受到愈来愈多的重视,这主要是由于酸沉降和酸雨的影响,以及地球上生态系统遭受种种危害。对一些问题的长期研究已认识到:(1)空气中硫化物浓度是环境质量中的一个重要因子;雨水中的硫酸盐是湖泊和河流中酸化的元凶;雨水中其他一些成分在土壤中会发生强的离子交换,发生生态破坏。(2)二氧化硫在大气中近地层的浓度分布与排放源分布基本一致,说明输送不远,主要是本地源的影响。城市里二氧化硫浓度随高度迅速衰减。(3)硫酸盐主要是二氧化硫在云滴中液相化学转换产生的。我国硫酸盐在大气中高值区集中在沿长江地带并向海洋伸展,说明输送的作用。硫酸盐浓度随高度衰减慢,浓度高值可达到更高的高度。在远距离输送中二氧化硫有机会向硫酸盐转化,因而能较大范围较长时间滞留在大气中。

第四章 大气环境评价、预测及管理

大气环境与人类生存有着密切关系。大气环境质量的好坏直接影响人们的生活质量。人们通过生产活动和生活过程,将产生的各种有害气体和微粒引入大气,损害周围大气的质量。随着生产发展大气污染造成的危害已成为一个突出的环境问题,如何保护大气环境,防治并改善大气污染状况,成为大气环境学的重要内容。

大气环境评价和预测是认识大气污染程度,为大气污染防治提供科学依据。大气环境管理是制定法令和规定等对人类损害大气环境质量的活动加以限制,达到既发展生产又保护环境。

第一节 大气环境评价

环境是由各种自然环境要素和社会环境要素构成的,大气环境就是一种自然环境要素。环境质量包括环境综合质量和各种环境要素的质量。如大气环境质量、水环境质量、土壤环境质量、城市环境质量、生产环境质量、文化环境质量等。环境质量评价是确定环境质量的手段和方法,环境质量则是评价的结果。大气环境评价就是用大气受污染的程度来评价大气环境的质量。环境质量评价的基本目的是为环境规划、环境管理提供科学依据,为保护和改善环境质量服务,同时也为了比较各地区受污染的程度。

环境质量评价按时间可分为 3 种类型:回顾评价、现状评价和影响评价。

回顾评价是根据一个地区历史积累的环境资料进行评价,可以了解该地区环境质量的发展和演变过程。也可理解为事后评价,在出现空气污染事故以后,或发生污染纠纷之后,去调查空气污染危害的程度和原因,以明确事故的责任,提出防治污染的补救措施。

现状评价是根据近年的环境监测资料,进行环境质量评价。通过现状评价,弄清环境现状、污染程度、污染物浓度的时空变化,为区域环境污染防治提供科学依据。

影响评价是在查明环境现状的基础上,预测新建和扩建工程将会给环境质量带来的变化,并做出评价。这是克服盲目建设,防治空气污染最经济有效的方法。

下面主要讲大气环境影响评价,在影响评价中也要进行现状评价。

一、大气环境影响评价的意义

20 世纪 60 年代以来,一些工业发达国家,从他们环境污染的过程中认识到环境一旦被污染,治理和恢复需要付出巨大的代价。为了发展生产的同时有效地保护环境,首先在美国提出"环境影响评价"的概念,并作为一项法律在全国推行。所谓环境影响评价,是指在建设项目动工兴建以前对它在建设施工中和建设投产后,可能对环境造成的影响进行预测和估计。

开展环境影响评价的宗旨是在落实一项发展计划时,就采取预防措施,使环境污染物的有害影响减少到最小程度,或使环境污染问题在周密的防治中得到有效控制。

大气环境影响评价的意义:

（一）为生产合理布局提供科学依据

生产的合理布局是经济持续发展的基础,也是保护环境的前提条件。有剧烈污染的工厂厂址应选择在周围人口密度较低,气象条件有利于废气扩散稀释的地区,以保证在正常运行和出现事故时,居民受到的危害最低。实行建设项目环境影响评价制度,可以把经济效益和环境效益统一起来,为工业和城镇居民住宅区等合理布局提供了可能。

（二）为经济发展方向和规模提供科学依据

根据环境条件和自净能力确定某一地区或某一城市的经济发展方向和规模。从环境保护角度提出地区或城市的发展方向、规模、产业结构、合理布局等。这样可以把环境污染控制在尽可能小的限度之内。

（三）为环境科学管理提供科学依据

环境管理的目的是在保证环境质量的前提下提高经济效益。通过建设项目环境影响评价,可以对建设项目的污染限制在一定范围内,以符合环境标准的要求。力求获得最佳的环境效益和社会效益。

二、大气环境影响评价的内容

大气环境影响评价的主要任务是预测建设项目投产后,或地区（城市）规划实现后对大气环境质量可能带来的影响。这种环境质量的影响通常指大气污染物浓度的变化。

评价地区污染物浓度的分布取决于由污染源排放的污染物及在大气中的传输和扩散。大气环境影响评价是根据预测的大气污染物分布选用合适的评价标准进行评价。

大气环境影响评价的内容是:

(1)根据建设项目特点,选用几种污染物作为评价的对象物质,并取得污染排放参数;

(2)大气环境现状的监测,取得本底浓度,并对评价区的环境现状进行评价;

(3)评价区地形和气象资料的收集和观测,取得大气环境预测所必须的气象和地形资料;

(4)评价区大气扩散规律的研究,取得评价区大气扩散参数,并选取大气扩散模式;

(5)评价区污染浓度预测,根据以上的内容模拟计算投产后大气污染浓度分布的预测值;

(6)确定评价标准。根据评价区的具体情况选用适宜的大气质量标准或卫生标准,与浓度分布的预测结果进行比较,检验预测值是否能满足评价标准的要求。当不能满足时,应提出措施或另选厂址的意见。如能满足评价标准的要求,拟建工程污染物排放量即为允许排放总量,评价工作也就完成。

至于建成后的环境质量,还要通过常规监测系统进行监测和检验。

三、大气污染源调查和评价

大气环境影响评价中,进行污染源调查的目的是弄请评价区污染的来源,分析和估计它们对评价区的影响程度,并确定评价区的主要污染源和污染物。

（一）污染源调查

污染源的分类,实用的方法分为点源、线源和面源。还可以按污染物的来源分为工业、交通和生活污染源,通常对评价区以外的邻接区内的污染源,以及污染源状况不明的污染源造成评价区污染均作为大气背景值来考虑。但对于邻接的强大污染源,直接对评价区造成较大影响,这些污染源也应列为调查对象。

（二）污染物排放量的估算

污染物排放量是环境评价的基础数据,对于已投产的企业,可从企业生产技术部门和环保管理部门获得。当企业没有掌握这些资料,或资料不准确时,可采取现场实测、物料衡算和经验估算的方法进行核算。物料衡算和经验估算方法也适用于新、扩建工程排污量的估算,此外新、扩建工程的排污量也常采用已有类似工厂排污量进行类比分析而获得。

现场实测方法可以实测外排废气的流量和废气中污染物的浓度,然后计算污染物的排放量。

经验估算方法主要有两种:第一种是燃料燃烧过程产生污染物的估算,它是根据燃料消耗量,燃料中污染物含量。如燃煤烟尘量的估算是根据耗煤量、煤的灰分含量、烟气中烟尘占灰分量的百分比(为各种炉型而定)以及除尘的效率而定。

另一种估算方法是根据排放系数估算。由产品的产量和该产品的经验排放系数求得。燃料燃烧过程中及冶金、化工、建材和造纸工业生产过程中大气污染物排放系数都列有表可查。这些排放系数大多数是根据有关设计文献、科技资料、实践经验、排污监测等数据总结所得。

（三）污染源评价

污染源评价是以调查资料为依据,确定主要污染物和主要污染源。为了进行评价,对调查数据要进行处理将各污染源的各种污染物调查数据转换成能相互比较的量,此量称为评价指数。

某种污染物的评价指数是实测值与该污染物标准值之比。

某种污染源的评价指数是污染源所排各种污染物评价指数之和。

评价区域的总污染评价指数是评价区内各污染源评价指数之和。

再根据某污染物和某污染源评价指数与评价区域的总污染评价指数之比,求得某污染物和某污染源占评价区域和评价指数的百分比,这样可以对比在评价区域内各污染物和污染源对评价区污染影响的大小,并可以确定主要污染物和主要污染源。

污染源的评价还要讨论主要污染物和主要污染源对评价区的影响程度。要根据污染源所处方位和距离及可能影响评价区风向出现频率及气象条件等估算污染源对评价区的影响。

四、大气环境现状监测与评价

大气环境现状评价的目的一般为确定评价区域大气质量的现状,分析已建工程项目对环境造成的污染程度,以及为新建项目调查其背景值,为大气环境影响预测和评价搜集基础资料。

（一）大气环境现状监测

选取污染负荷百分率大的几种污染物作为大气环境现状监测项目。

大气环境影响评价中本底浓度监测的范围主要决定于拟建工程污染源所能明显影响到的地区。不同污染问题的空间尺度有很大差别,大气监测网点的布置也不同。对于单个高架连续点源的污染问题,其典型尺度可以用高架源出现地面最大浓度的距离为代表,范围一般为几公里。工业区和城市污染为多源问题,范围可达几十公里。要考虑人力、物力和监测条件,确定适当数量的采样点,一般在源密集地区和下风侧可适当多设监测点。

评价区大气本底值的监测,如果条件和时间允许,1 年内应春、夏、秋、冬进行 4 次,各季可以 4、7、10、1 月为代表。每次可连续采样 5～7 d,每天定时采样几次,各次采样时间最好能监测到不同稳定度下的污染浓度。一般采样时间为 20～30 min 的浓度平均值。

根据监测结果,应简单讨论监测项目在不同地点、不同季节和 1 d 中不同时段的浓度变化规律。

（二）评价方法

在取得环境监测的资料后，还要选择评价参数。确定评价标准并计算环境质量指数。

选用对评价区环境质量具有决定性影响的污染物作为评价参数，也就是那些浓度高、毒性强，环境自净能力差，易作用于人体的污染物。在一般质量评价中，常选用 SO_2、NO_x、飘尘和总悬浮颗粒物作为评价参数。

大气环境中存在着多种污染物，而环境质量的优劣不能用某一种污染物的浓度来描述，而且各种污染物由于性质和危害程度不同，无法进行直接比较。必须对各种污染物进行标准化处理，以便进行比较。所谓标准化处理就是将各种污染物的监测浓度与它们各自的环境质量标准相比，并进行综合运算，得到一个无量纲指数，称为空气污染指数。

全国各地区分别规定了各自的污染指数标准。下面介绍我国的 API 和美国的 PSI 指数。

表 4.1.1 列出了我国空气污染指数 API 的分级浓度限值和对应的空气质量标准等级。所列污染物有总悬浮颗粒物 TSP、二氧化硫 SO_2、氮氧化物 NO_x、二氧化氮 NO_2 和可吸入颗粒物 PM_{10}。

各种污染物的污染指数中取最大者为空气污染指数 API 值。最后还应指出首要污染物和空气质量等级等。

表 4.1.1　污染指数 API 的浓度（国家环境保护局科技标准司，1996）

污染指数	空气质量	污染物浓度（$\mu g/m^3$）				
API	标准等级	TSP	SO_2	NO_x	NO_2	pm_{10}
500		1000	2620	940	940	600
400		875	2100	750	750	500
300	四	625	1600	565	565	420
200	三	500	250	150	120	250
100	二	300	150	100	80	150
50	一	120	50	50	40	50

美国的空气污染指数为 PSI。表 4.1.2 列出了美国 PSI 分级相应的污染物浓度。各种污染物的分指数可按分段线性函数关系用内插法计算。并以各分指数中的最高值作为空气质量等级 PSI。

表 4.1.2　美国污染物浓度的 PSI 分级（国家环境保护局科技标准司，1996）

PSI 分级	空气污染水平	污染物浓度（$\mu g/m^3$）					空气质量分级
		TSP（24h 均值）	SO_2（24h 均值）	CO（8h 均值）*	O_3（1h 均值）	NO_2（1h 均值）	
500	显著危害	600	2620	57.5	1200	3750	严重危险
400	紧急	500	2100	46.0	1000	3000	有危险
300	警报	420	1600	34.0	800	2260	很不健康
200	警戒	350	800	17.0	400	1130	不健康
100	空气质量标准	150	365	10.0	240	—	中等
50	空气质量标准的 50%	50	80	5.0	120	—	良好

注：* 浓度单位：mg/m^3；— 浓度低于警戒水平，不报此分指数。

五、气象资料的收集、观测和整理

气象要素是决定大气污染物浓度分布的主要因素之一,取得的气象资料用于计算评价区污染浓度分布以及描述评价区气象背景、分析大气污染潜势和污染物输送途径等。

气象资料来源于两个方面:现有气象台站已有气象资料的收集利用;以及评价区现场气象观测。这些资料可分为常规气象资料和边界层气象参数。

（一）常规气象资料

当评价区或其近距离内有气象台站时,可收集已有资料。否则要建立气象哨进行气象观测。收集的气象资料有:

1. 最近 1～3 a（年）每日定时或逐时的风向、风速、总云量/低云量的资料,用于统计出现各种大气稳定度频率及各稳定度下的平均风速;以及统计各风向、不同稳定度和不同风速等级的联合频率,可用于计算长期平均浓度。

2. 各风向频率及对应风向的平均风速以及静风频率的各月平均值和年平均值。

3. 气温、气压、湿度、降雨量的累年各月平均值、累年年平均值和极值。

当评价区需要建立气象哨时,进行的观测项目一般包括:地面风向、风速、风流线（流场）、地面气温（包括最高、最低气温）、湿度、气压、降水量、云量、云状等。

一般对温、湿、压和云况等在一个地形平坦的评价区只需设一个观测点,但对于风向和风速等气象要素空间变化较大的观测项目则要根据地形及局地环流特点多设一些测点。为取得气象要素年、月、日的变化规律,观测时间应在 1 a（年）左右,也应与国家气象站相同每日定时正点观测 4 次。

（二）大气边界层探测

污染源排放的大气污染物都在大气边界层内输送、扩散和稀释。在大气污染浓度分布计算中使用的大多数气象参数也都是源高处之值。因此必须进行大气边界层气象参数的观测,主要是风和气温及其梯度的观测。

大气边界层的探测方法很多,可分为直接测量和遥测两类。常用的有:测风气球、低空探空、系留气球或气艇、声雷达和观测塔等。

1. 测风气球。充满氢气的气球在大气中上升同时随风飘移,可以将气球看作空气中的 1 个质点,气球在水平方向的位移表示空气的水平运动情况。用测风经纬仪跟踪气球,测定气球在空中的位置,便可以计算出各高度上的风向和风速。

单经纬仪观测法是假定气球以固定升速上升,根据气球上升的时间就可以确定气球的高度。在复杂地形条件下,以及大气中有强烈上升或下沉气流时,假定气球以固定升速上升对计算水平风速将会出现误差并且不能测定大气的垂直运动状况,双经纬仪观测法就能直接测定气球所在高度。此观测法又称为基线观测法,是用两台经纬仪,两架经纬仪之间连线称为基线,基线的长度已知,基线长些精度较高,一般 500～2000 m,基线方向应与盛行风向垂直或成较大角度,以提高测量精度,两点必须同时测出气球的位置。用水平投影法或垂直投影法确定测风气球的高度和水平距离,便可求得各高度上的风向和风速。

2. 低空探空。用以测量 1～2 km 以下高度上的温度垂直分布和演变过程。用测风气球携带低空探空仪,可同时测量各高度上的风向、风速和温度的垂直分布。低空探空仪的温度感应元件可采用热敏电阻,从探空仪发射信号由地面接收机接收。

3. 观测塔或高烟囱。利用塔或烟囱观测是一种直接有效的方法,可在不同高度上安装风向风速计的传感器和测温仪器,将其输出信号引入地面指示器和记录仪,可得到各高度上的风和温度及其梯度资料。

利用塔和烟囱安装风向风速计时,必须注意塔或烟囱阻碍气流引起测风误差。风向风速计的传感器必须尽可能远离塔体,要在 2 个或 3 个方向上安装风向风速计传感器,以便取得上风侧的资料。观测温度的传感器也要远离塔体,特别是利用烟囱时应避免烟囱热辐射的影响。

4. 系留气球和系留气艇遥测系统。在没有观测塔或高烟囱的地方,或为了观测塔顶以上资料时可采用系留气球和系留气艇携带风向风速计的传感器和测温元件到预定高度进行探测。可用电缆将信号引至地面,更多的用无线电传输信号。气艇由于有较合理的流体力学状态可适用于较大风速状况比气球优越,而气球简单易行花费少也经常使用。但气球和气艇都不适用于雷雨等天气。

5. 声雷达是 20 世纪 60 年代末期发展起来的遥测边界层气象要素的有效手段。其优点是能够连续、快速遥测大气中风速、风向、温度层结、湿度等。声雷达是用声波遥测低层大气,用声波探测大气比光波或无线电波更灵敏,但目前还难于得到定量的温度层结资料。因此常与其他手段配合使用。另外声雷达在有降水和强风天气下不能观测。

六、大气环境影响预测

大气环境影响预测是预测拟建工程投产后对评价区大气环境质量带来的影响。定量给出评价区里大气污染物在地面的浓度分布。

(一)用于大气环境影响预测的模式有各种扩散模式,随评价区域的大小和污染物平均浓度的计算时间不同选择不同模式。

1. 局地污染,范围在 10 km 以内。许多情况下都是高架连续点源,估算这类污染源在小尺度范围内造成的污染时,以正态分布假设下的烟流和烟囱模式使用最为广泛。该模式在平坦、开阔小尺度范围内使用效果较好。当受地形和建筑物强烈影响时,可使用风洞实验等方法模拟源的扩散情况。在山谷地区,也可使用箱模式。

2. 地区污染,范围在 10～100 km 的污染,将大烟囱按点源处理,用烟流和烟囱模式计算每个烟囱排放污染物的扩散状况、其余低矮的小烟源群和线源则按面源处理,并用面源模式计算其浓度分布,评价点的浓度为各源之总和。

3. 大尺度污染,范围在 100 km 以上。由于受许多污染源的影响,常把污染源处理为以几平方公里为单位的面源。当有多个烟囱排放时,若烟囱相距较近,可简化为一个烟囱进行计算;否则需将评价区划分网格,分别计算各源在各网格点上的浓度,然后分别叠加。如果有逆温层,可采用箱模式,假设在逆温层以下气层内污染物均匀公布。

4. 以上都是计算短期浓度,用烟流和烟囱模式适合于计算这类 1 次浓度或小时平均浓度,还可以换算成日平均浓度。当需要提供年、季或月平均浓度时就不能直接采用短期扩散模式。而是在各风向、风速和大气稳定度下用烟流或烟团模式计算污染浓度进行加权平均。

选定一个能模拟评价区污染扩散规律的模式是很重要的。对于重要的工矿企业、大城市或重点污染区为选定模式还要进行模式的研究,它是以过去的环境污染浓度实测值为真实值,用当时气象资料和污染源参数代入所选模式进行计算,将计算值与实测值进行比较,判断该模式是否适用,如相差较大,则应修改模式或修改有关参数,确定适合评价区的预测模式。

关于评价范围,一般以源为中心,半径几公里至二三十公里的范围。如源高和源强较大时,影响范围较大,评价区应大一些,居民稠密区和国家重点文物保护单位都是环境保护的重点,如它们位于污染源能影响到的范围内,评价区域应包括它们在内。评价范围在污染源的各方位上可以不同,对于上述环境保护重点的方位和较高频率风向的下风方位可以适当加大评价距离。大气环境影响评价的范围一般与大气现状评价范围相同,而污染源的调查范围可大一些。

(二)大气环境影响评价中,一般需要预测短期平均浓度分布和长期地面浓度分布。污染物对人体健康和植物生长的影响决定于接触时间的长短和污染浓度的高低两个因素。有的高浓度污染即使接触时间很短也可能造成严重后果,因此需要计算非经常性的高浓度污染。

1. 短期地面浓度是指 1 次采样的浓度(采样时间 20～30 min)或小时平均浓度,在大气环境影响评价中关注出现高浓度的数值和位置。短期浓度预测中一般只计算某方位不同稳定下的短期地面浓度分布和地面轴线浓度分布。此方位为主导风向、次主导风向和人口密集、企事业单位及其他关心点比较集中的方位。

逆温对污染物的扩散不利,特别是逆温伴随微风的条件更易造成高浓度污染。当污染源位于逆温层下方或逆温层之中时往往形成封闭型和熏烟型浓度,这时出现高浓度污染,应预测短期浓度分布,若能统计出这种气象条件出现的频率,在长期平均浓度预测中也应考虑这种情况。

2. 长期平均浓度是指年、季或月的平均浓度。能给出长时间的总体评价,给出长期污染程度的概念。考虑污染物对农作物生长的影响时要用到长期平均浓度。

长期平均浓度预测。一般扩散公式都是准定常烟流扩散公式,即在一定风向、风速和稳定度条件下来计算污染物的浓度分布。为了计算年、季、月的平均浓度,由于在此时段内气象条件有变化,可以把长时段分为若干小的时段,这些小时段内的风向、风速和稳定度看成是准定常的,整个长时段的平均浓度用这些小时段浓度加权平均得到。因此只要有了不同气象条件出现频率,就可以计算长期平均浓度。有些大气环境影响评价中还计算日平均浓度。因为 1 天中气象条件并不相同,所以要逐时计算小时平均浓度,然后再平均。

计算了地面上多个点的长期平均浓度值,然后绘等浓度线,得出长期平均浓度等值线图。若有超标部分,应指出超标的区域。

以上计算的长期平均浓度是拟建工程的影响值。若评价区有足够多的长期浓度监测资料,则可与影响值相加作出预测的长期浓度分布。可得出各测点影响值占预测值的百分比和占国家质量标准的百分比,以分析拟建工程对大气污染影响的大小。若评价区现状监测资料较少,只能计算某些测点影响值对大气污染影响程度。

3. 大气环境影响预测应给出各类污染源在一般气象条件下及不利气象条件下对评价区内大气环境质量的预测。主要内容为:

(1)各月、季、年各污染物在评价区的分布;

(2)各月、季、年出现地面最大浓度值和位置;

(3)不利气象条件下,评价区内的浓度分布;

(4)复杂地形或高建筑物附近出现背风涡流、下沉或下洗气流时的浓度值;

(5)可能发生事故时的浓度分布。

七、大气环境影响评价

(一)进行大气环境评价影响预测之后,即可编写大气环境影响评价报告。在评价报告书中必须提出结论性意见,一般应包括以下内容:

1. 概述评价区大气污染物的输送和扩散规律;

2. 指出影响评价区大气环境质量的主要污染物和主要污染源;

3. 给出污染浓度预测结果,指出拟建工程投产后主要污染物地面浓度分布情况,特别要提出高浓度区及其浓度值;

4. 根据预测结果与大气环境现状比较,指出拟建工程对评价区大气环境质量的影响;

5. 厂址选择是否合理。

(二)若预测结果不符合环境质量的要求,但又不能改变厂址或即使另选厂址仍达不到环境质量标准时,就必须考虑对污染源加以控制以改善大气质量。评价报告书中对改善大气质量的建议一般包括以下内容:

1. 烟囱高度的建议。提出能达到大气环境质量要求而投资较省的方案;

2. 减少主要污染物排放量的技术方案或措施的建议,如废气净化的技术方案或改变燃料结构等建议;

对于大气质量现状污染物浓度较高的地区,还应削减已建项目的排放量;

3. 原设计中生活区和主要烟囱等的设置方位和距离是否妥当,对不妥之处提出改进意见。

4. 对无组织排放,提出卫生防护距离的建议。无组织排放是除了烟囱集中排放以外其他各种跑、冒、滴、漏等形成的空气污染,由于污染源分散排放高度低,污染物没有经过充分扩散稀释就进入地面呼吸带,即使排放量不大,在近距离内也会形成高浓度区。卫生防护带就是让居住区与无组织排放源之间保持一定距离。以保证居住区污染浓度符合质量标准;

5. 建议种植那些能够吸收主要大气污染物或起监视报警作用的树种。

(三)大气污染控制

一般用控制排放量的方式来控制城市或工业区的大气污染。1968 年日本制定了 K 值法控制。它是根据大气质量标准允许的地面浓度,结合该地区工业密集程度确定一个 K 值。然后根据这个 K 值确定各污染源允许的排放量。各城市和地区的气象条件和大气质量标准不同,规定的 K 值也不同。逐步减少 K 值就可以控制大气污染。日本自实行 K 值法以来,对大气环境质量的改善收到了明显效果。

我国作了适当的修改,提出了 P 值法控制。P 值除了根据大气质量标准允许的地面浓度外,还根据风向频率和排气简密集程度等制定了全国 36 个城市远郊区的 P 值表。根据 P 值可以计算,允许的排放量。对于颗粒物及各有害气体都可用 P 值法进行控制。

在一个地区有许多污染源排放时,必须实行污染物排放总量的控制。一般把维持某种环境质量标准的污染物排放总量看作环境容量。实行环境总量控制,就是控制和调整各污染源排出的污染物总量不超过环境容量。根据环境容量值,应用大气污染扩散模式和大气污染控制数学模式确定减少污染的控制方案。

八、大气环境影响评价实例

以某制药厂为例,简要介绍大气环境影响评价。

(一)气象条件

1. 风向、风速频率统计。根据某气象站近 5 年 1、4、7、10 月 4 个月份风向和风速实测资料,统计了 16 个方位风向及静风出现的频率及其相应的平均风速。

2. 污染系数相对百分率统计。综合考虑风向、风速对污染浓度的影响,统计了评价区污染系数相对百分率的分布。

3. 大气稳定度统计。根据气象观测资料,统计了 1、4、7、10 月 4 个月出现各种大气稳定度级别的次数(频率)。

(二)大气环境质量现状监测

在评价工业区设 1 个监测点,选择二氧化硫(SO_2)、氮氧化物(NO_x)和飘尘(SPM)为监测参数。连续监测 72h,二氧化硫和氮氧化物每 4h 采样 1 次,飘尘 24h 采样 1 次。按"环境监测分析方法"所规定的进行分析,得到监测期污染物浓度数据总表和监测期气象要素和大气稳定度级别表。

(三)大气环境质量现状与评价

根据以上监测数据,统计了各种污染物的日平均浓度和监测的最大值。二氧化硫日平均浓度 0.004 mg/m^3,最大值 0.006 mg/m^3,均小于大气质量一级标准(分别为 0.05 和 0.15 mg/m^3)。氮氧化物日平均浓度 0.028 mg/m^3(一级标准 0.015 mg/m^3)。最大值 0.101 mg/m^3,略高于一级标准(一级标准 0.10 mg/m^3),但超过一级标准的监测次数只占 5%,飘尘日平均值 0.13 mg/m^3,(二级,0.15 mg/m^3),最大值 0.22 mg/m^3,(二级,0.50 mg/m^3)均在二级大气质量标准内。

按照大气环境质量标准规定,评价区执行二级大气质量标准。采用大气质量指数法,计算了二氧化硫、氮氧化物和飘尘的单项大气质量指数和综合指数。再根据综合指数确定污染等级,该评价区居于清洁等级即一级。

(四)大气环境影响预测

该评价区位于市郊的平原地区,范围较小,可采用高斯正态烟流模式。需确定的模式中的参数有:(1)排放源高处的平均风速;(2)烟气抬升高度;(3)大气扩散参数 σ_y 和 σ_z。根据工程设计提供的源参数,用高斯正态烟流模式计算了在常出现的稳定度下二氧化硫的地面轴线浓度。地面最大浓度为 0.085 mg/m^3 在离源 600m 处,低于卫生标准浓度。

第二节　大气污染预报

大气污染预报是为环境管理决策提供及时、准确、全面的环境质量信息,加大环境控制力度,预防严重污染事件发生。

根据大气污染预报的内容,可分为大气污染潜势预报和大气污染浓度预报两类。前者预报的是导致未来不同程度污染的气象状况,表明将出现的气象条件对降低大气污染浓度是否有利,预报中只涉及气象参数。后者预报的是污染物浓度数值。预报中用到的除了气象参数外,还有有关污染源的参数。

根据大气污染预报的时间和空间尺度,可分为 3 种:即区域污染预报、城市污染预报和特定源污染预报。区域污染预报范围比较大,空间尺度为 100～1000 km 以上,时间范围 1～2 d(天)。城市污染预报空间范围为几十公里至 1000 km,时间为几小时至 2 d。特定源污染预报的尺度小于 50 km,预报时效为几小时。

一、大气污染潜势预报

污染潜势是指大气对排入其中的污染物不能充分地稀释和扩散的程度。大气污染潜势预报就是预报可能发生严重污染的天气形势和气象状况。

(一)用气象参数作指标,预报将出现不利于扩散的天气。根据污染物稀释和扩散的规律,寻找污染参数与气象参数之间的联系,并确定气象参数的临界值。由于各地的地理和气象条件不同,形成污染的气象参数也会有差别。下面介绍几个主要的气象参数。

1. 混合层高度　它表征污染物在垂直方向被稀释的范围。其临界值为 500 m,即当混合层高度小于 500 m 时,可能出现严重污染。可以从探空资料绘制的 $T-lnP$ 图上求得混合层高度。

2. 风速　当地面风速小时容易出现污染,其临界值为 4 m/s。在准静止高压控制下往往出现小风,不利于污染物扩散。

3. 稳定度　近地面 300 m 气层中空气温度的垂直梯度 $\Delta T/\Delta z$ 与污染物扩散有关。当温度随高度上升而增加即逆温时属稳定天气。随温度梯度 $\Delta T/\Delta z$ 值增大而大气稳定度加大,则出现污染的程度也增加。

4. 通风系数　定义为混合层高度与其平均风速的乘积,用以表示混合层空气的输送速率。通风系数小于 6000 m^2/s,则发生污染的可能性大。

5. 其他　如下沉运动、12 h 变温、绝对涡度、降水、相对湿度等。

污染潜势预报一般根据几个气象参数的组合进行。

(二)几种污染潜势预报

1. 美国 1960 年首次作了大气污染潜势预报。根据准静止暖性反气旋控制区常出现高污染,预报出现该天气形势的气象判据为:(1)地面风速<4 m/s;(2)在 500 hPa 以下任一高度上风速不大于 12.5 m/s;(3)600 hPa 以下有下沉气流;(4)出现上述条件的区域至少为 4 个经纬距,持续时间至少 36 h。美国将上述气象条件称为"空气停滞"。美国国家气象中心(NMC)给出了污染潜势预报判据表,表中列出出现严重污染各气象参数及其临界值。

表 4.2.1　气象参数的污染指标数值(NMC,1960)

气象参数		污染指数值 (加权数)	气象参数		污染指数值 (加权数)
早晨地 面风速 (m/s)	>5.1	−2	早晨混 合层高 度 D(m)	>1500	−2
	≤5.1	−1		1500≥D>750	−1
	≤4.1	+1		750≥D>500	0
	≤3.1	+2		D≤500	+1

（续表）

气象参数		污染指数值（加权数）	气象参数		污染指数值（加权数）
下午和晚上地面风速(m/s)	＞5.7	−2	午后通风量(m²/s)	＞8000	−3
	≤5.7	−1		≤8000	−2
	≤4.6	＋1		≤6000	0
	≤3.1	＋2		≤4000	＋1

　　判断是否发布污染潜势预报还可用气象参数的污染指标数值(见表4.2.1)，表中列出早晨地面风速、下午和晚上地面风速、早晨混合层高度以及午后通风量4个气象参数的污染指标。用这些指标求和称为加权指标，根据加权指标大小判定是否会发生污染。当加权指标为2和3，则可能有污染发生，其值为0和1，则不一定有污染。需再考虑其他参数来决定，其值为负值则不发污染预报。

　　2. 英国伦敦等地预报污染潜势的气象参数有：最低气温、混合层高度、风向、风速(白天平均风速＜3 m/s)。当高浓度有可能出现时，再增加以下气象条件：白天最低的逆温或云底低于500 m，当天晚上的地面风速≤4 m/s，云量≤5/8，地面逆温从18时开始；白天最低的逆温或云底低于300 m，当天晚上的地面风速≤4 m/s，云量≤7/8，地面逆温从21时开始。只要满足以上任一条件，就可能有高浓度污染。

　　3. 日本根据各城市的位置及气象条件，将城市污染特征分为：(1)临海型污染。它由海陆环流所造成；(2)平流型污染。它是由平流作用而在局部地区出现的污染；(3)盆地型污染。它是由山谷风引起的城市污染。再根据城市的污染特征类型，分别采用不同方法作潜势预报：(A)流场分析法。即通过分析海陆风尺度的流场，预报污染气团移动；(B)统计预报方法。先建立某些气象要素与空气污染间的统计关系，通过对这些气象要素的定量预报，可作潜势预报；(C)天气学方法。即根据当地半天内的天气演变情况，确定近地层逆温消失所需的有效日射量，从而可作潜势预报。

　　4. 前苏联用的是一种经验统计预报方法。用于各种条件城市大气污染程度的预报。首先根据近地层空气夜间冷却和白天增暖程度及21时和03时大气稳定度用相关图预报将出现何种逆温。再根据逆温强度和低层风速用不同种逆温下的相关图得出空气污染程度的参数值。

　　5. 我国关于大气污染与气象参量和天气形势的关系各地区有各自的规定，下面介绍北京地区污染潜势预报。

　　根据北京SO_2浓度与气象条件的关系，归纳出有利于或不利于SO_2扩散的天气形势和气象参数。天气形势和气象参数预报按天气学方法进行，逆温的预报利用点聚图用温度演变值和温度直减率得出。不利扩散的天气形势有地形槽、小倒槽、小低压、高压等，有利扩散的天气形势有冷高压、冷锋、回流降水等，不利扩散的气象参数有逆温层低强度大，风速小，有雾等。综合考虑以上各因子可确定污染气象条件预报的级别。

二、大气污染物浓度预报

　　大气污染物浓度预报是预报控制区内将出现的污染物浓度。通常要求预报的内容有：浓度超标的范围、高浓度的持续时间、控制排放措施后将出现的浓度分布。常选SO_2作为预报对象。有统计预报法和数值模式预报法两种。

（一）大气污染物浓度的统计预报

首先要建立污染物浓度与气象参数之间的统计关系，要求两者都具有较长时间的同步观测资料。通过相关分析，找出影响污染物浓度的主要气象参数。可以用简单相关，作相关图；或建立多元回归方程，根据气象参数，直接求出浓度值。

影响污染物浓度的气象参数有风速 $\bar{u}$、混合层高度 D、云量 N、稳定度、相对湿度 RH、采暖温差 d' 和前 1 日浓度 q_{pa}。d' 的定义为 $d'=T_d-T$，其中 T_d 为基准温度，当 $T>T_d$ 时污染物浓度 q 与温度 T 无关，取 $d'=0$。而当 $T<T_d$ 由于采暖增加污染物排放，污染物浓度将随 d' 增加。q_{pa} 为考虑污染物浓度的延续性，用前 1 d(天)的浓度作为延续性的度量。

各地根据资料建立了各自适用的污染物浓度统计预报方程，有的预报方程只有平均风速 1 个参数，一般为几个气象参数的回归方程。举例如下：

Elson 和 Chandler 的浓度统计预报方程。根据曼彻斯特市冬季的浓度资料，求得下列多元回归方程为

$$q_E=\frac{K(17-T)^{0.26}}{\bar{u}^{0.69} \cdot D^{0.0155}}, \tag{4.2.1}$$

$$q_{SO_2}=\frac{K(24-T)^{0.48}}{\bar{u}^{0.37} \cdot D^{0.14}}, \tag{4.2.2}$$

式中，K 为系数，q_E 和 q_{SO_2} 分别为烟尘和 SO_2 的浓度。分子上括号内为温度 T 的差值即为 d，其余符号同前。

江苏气科所求得南京市 SO_2 浓度的多元回归方程为

$$q=a+b\bar{u}+c \cdot \frac{\Delta T}{\Delta z} \tag{4.2.3}$$

若不出现逆温，取 $\Delta T/\Delta z=0$ 式中系数，$a=0.1118$，$b=-0.0087$，$c=0.0284$。

用这种经验统计方法进行污染物浓度的预报是有局限性的。首先这种统计关系受地域影响很大，各地区由于地形等扩散条件不同，这些统计相关会有很大差异。而且对于采取控制污染措施后，减少排放的情况，也难以考虑。

（二）大气污染物浓度的数值模式预报

数值模式预报污染物浓度的方法能够给出在某区域范围内污染物浓度的时空分布，是一种很有发展前途的方法。它是用欧拉方法描述污染物在时空演变的气象场中的输送和扩散等运动过程，以及污染物质的化学转换和干、湿沉降等演变过程。因此它是一个完整的大气质量模式，主要包括两部分：气象模式和物质浓度模式。

气象模式是大气质量模式的基础，由于复杂的地形和下垫面会使流场改变引起局地环流影响输送和扩散，因此建立一个能正确预报复杂下垫面条件下的风场、温度场及降水量的气象模式是十分必要的。例如城市的热岛效应，造成特殊的边界层结构，严重影响污染物浓度分布，在气象预报模式中应能反映这些现象。

物质浓度模式包括化学转化和干、湿迁移过程。化学转化是化学物质在大气中由于化学反应而产生、消失和转变的过程。在污染预报中涉及的污染物一般有 SO_2、NO、O_3、CO 及 TSP 或 PM_{10}。有些化学物质与其他物质有联系，因此可能涉及几十种物质和几百种化学反应方程，计算量非常大必须进行简化，这也是模式计算中需要认真处理的一项内容。干、湿迁

移过程也是污染物移出大气的过程,与下垫面性质和降水等有关,模式中必须考虑。

污染源参数的引入,污染源有高架点源、低矮烟囱、面源和流动源等。要根据各种源的强度输入到模式中去。

根据预报的空间尺度可分为区域预报模式和城市预报模式。由于空间尺度的差异,虽然都有气象模式、物质浓度模式和污染源参数引入等,但不同尺度模式又有一些差异。

城市空气污染模式已用于重庆市,预报重庆日平均浓度分布,其平均准确率达 70%。比较成功。

污染物数值模式预报方法目前尚处于试验阶段,推广应用还有许多工作要做。

第三节　大气环境质量管理

随着人类大规模的生产活动导致大气质量的严重恶化,已经给人类生存带来极大的威胁,引起了全世界的关注。面临环境问题的严重挑战,许多发达国家从 20 世纪 60 年代中期开始,采取了一系列措施,保护和改善环境。我国于 1973 年召开了第一次全国环境保护会议,向全国发出了防治污染,保护环境的动员令。

环境管理是环境保护最基本的任务之一。环境管理是各级政府的环境管理部门依照国家颁布的政策、法规和标准,对一切影响环境质量的行为进行的规划、协调和督促监察活动。环境管理的最终目的就是保护环境,通过采取各种手段和措施来逐步恢复已经遭受破坏的环境,并防止产生新的环境污染。

发展经济和保护环境是既对立又统一的整体,要充分发挥其相互促进的一面,同时还要限制其对立的一面,做到既保护环境又促进经济发展。只有这样,环境保护工作才能顺利开展。

一、大气环境管理的法规政策和制度

做好大气环境管理必须要有有效的行政管理、法律措施和一系列具体的政策和制度,使空气质量管理做到有章可循。我国制定的大气环境管理方面的法律有《中华人民共和国环境保护法》,以及《大气环境质量标准》等。

(一)大气环境保护政策

环境保护作为一项基本国策,必须通过具体政策来实现和落实。环境保护政策可以分为技术政策、经济政策和行政管理政策 3 大类。这 3 大类政策有机结合构成一个完整的政策体系。

技术政策是用既能提高生产又能控制大气污染的技术来约束和协调生产活动的政策。例如,制定改革城市燃料结构、开展消烟除尘、发展集中供热等政策来防治大气污染。

经济政策是运用经济杠杆的原理,促进人们遵循环境保护的要求。例如,为促进工厂企业治理三废而制定的对超标排放污染物实行排污收费,对综合利用三废取得经济效益的项目实行优惠和奖励,对污染危害造成的损失实行由污染者赔偿等等。

行政管理政策是国家通过行政管理机关,制定的行政准则。例如"谁污染、谁治理",新建、扩建、改造的基本建设和技术改造必须实行"三同时",对污染严重而已无法治理的企业实行关、停、并、转、迁等。这些都是必要的行政约束手段。

环境保护政策是实施环境保护的指南,对协调经济建设和环境建设起着决定性作用。

(二)大气环境保护制度

根据环境保护法律,制定各种具体的环境保护制度。这些制度的建立与实行是控制和治理污染的有效措施。下面简述几项制度:

1. 环境影响评价制度是对建设项目环境影响评价的范围、内容、程序等作了具体规定。对于预防开发建设活动对环境可能产生的污染和破坏起到了重要作用,它能预见开发活动可能的影响,并对不利影响提出对策以防患于未然,达到既发展经济,又保护自然环境的目的。

2. "三同时"制度是在新建、改建和扩建工程时,环境保护法规定了防止污染和其他公害的设施,必须与主体工程同时设计,同时施工,同时投产的"三同时"制度,这是防止环境遭到新的污染和破坏的根本性措施和重要法规。

3. 排污收费制度是防止污染的经济措施,它调动了排污单位对排污处理的积极性,从而减少了污染物的排放量

二、大气质量标准

为了有效的控制大气污染,还必须制定出各种标准。这些标准是科学管理大气环境的依据和重要手段,也是国家环境保护方针政策的具体体现。

大气环境质量标准是对大气环境中各污染物质容许的浓度的法定限制,它是以保障人体健康和生态系统不受破坏为目标。对企业、社会和公众都有法律制约力,必须遵守执行。通常有相关的法律或条例作为保障,对违反环境标准,使大气质量遭到破坏,追究经济和法律上的责任。大气质量标准同时又是控制大气环境污染、评价环境质量和制定大气污染排放标准的依据。

我国的大气质量标准按照分级分区管理的原则,规定大气环境质量标准分为三级。

一级标准:自然生态和人群健康在长期接触情况下,不发生任何危害性影响的空气质量要求。

二级标准:人群健康和动植物在长期和短期的接触情况下,不发生危害的空气质量要求。

三级标准:人群不发生急、慢性中毒和一般动植物正常生长的空气质量要求。

各地区对大气环境质量要求不同,划分为三类区。

一类区:为国家规定的自然保护区、风景游览区、名胜古迹和疗养地等。

二类区:为城市规划中确定的居民区、商业交通居民混合区、文化区、名胜古迹和广大农村等。

三类区:为大气污染程度比较重的城镇和工业区以及城市交通枢纽、干线等。

该标准规定,上述三类区一般分别执行相应的三级标准。

根据我国环境保护法的规定,我国大气污染的现状,有代表性的污染物及其危害特征,并参考国内外有关制订环境质量标准的原则、方法及其基准资料,于1982年制订出我国第一个《大气环境质量标准》GB3095－82,列入了总悬浮微粒、飘尘、二氧化硫、氮氧化物、一氧化碳、光化学氧化剂(O_3)6种污染物的标准(见表4.3.1)。

各国根据污染物危害程度规定了各种污染物的浓度限值,即空气质量标准和警戒水平。根据测定的时间长度,分别划定了年均,日均和小时均浓度限值。表4.3.2为根据各国资料列出的环境标准限值和警戒水平限值。由表可见各国制定的浓度限值可相差1~2倍,我国规定值除 TSP 较高外其余与国外差不多。

表 4.3.1 我国大气环境质量标准(国家环保局科技标准司,1996)

污染物名称	取值时间	浓度限值(mg/m³) 一级标准	二级标准	三级标准
总悬浮微粒	日平均①	0.15	0.30	0.50
	任何 1 次②	0.30	1.00	1.50
飘尘	日平均	0.05	0.15	0.25
	任何 1 次	0.15	0.50	0.70
二氧化硫	年日平均③	0.02	0.06	0.10
	日平均	0.05	0.15	0.25
	任何 1 次	0.15	0.50	0.70
氮氧化物	日平均	0.05	0.1	0.15
	任何 1 次	0.10	0.15	0.30
一氧化碳	日平均	4.00	4.00	6.00
	任何 1 次	10.00	10.00	20.00
光化学氧化剂(O_3)	1 小时平均	0.16	0.16	0.20

①"日平均"为任何 1 日的平均浓度不许超过的限值。

②"任何 1 次"为任何 1 次采样测定不超过的浓度限值。不同污染物"任何 1 次"采样时间见有关规定。

③"年日平均"为任何 1 年的日平均值不许超过的限值。

三、大气环境监督

环境监督是指对环境质量的监测和对一切影响环境质量行为的监察。

（一）大气环境监测的内容

大气环境监测是弄清污染物来源、分布、数量、动向、转化规律的手段,它是监督检查污染物排放大气环境质量的基本工作。

表 4.3.2 各国污染物的浓度限值(μg/m³)(国家环保局科技标准司,1996)

污染物种类		SO₂ 环境标准	警戒水平	NOₓ 环境标准	警戒水平	TSP 环境标准	警戒水平
年均	中国	60		50		200	
日均	中国	150			150		300
	美国	365	800		1130	150	350
	日本	104		100		100	
时均	中国	500		500			
	日本	261	522		938	200	2000

大气环境监测的目的是反映大气环境质量状况以便执行各项标准和政策;评价防治措施的效果;为环境保护提供数据;也为环境管理提供资料。

大气污染监测一般分为三类：

1. 污染源监测 如烟囱、汽车等排出口的检测。目的是了解这些污染源排出的有害物质是否符合排放标准的规定，分析它们对大气污染的影响，以便加以限制。还应对现有的净化装置的性能进行评价。

2. 职业性监测在工作地点采空气样，以确定工作地点的空气质量是否符合有关规定或普遍可接受的标准。低于空气污染物的平均浓度的限值，则认为对职业性暴露无害。监测还对工程控制措施、工艺过程改变或人身防护装置的有效性进行评价。

3. 环境大气监测目的是了解和掌握环境污染的情况，进行大气污染质量评价，并提出警戒限度。通过长期监测，为修订或制定国家卫生标准及其他环境保护法规积累资料，为预测预报创造条件。另外研究有害物质在大气中的变化，如二次污染物的形成，以及某些大气污染理论等，均需以监测资料为依据。

(二)大气环境监测技术

1. 大气本底监测 1970 年世界气象组织提出建立全球大气污染本底监测站网的倡仪，得到了许多国家和地区性组织的支持。所谓大气本底污染是指远离城镇和工业区不受局部污染影响的大气平均污染状况。它可以反映设站地区因人类活动的影响而造成大气成分的长期变化。长期监测的结果可以为阐明大气污染总的趋势提供重要数据。

2. 监测网站的设置 不同类型污染源排放出污染物的排放特征、迁移和扩散特性不同，选择不同采样点布设。对分散源用网格布点法；对多个固定源比较集中的地区，可采用同心圆布点法；对于单个独立污染点源采用扇形布点法，布设在点源主导下风方向，45°角的扇形面中；为了解排放污染物对不同功能区的影响，采用功能分区布点法，按工业区、居民稠密区、交通频繁区、公园等分别布设若干采样点。

空气污染水平所需空气采样点的数量与测定值的方差系数平方成正比，因而与平均时间成正比。如二氧化硫日平均值精度在 20% 以下，至少每 0.6 km² 需配置一个采样点(同距 1 km)；在冬季时，季和月的平均值也达到上述要求的话，则每 2.6 km² 需配置一个采样点，春、秋两季可放宽到每 8 km² 设一个采样点。对于飘尘，日平均值每 2.6 km² 需配置 1 台采样器，月和年平均值，大约每 10 km² 要配置 1 台采样器。日本比较普遍地按可居住面积每 25 km² 设一个测定点的标准设置空气采样站。

3. 大气环境监测项目 测定的空气污染物主要有：灰尘(降尘和飘尘)、SO_2、碳氧化物、CO_x、氮氧化物、O_3 等。测定的降水成分有 pH、电导率、K^+、Na^+、Ca^{2+}、Mg^{2+}、NH_4^+、SO_4^{-2}、NO_2^-、Cl^- 等。

测定的方法：固态的降尘用重量法，飘尘用重量法和连续分析法。气态的用化学分析法、薄层层折分离测定法、莹光分光光度浓缩测定法等。

(三)环境监督

保护环境是一项艰巨而复杂的任务。没有强有力的监督，即使有了法律和规划，进行了协调也是难以实现的。

环境监督的目的是为了维护和保障公民的环境权，即公民在良好适宜的环境里生存与发展的权利。维护环境权的实质是维护人民群众的切身利益，包括子孙后代的长远利益。环境监督的基本任务是通过监督来维护和改善环境质量。

环境部门行驶环境监督应围绕改善环境质量进行。监督的重点是认真执行各项制度。

四、大气环境污染控制

大气污染控制是要通过各种措施综合防治以保护大气环境。主要的措施有：

(一)全面规划、合理布局工业

要控制大气环境污染,在城市和工业区建设上必须有一个全面长远的考虑,进行合理的布局。工业区应选择城市的下风侧,并应考虑气候和地形条件对大气污染的影响。

1. 利用风的稀释作用

水平风速大污染物的稀释能力强,如我国东北地区常年风速较大,应采用高架源集中排放,利用强风输送稀释污染物。而西南地区因丛山所阻冷空气、台风和气旋难以进入,由孟加拉湾来的西南气流受横断山脉所阻,只有一些浅涡,但往往流线闭合污染物不易输出,应采用远离居民区弱源分散排放。

2. 根据风向特点合理安置污染工业

有的地区有比较固定的盛行风向则污染源应设置在下风方位;而有的地区静风多,风向摆动大,则污染源设置的方位关系不大;有的地区有两个盛行风向,应考虑风向转换,合理布局污染工业区和生活区。

城市中应将工业区与生活区划分开来,以确保生活区的空气质量。规模小无污染的工业可设在城区;用地较大又对空气有轻度污染的工业布置在近郊区;对严重污染工业如钢铁、火电站、石油化工和水泥等应设置在远郊区,并处于最小风方向。

3. 避免重复污染

毗连工厂排放烟气的烟散区可能发生重叠,从而产生重复污染,将大大提高空气污染程度。因此在一个区内不宜集中许多排放废气量很大的工厂,以减少重复污染。在工业区内为防止二次污染,有些工厂不宜布置在邻近地区。如氮肥厂与炼油厂排出的污染气体可能导致产生光化学烟雾,不宜过于接近。

设立防护带是依据工业企业排放废气的卫生危害程度与生活居住区之间保留一定间隔地带。将工业企业排放有害污染物程度划分为 5 个级别,防护带宽度分别为 1000 m、500 m、300 m、100 m 和 50 m 5 个等级。

4. 根据地形特点布局污染工业

在河谷中布设污染设施,其后果是晚上冷空气沿山坡下滑,污染物在谷底积聚。因此生活区绝对不能设置在谷底,也不宜设在白天烟气到达的地区。

山间盆地是一个较封闭的地形,静风和小风频率高,常发生地形和辐射逆温,应限制建设工业污染设施。

在丘陵地区,因地势复杂,可采用团组式布局,把工业成组、成片地分散布置在居民区的周围,分散污染源避免对城市产生严重污染。

城市"热岛效应"会形成局地环流,气流从城市"热岛"上升而在周围农村地区下降,风又从城郊四周吹向市区,这种风称"城市风"。城市风把设在郊区工厂排出的污染物带到市区,形成市中心污染物浓度极高的后果,特别是当城市处于盆地地形,四周地势较高,将会造成严重污染。在城市郊区设置排污工业时必须要考虑此类问题。

(二)控制污染源、尽量少排放

控制污染源,是除害的根本措施。

1. 改变燃料结构

实行自煤向石油的转换可大大减轻烟尘的污染。为了减少 SO_2 的污染,注意采用低硫燃料。推广区域采暖集中供热,并在城市中使用天然气、煤气和石油气等燃料是综合防治大气污染的基本措施。开发无污染和少污染能源如核能、水力能、风能和太阳能等,以降低大气污染。

2. 改进燃烧设备和工艺

改进锅炉和燃烧方法,使煤在炉内充分燃烧,并安装除尘设备,消烟除尘。散煤直接燃烧有效利用率低且污染严重,应大力发展形煤及烟煤无烟技术,防治煤烟污染。又如炼焦厂由湿法改用惰性气体干法炼焦可防止粉尘和有毒气体排放。炼钢技术中由氧气底吹转炉代替平炉和氧气顶吹转炉,可大大减少粉尘和废气,硫酸厂也可通过改革工艺,减少排放二氧化硫。

3. 采用烟气净化技术

(1)烟尘净化技术:(A)利用重力、惯性力和离心力等机械力将尘粒从气流中分离出来;(B)洗涤除尘是用水洗含尘气体,有离心式、喷射式和文丘里式等;(C)过滤除尘是含尘气体穿过过滤材料,把尘粒阻留下来;(D)静电除尘是通过放电极使气流中尘粒带上电荷,带电的尘粒在强有力电场作用下聚集到集尘电极处,附着在电极上的尘粒用震荡装置消除。

(2)二氧化硫净化技术:可分为干法和湿法两大类。湿法采用液体为吸收剂。干法采用固体粉末或颗粒为吸收剂。

(3)氢氧化物净化技术:采用氢氧化钠等溶液或氨水和硫等吸收,还有用催化还原法把废气中的氧化氮还原为氮。

(三)行政管理控制措施

为控制大气污染,提高大气质量,还要采用行政管理控制措施方法,或称为非工程性控制方法,对污染源的排放量加以限制。各国各地区采用不同方法,各有特点,简述如下。

K 值控制方法日本采用的是对 SO_2 实行控制,根据污染物所造成地面上最大浓度值和地区特点确定该地区的 K 值,根据 K 值和烟囱高度计算出容许的排放量。

最大复合落地浓度的控制方式是以地面浓度作为控制标准,按各个企业造成的复合浓度比例确定削减的比例,各企业分担削减值。

浓度控制法是用排放口的浓度值来控制污染物排放量。削减排放量方法是对所有烟源采取同样比例进行削减。燃料控制方式是规定使用燃料的含硫量,在低硫燃料不足时,应由大污染源设置消烟脱硫设备,以达到标准。还有总量控制法是对整个地区排放的污染物总量加以限制的方法。再按责任分担限制各污染源的排放量。

确定了削减量数据,使管理部门掌握了定量依据,也使企业有了具体的目标。

第五章　酸雨及大气环境酸化

第一节　酸雨概况

一、酸雨的概念及其研究历史

什么叫酸雨？什么叫大气酸沉降？大气中不同来源的酸性物质转移到地面的过程,称为大气酸沉降。大气酸沉降有酸性干沉降和湿沉降两种形式,酸性干沉降主要是指酸性气体和气溶胶粒子的沉降。酸性湿沉降则是指酸性降水,其中主要是酸性降雨,即酸雨。还包括酸性降雪,酸性的雾、露、霜等。所以"大气酸沉降"是较为准确的科学术语,但是在许多地方,常常以通俗的"酸雨"术语来表达"大气酸沉降"的含意。

溶液酸度通常用 pH 值来量度,它定义为氢离子[H^+]浓度的常用对数的负值。即

$$pH = \lg \frac{1}{[H^+]} = -\lg[H^+] .$$

(5.1.1)

人们习惯上把 pH=5.6 作为酸雨的标准,当雨水的 pH 值低于 5.6 时称为酸雨。在自然条件下,大气中的 CO_2 浓度在 $150 \times 10^{-6} \sim 400 \times 10^{-6}$ 之间,当大气中的 CO_2 溶入纯净的雨水中后,得出雨水的 pH 值在 5.5 和 5.7 之间,取标准大气中 CO_2 浓度为 335×10^{-6} 计算,雨水的 pH=5.647。所以国际上一般取 pH=5.6 为大气中未受污染的雨水 pH 值的本底值。

酸雨的这个判别标准不能认为是很科学的。这是因为在未受人类活动所污染的大气中,影响雨水的酸、碱性能的不只 CO_2,在自然大气中还有 SO_2、NO_x、NH_3、HCl 和气溶胶等物质也影响雨水的酸度。另外,为了知道在受人类活动影响之前的降水酸度,需在远离人烟的荒僻地区进行采样和测定。冰川和大陆冰盖的 pH 值通常都大于 5。在格陵兰,180 a(年)前由雪形成的冰的 pH 值在 $6 \sim 7.6$ 之间。南极 350 a 前冰的 pH 值为 $4.8 \sim 5.0$。自 1979 年开始的全球降水化学研究计划在 10 个荒僻地点的测量表明,未受污染的天然降水的 pH 值应在 5 以下。瑞典组织了北极考察,在 80°N 以北地区测得降水 pH 值为 5.12,并认为这是基本上未受人类活动影响的值。再有,如果从酸雨对生态环境影响来说,初步研究表明,pH=$5.0 \sim 5.6$ 的降水对生态环境影响很小,几乎不产生明显的危害。只有当降水的 pH 值小于 5.0,才观测到对森林、植物、土壤等有危害影响,当降水 pH<4.5 时,对生态环境产生明显的严重危害。

世界上最早接受大范围大气污染洗礼的是英国。英国那时燃料依靠煤炭,从很早就开始丧失森林。在大城市和工业地区,煤烟和硫氧化物的危害早在 17 世纪就出现了。

1661 年在作家约翰·伊布林所著的《驱逐烟气》中生动地描写道:"地狱般似的阴森森的烟气,像西西里岛火山和巴尔干神殿似地笼罩着伦敦"。"多少世纪来一直是坚硬的石头和钢铁受到了煤烟的腐触,肺结核和感冒广泛流行"。1772 年博物学家吉尔巴特·怀特出版了新版《驱逐烟气》,他在该书序言中写道:"伦敦周围庭院的水果树不结果子,连树叶也纷纷凋零。

生长发育中的孩子,有半数在 2 岁以下就夭折"。大气污染变成为酸雨问题,大概是 18 世纪以英国为中心的烧碱工业蓬勃兴起以后的事。1852 年英国化学家安加思·史密斯首先描述曼彻斯特城中的"酸雨"。并扩散到整个英国,他叙述道"所有的雨水都含有硫酸,越靠近城区,雨水中的硫酸浓度愈高"。在他 1872 年出版的《大气与雨——化学气象学的始端》一书中首先使用了"酸雨"这个术语。记载了"大气被酸严重污染时,1 加仑(约 4.5 L)的雨水中含有 2～3 格令(1 格令为 0.065 g)的酸……。因此植物和白铁皮全部很快地烂掉了,连石头和砖瓦也变得疏松"。而且,他也指出了酸雨远距离输送的问题。1948 年瑞典土壤学家艾格纳建立了可能第 1 个大气沉降物长期监测网,收集和分析沉降物的化学特性。其中包括酸度。以后在挪威、丹麦、芬兰以至西欧和中欧都开始了类似的监测和分析。总之 1939 年和 1954 年之间在许多地区都有零散的雨水 pH 值测量并发现有酸雨。但资料尚不足以作科学的分析。1955 年在斯堪的那维亚发现酸雨;在新格兰的雾和云水被测出是酸的;在英国湖泊地区,每当风从城市和工业区吹来时,总是观测到酸雨;水生生态学家高汉姆在英国和加拿大把降水和湖泊化学联系起来进行一系列研究后认为,工业区降水酸性由矿物燃料燃烧排放物所造成;湖泊水酸化是由于酸性降水;土壤的酸性是降水中的硫酸造成的。这样为酸雨对湖泊和生态的有害后果的学说奠定了基础。60 年代初,瑞典土壤学家奥登对湖沼学、农学和大气化学的有关纪录进行了综合性研究,发现酸性降水是欧洲的一种大范围的现象,降水和地表水的酸度正在不断上升,含硫和氮的污染物在欧洲可以迁移上千公里。1967 年他又确定了雨水酸度明显变化的地理范围及其与燃烧化石燃料使二氧化硫排放量增大之间的关系。在 1970～1977 年间进行了一次大规模的研究:"跨越国境的空气污染;大气和降水中的硫对环境的影响"。它被作为实例报告提交给 1972 年在斯德哥尔摩召开的联合国人类环境大会,引起了很大反响。从此,酸雨成为举世皆知的污染现象,降水污染的研究在世界范围内迅速扩展开来。1972 年美国在其东部地区开展了大规模的降水酸度的调查和测量。发现美国的东部大部分地区有严重的酸雨。1975 年美国召开了"第一次酸性降水和森林生态系统国际讨论会",会议认为地球大气的酸度有正在不断升高的现象,可能是当前面临的最严重的国际性的环境危机之一。1982 年在瑞典斯德哥尔摩召开了环境酸化国际会议,讨论酸性排放物的生态影响和削减排放量的措施。专家会议提出以 0.5 g/ (a·m^2)为硫沉降量的允许值,超过此值在土壤敏感地区就会引起酸化。大约从 70 年代起有更多的国家关注酸雨问题,研究规模不断扩大,相继发现了大片酸雨区域,发现了酸雨对生态环境的严重危害;使水体酸化,危害鱼类和水生生物,使森林衰亡,土壤贫瘠化,伤害植物,腐蚀建筑材料和文物古迹,影响人体健康等等。并对酸雨的形成和输送过程的认识有相当大的进展。

在我国,大约从 20 世纪 60 年代起,中科院及一些地方环保科研人员开始在部分地区对降水水质进行测量。1979 年起,北京、上海、南京、重庆和贵阳等城市相继开展了酸雨监测。1981 年在北京召开了"第一次降水污染物和酸雨学术讨论会"。首次提出了在国内开展降水酸度普查及相应的研究。1982 年国务院环境保护领导小组将"西南酸雨问题研究"作为国家环保重点科研项目委托中科院环化所承担。1984 年中国科学院组织"西南地区酸雨成因、危害和防治"的重点研究项目,国家环保局组织"我国酸雨来源、影响和控制对策"研究项目,上海也组织研究酸雨问题,这样在国内形成了西南、华南和上海三片研究酸雨的格局。在这期间环保局陆续建立了拥有 113 个站的全国酸雨监测网,进行常规监测。1985 年把"酸雨研究"列入国家"七·五"科技攻关项目,组织了国内很强的研究力量(包括中国科学院、高等院校和国家环保部门)重点研究西南和华南的酸雨。开展了两地酸雨形势的观测和分析;酸雨形成的大气物理和大气化学过程;酸雨对生态系统的影响;区域酸雨未来发展趋势预测;酸雨控制对策和技术经济分析等方面的研究;取得了许多重要成果并引起了国家领导的重视。1990 年"酸沉降及其控制技术的研究"再次列入国家"八·五"科技攻关项目。开展了全国(以东部地区为主)酸沉降及其控制技术的研究,并把酸性物质的传输作为重点突破口。结果对我国酸雨状况、形成过程、生态影响等有了更为全面和比较深入的认识。对酸性物质在国内各地区之间以及跨国界的输送态势第一次有了定量的认识。从而提出了在我国建立"二氧化硫和酸雨两个控制区"的观点,以阻止酸化及其危害在我国发展的态势。此建议已被国家采纳,目前正在实施中。

二、世界和中国酸雨的分布

从 20 世纪 50 年代初开始,北欧就开始进行酸雨的监测,美国从 50 年代中期开始布设站网进行监测,世界气象组织从 1973 年起在全球建立了近百个站进行酸雨监测。世界许多国家相应地也建立了测站。中国大约从 1960 年起一些部门开展了部分地区降雨水质的测定,1973 年起在北京、上海、南京、重庆和贵阳城市相继开展了酸雨监测,以及国家环境保护局、国家气象局和中国科学院在全国组织和建立了约 300 个监测站,900 多个酸雨监测点,组成了重点站、地市级站、区县级站的监测网。在布点、取样、分析方法、数据处理表格式和上报要求等都作了统一规定。

世界酸雨分布根据联合国环境规划署与世界气象组织的资料绘制的全球 80 年代末的酸雨分布状况如图 5.1.1。从图可以看到,世界上已有三大酸雨区;第一个是欧洲酸雨区,主要分布在北欧和西欧,形成和发展历史最长。雨水的年平均 pH 值最低在 4.0~4.1。从 50 年代到 70 年代中期为欧洲酸雨发展阶段,从 1975 年以后酸雨状况已达到稳定,不再继续酸化。第二个是北美酸雨区,包括美国和加拿大。其中以美国的东北部和加拿大的东南部最为严重。有些地区雨水年平均 pH 值也达到 4.0~4.1。第三个酸雨区在东亚,而且主要在中国。这个酸雨区大约从 80 年代初开始,以后不断发展,到 90 年代中期,在四川、湖南、江西等部分地区,雨水的年平均 pH 值在 4.0 及以下。世界三大酸雨区中,欧洲和北美酸雨区已得到控制,不再

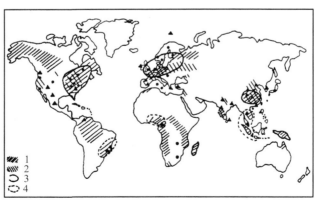

图 5.1.1　全球酸雨分布状况(石弘之,1997)

1. 土壤对酸雨敏感的地区,2. 污染物高排放地区,

3. 酸雨已出现的地区(·城市),4. 酸雨可能出现的地区

(▲城市)

发展,但在东亚(中国)酸雨区的酸化程度和范围仍在发展。

另外从图上也可以看到,世界上还有3个潜在的酸雨区,如果在这些地区不加以有效的控制,将来很可能形成新的酸雨区。这些地区是亚洲的东南亚(泰国、越南、马来西亚和印度尼西亚)和印度。非洲的中西部(尼日里亚等)和南美洲的巴西等地区。

从图上还可看到,在世界上三大酸雨区和三大可能出现的酸雨区,那里的土壤对酸雨都是敏感的,因此危害性更大。

(一)欧洲酸雨分布

根据欧洲大气化学网的160个站的观测,欧洲酸雨分布如图5.1.2所示,20世纪70年代初,欧洲排出的硫每年达3×10^7t,排出的氮约每年6×10^6t,人为排出的硫占该地区总排硫量的90%。欧洲硫排放量最多的国家是前苏联、英国、德国、捷克、意大利和法国。这些国家排出的硫有相当大的比例输出了本国国土,降落到别的国家领土上,尤其是英国、德国和捷克向别国输出的硫最多。斯堪的纳维亚半岛每年酸性沉降物的一半来自欧洲大陆和不列颠诸岛。

图 5.1.2　欧洲酸雨(pH 值)分布(张光华、赵殿五,1989)

由图5.1.2可见,在西欧和北欧大部分地区都有酸雨,其中最为严重的有3个地区即斯堪的纳维亚半岛的南部、英国和波兰、德国和捷克交界地区。斯堪的纳维亚的酸雨可能是世界上最早发现酸雨的地区之一,早在19世纪40年代,在那里就出现了酸雨危害,到70年代中期,酸雨发展最盛,在北欧很大部分都有酸雨,在半岛南部为强酸雨区,1975年开始欧洲减少硫排放以来,酸雨的发展趋势得到了控制。目前在瑞典和挪威南部地区,雨水的pH值在4.2~4.5。英国是世界上最早出现酸雨的国家,到70年代英国全部地区都已酸化。英国西部雨水的pH值在4.4~4.7,东部为4.1~4.3,波兰、德国和捷克的交界地区也是一个严重的酸雨区,被称为酸雨的黑三角地区,从60年代出现酸雨,到70年代雨和雪的pH值为4左右,一般雨水 pH 值在 4.1～4.3,冻雪表面测量的最低 pH 值为 2.2。那里的大片森林死亡,生态系统遭到全面的破坏。欧洲还有一个较弱一些的酸雨中心地区,它在意大利西北部及法国东南一小部分。其雨水 pH 值在 4.5～4.6,也发现森林有枯萎死亡现象。

(二)北美酸雨分布

美国在 1939 年首先正式测定 降雨的 pH 值,当时在东北部缅因州布鲁克林采集了暴风雨时的雨水,其 pH 值为 5.9,属正常。10 年后在华盛顿夏季雨水 pH 值已测到为 4.2,北美酸雨的发展大约始于 50 年代初。到 60 年代美国的酸雨更加明显,到 70 年代酸雨不仅危害美国,而且大量往邻国输送。北美最大的酸雨输出国是美国,加拿大则是美国酸污染的最大输入国。北美的酸雨分布情况见图 5.1.3。可以看到美国 2/3 以上面积出现酸雨(pH<5.6),其中以东部地面更为严重,在东北部的纽约州、俄亥俄州、宾夕法尼亚州和西弗吉尼亚州边境地区,阿迪龙达克山区和加拿大的安大略省是北美酸雨最严重的地区,pH 值一般在 4.2～4.3。他们都处于美国大 SO_2 排放源及其下风向地区。据报道,1965～1971 年间有的地区年平均pH 在 4.03～4.14。最低记录为 3.0。美国中部和西部雨水 pH 值一般为 4.8～5.3,呈弱酸性。加拿大随不同地区酸性降水相差很大。其东南部由于工业活动和人口密度较大,加上美国东北部地区的大量 SO_2 和 NO_x 的输入。降水酸化情况相当严重,pH 值达到 4.2～4.4。有9 万个湖泊严重酸化。其他地区降水都没有严重酸化的问题。

图 5.1.3　北美酸雨(pH 值)分布图(张光华、赵殿五,1989)

(三)东亚和中国酸雨分布

中国酸雨的全国性普查测量始于 1983 年,全国约有 300 个监测点。那时中国的酸雨分布如图 5.1.4。由图可见,在长江以南广大地区出现了大片酸雨区。长江以北除山东青岛、汉中和部分苏皖地区外,尚未出现酸雨。按降水的 pH 值的地理分布,我国酸雨地区主要有:四川盆地、黔中地区、湘鄂赣地区、沪杭地区及粤闽沿海地区。其中以重庆、贵阳、长沙和南昌等地及附近地区最为严重,其雨水 pH 值都在 4.5 以下。1983 年全国酸雨区域面积大约有 165×10^4 km^2,约占我国国土总面积的 17%。

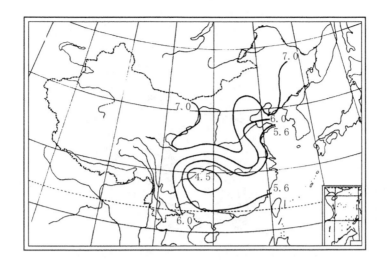

图 5.1.4　1983 年中国酸雨（pH 值）分布（王文兴等,1995）

在我国北方 94 个监测站中[①],有 13% 的站降水年平均 pH 值小于 5.6,而在南方 202 个监测站中,有 48% 的测站测到酸雨。在全国 108 个降水年平均 pH 值小于 5.6 的测站中,89% 的站分布在南方。说明,南方是我国主要酸雨区。在我国 26 个有监测的省市自治区中以四川省酸雨最为严重,那里降水年平均 pH 值小于 5.6 的监测站占 55%,酸雨频率大于 60% 的测站占了 40%。其次分别是贵州(酸雨频率大于 40% 的测站占 54%),江西(酸雨频率大于 44% 的测站占 46%)及湖南(酸雨频率大于 16% 的测站占 20%)等。另外据统计,在我国不同类型城市中,酸雨的出现主要集中在大城市及省会(在 14 个大城市中占 79%),其次是中等城市及地区级城市(在 51 个测站中占 55%),县级城市中出现比例则较小(在 37 个测站中占 29%)。在北方 45 个城市中,只有山东的青岛、枣庄,山西的阳泉以及陕西的铜川 4 个城市,其降水的年平均 pH 值小于 5.6。除青岛外,都是产煤城市。

到 20 世纪 90 年代,我国酸雨无论从酸雨的范围以及酸化的程度,都有十分明显的发展。1992~1993 年测量的我国降雨 pH 值分布情况如图 5.1.5。从图上可以看到,从东北到华北经黄河流域东部直到长江以南广大地区都出现了酸雨,pH 值为 5.6 的等值线北起黑龙江的黑河向南直至鸭绿江西侧入海,然后由北京向西南经过山西侯马、陕西宝鸡、四川成都和攀枝花转向西入云南、经丽江到泸水附近出境。有酸雨涉及的省市有:重庆、上海、北京和天津 4 个直辖市,四川、贵州、云南、海南、广东、广西、湖南、湖北、江西、浙江、江苏和福建全部江南的省份以及安徽、山东、河南、河北、山西、陕西、甘肃、辽宁、黑龙江等北方省份。酸雨面积约占全国面积的 40%。在这大片酸雨区中江南重酸雨区(pH<4.5)已连成片。差不多包括了西南、中南、华南的全部地区及华东的大部分地区。降水年平均 pH 值小于 4.0 的地区有重庆、贵阳、遵义、长沙、曲江、桂林和杭州等。酸雨频率高于 85%,已到了"逢雨必酸"的程度,这样十分严重的酸雨在世界上是少见的。

---

①　王文兴、齐立文等,我国酸沉降时空分布规律研究,"八五"国家科技攻关项目研究报告,1995。

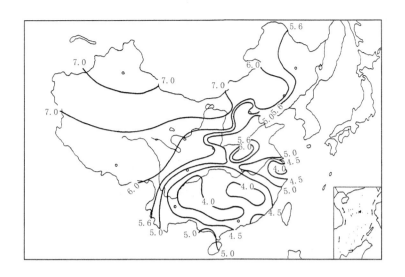

图 5.1.5　1993 年中国酸雨(pH 值)分布(王文兴等,1995)[1]

从 1983 年到 1993 年中国酸雨发展十分迅速而严重。有酸雨的地区从 1983 年的长江以南地区,到 1993 年已向北扩展到部分黄河流域、华北及东北部分地区。酸雨面积增加了近 2 倍。1983 年在南方地区有酸雨的测站占 47%。pH 值小于 4.5 的占总测站数的 4%,没有一个站测到 pH<4.0。但到 1993 年,有酸雨的测站占 90%,pH≤4.5 的测站占 48%,有 13% 的测站 pH<4.0。可见南方地区严重酸化。且出现了一些有十分严重酸雨(pH<4.0)的地方。北方地区也在酸化发展。1983 年北方有酸雨的测站约占 13%,31% 的站测出的 pH 值大于 7.0,到 1993 年,测到酸雨的站占 30%,而且其中有 3% 的测站的雨水 pH 值小于 4.5,而 pH>7.0 的站减少到 10%。即北方酸雨面积也在扩大,很强碱性的雨水面积在明显缩小。

(四)中国台湾地区

中国台湾地区也有酸雨,台湾春季酸雨主要出现在北部和西部沿岸地区。其中台北—基隆地区和台南的高雄地区最为严重,雨水的 pH 值在 4.5 左右,这与当地工业污染有密切关系。其他季节的酸雨也有类似的分布。

(五)中国香港地区

中国香港地区观测到较弱的酸雨,在其九龙的官塘测到雨水的平均 pH 值为 4.86(1985~1989 年)。其他地区雨水的 pH 值约在 4.9~5.5 之间。

(六)日本

日本酸雨首先在关东地区发现,1971 年在东京,1973 年在静冈和山梨县有酸雨。使人睁不开眼睛,因呼吸道受刺激引起咳嗽等现象。1974 年 7 月在栃木县一带,酸雨蔓延,控诉遭受酸雨和酸雾危害者达 3 万多人。现在日本全国各地每年都有 pH 值低于 4 的强酸性降雨出现,甚至出现降水 pH 值低于 3.0 的严重事件。但日本降雨年平均 pH 值没有这么低。图 5.1.6 给出了日本降雨年平均 pH 值分布,可以看到,各地降雨年平均 pH 值在 4.6~5.1 之间,变化范围

①王文兴、齐立文等,我国酸沉降时空分布规律研究,"八五"国家科技攻关项目研究报告,1995。

不大,属不太严重的酸雨。日本北部降水的 pH 值高于南部,东海岸低于西海岸,其中以关东地区和九洲南部的 pH 值较低。前者是工业和人口密集地区,后者受火山喷射影响较大。

图 5.1.6 日本降雨年平均 pH 值分布(石弘之,1997)

（七）韩国

韩国也有不严重的酸雨,根据 1990～1992 年的监测,各地降水的年平均 pH 值在 4.8～6.4 之间。降雨 pH 值在 5.0 以下占全国面积约 10%,主要在汉城、清州、大田、群山、釜山等地区,pH 值在 5.1～5.5 的占 33%,主要分布在中部地区。pH 值≥5.6 的占 57%,主要分布在东部地区。

三、降水(酸雨)的化学特性

pH 值是判断酸雨的标准。但对于反映酸雨的化学特性,从分析酸雨的来源和形成过程来说,只知道降水的 pH 值是很不够的。还必须了解降水中各种离子化学组分。在酸雨研究中,对降水样品通常是测定以下一些离子组分:

阳离子有 NH_4^+、Ca^{2+}、Na^+、K^+、Mg^{2+}、H^+;阴离子有 SO_4^{2-}、NO_3^-、Cl^-、HCO_3^-;pH 值和电导率。

酸雨中的强酸有硫酸、硝酸和盐酸 3 种。由于它们在水溶液中完全电离,所以对降水的酸度贡献很大。在多数地区的酸雨中硫酸是主要的,硝酸次之,盐酸的贡献甚小。这 3 种酸在酸雨中的离子表现是 H^+、SO_4^{2-}、NO_3^-、Cl^-。SO_4^{2-} 是酸雨中很重要的化学组分,它主要来源于工业排放出的二氧化硫,海洋和陆地地表矿物也是硫酸盐的较小的源。硝酸根 NO_3^- 主要来自大气中的硝酸、氮氧化物的液相反应及气溶胶中的硝酸盐。但根本的来源主要是人类大量使用矿物燃料(油、煤等),自然界的雷电过程也产生氮氧化物。煤中含有氯化物,燃烧时它以氯化氢形式释放出来,进入雨水后形成盐酸。早年英国工业化初期,在舍费尔德和曼彻斯特等地区的酸雨中盐酸贡献很大。

酸雨中还有一定量的弱酸,常见的有碳酸(H_2CO_3),有机酸(甲酸、乙酸、乳酸、柠檬酸等)、亚硫酸、氟酸等。由于这些酸在 pH<5.0 时几乎不电离,所以它们对严重的酸雨影响很小,但在 pH>5.0 的雨水中,它们是使雨水略呈酸性的主要物质。据测量,它们对雨水中自由酸度的贡献一般小于 10%。

酸雨中还有碱性物质,以雨水中 NH_4^+、Ca^{++}、K^+、Mg^{++}、Na^+ 为代表的离子,它在降水中对酸起中和作用。它们的来源各不相同。雨水中的酸度是雨水中酸性物质和碱性物质综合作用的结果。Ca^{++}、K^+、Mg^{++} 主要来自土壤中的碳酸盐。建筑业和燃烧也是 Ca^{++} 的重要来源,尤其在城市中影响甚大。海洋也提供大量 K^+、Mg^{++}。降水中 Ca^{++} 的分布与土壤性质有很大关系,在酸性土壤区(红壤、黄壤和灰化土等)降水中 Ca^{++} 含量低,而在内陆碱性土壤区(黑钙土、栗钙土和荒漠土)Ca^{++} 含量很高,Na^+ 主要来自海洋,因此在一般情况下,Na^+ 与 Cl^- 的当量浓度相接近。大气中的 Na^+ 也有部分来自土壤,所以有时降水中 Cl^-/Na^+ 的比值比海水的 Cl^-/Na^+ 的比值小。但总的说,降水中的 Cl^- 和 Na^+ 对雨水酸度作用甚小。雨水中的 NH_4^+ 源于大气中的气态 NH_3。它是大气中唯一的气态碱,对酸雨的缓解有着重要的作用。NH_3 的来源主要是土壤中的生物过程,氮肥挥发、牲畜和人类的排泄物也是重要来源,还有矿物燃料的燃烧,生物和城市生活废物的腐烂等。NH_4^+ 的分布与土壤性质有较明显的关系,一般酸性土壤区,降水中 NH_4^+ 含量低,而碱性土壤区其含量则高。

表 5.1.1 边远和偏僻地区降水中离子浓度($\mu g/L$)(黄美元等,1995)

	pH	SO_4^{2-}	NO_3^-	Cl^-	NH_4^+	Ca^{++}	Na^+	K^+	Mg^{++}	离子总量
阿姆斯特丹(荷兰)	4.92	8.8	1.7	208	2.1	7.4	177	3.7	38.7	459.4
朴克·福来特	4.96	7.1	1.9	2.6	1.1	0.1	1.0	0.6	0.2	25.6
凯瑟林(澳大利亚)	4.79	5.5	4.3	11.8	2.0	2.5	7.0	0.9	2.0	52.6
圣卡洛斯(委内瑞拉)	4.81	2.7	2.6	2.5	2.3	0.3	1.8	0.8	0.5	29.0
圣乔治(美国)	4.79	18.3	5.5	175	3.8	9.7	147	4.3	34.5	414.3
普陀(中国)	5.66	50.3	2.2	410	30.3	88.2	226.8	30.4	78.8	919.2
黄山(中国)	6.33	14.5	1.0	14.7	18.6	13.5	13.3	9.0	1.8	86.9
丽江(中国)	6.07	6.2	0.3	1.1	11.9	5.1	10.7	5.0	3.8	45.0

现在来讨论我国和世界上主要酸雨地区降水化学的特征。先看看边远和偏僻地区的降水情况,以便了解在人类活动影响较小,接近自然状态的地区的基本态势。表 5.1.1 列出了几个边远和偏僻地区降水离子组分观测值。可以看到这些地区降水 pH 值在 4.7~6.3 之间,属于弱酸或弱碱。在海岛(圣乔治、普陀)和沿海(阿姆斯特丹)3 个测站受海洋影响很大,降水中 Cl^- 和 Na^+ 浓度很高,其他站的降水中总离子浓度较低。一般不超过 100 $\mu eq/L$。表明这些地区受污染影响很小。在这些地区典型的工业污染离子 SO_4^{2-} 和 NO_3^- 浓度很小,一般 SO_4^{2-} 浓度不超过 20 $\mu eq/L$(普陀除外,那里受到中国大陆工业的影响),NO_3^- 浓度一般不超过

$10\mu eq/L$。在这些地区Ca^{++}、NH_4^+等碱性离子浓度也很低,表明土壤和生物过程的影响也不大,降水显得较为清洁。

表 5.1.2 中国和世界一些主要酸雨区降水离子浓度$(\mu eq/L)$(黄美元等,1993)

	pH	SO_4^{2-}	NO_3^-	Cl^-	NH_4^+	Ca^{++}	Na^+	K^+	Mg^{++}	离子总量
中国北方	6.13	203.0	25.6	70.0	106.8	255.2	49.8	39.3	69.4	819.8
中国南方	4.68	154.9	33.8	33.3	89.9	97.3	22.8	12.8	16.4	482.1
日本	4.69	48.7	15,7	86.4	19.9	24.7	68.1	3.7	19.3	306.8
瑞典南部	4.28	70	31	18	31	14	15	3	8	24.2
德国东南部	4.42	176	45	35	52	58	26	7	19	456
美国东北部	3.94	55	50	12	22	5	6	2	16	282
美国西部	4.4	19.5	31.0	28.0	21.0	3.5	24.0	2.0	3.5	171.5

表 5.1.2 和 5.1.3 给出了中国和世界一些主要酸雨地区的降水中离子组分及其化学特征量的比较。可以看到,虽然这些地区(中国北方除外)都有酸雨,但雨水中离子的组分及其化学特征并不相同。在这些污染地区离子总浓度比较高,都大于 150 $\mu eq/L$,特别是在中国和德国东南部(有严重酸雨危害的德国、波兰、捷克交界的"黑三角"地区)离子总浓度都达 400 $\mu eq/L$以上,而中国北方则高达 800 $\mu eq/L$ 以上。说明降水中污染物非常多。在阴离子中,中国和德国降水中 SO_4^{2-} 浓度极高,比美国、日本和瑞典高3~10倍,SO_4^{2-} 是降水中主要的阴离子,约占 70%左右。而在美国、日本和瑞典的降水中,硫酸根浓度只占整个阴离子浓度的 25%~50%。酸性降水中的酸,主要是硫酸和硝酸,究竟以那种酸为主,可以看看降水中硫酸根与硝酸根的比值。从表 5.1.2 可以看到,在中国南方和北方的比值分别为 4.58 和 7.93。即中国酸雨为硫酸型的。德国和日本的比值也大于3,也以硫酸为主。但在美国和瑞典,其比值在0.6~2.3之间,特别在美国降水中,硫酸根和硝酸根的浓度相差不多,说明那里的酸雨中硫酸和硝酸起着同等的重要作用。在我国一些大城市地区,由于汽车量的日益增加,雨水中的硝酸成份也显著增加。如在广州降水中硝酸根的浓度已很接近硫酸根浓度,形成硫酸和硝酸混合型的酸雨。在降水的阳离子中,中国以钙(Ca)离子为最多,约占整个阳离子总浓度的40%~50%,其次是铵(NH_4^+),约占 20%~35%。其中在中国北方钙和铵离子浓度很高,分别达到 255 $\mu eq/L$ 和 106 $\mu eq/L$,大约为日本的 10 倍,为美国降水中钙离子的 50 倍,美国降水中铵离子的 5 倍。比瑞典降水中钙和铵离子分别高出 18 倍和 3.5 倍。在中国钙离子比铵离子多 1.0~1.4 倍,日本也是 1.24 倍。说明东亚地区受土壤粒子的影响很大,但在瑞典和美国降水中,铵离子浓度大于钙离子浓度,钙与铵的比值为 0.17~0.45。铵在阳离子中占的比例在 20%左右。表明那里的生物过程对降水中离子组分有重要影响。在美国、瑞典降水中最多的阳离子是氢(H^+),约占 40%~70%。主要来自工业和汽车污染。而在中国,由于盐基离子浓度很大,氢离子在阳离子总量中占的比例很小。日本受海洋的影响很大,降水中的氯和钠离子浓度很高,分别占阴、阳离子总浓度的 57%和44%。比其他地区高。美国西部也受海洋影响较大。一般在欧美大陆的西海岸,由于地球北半球是西风带有较大的海洋影响。概括地说,中国酸雨为硫酸型,降水中硫酸根、钙和铵离子浓度很高,受工业和土壤粒子污染严重,在中国北方,由于土壤呈碱性,而且碱性气体(氨)释放较大,目前暂时未出现酸雨。美国和瑞典等欧美国家的酸雨呈硫酸和硝酸混合型,受工业污染影响较大,但降水中总离子浓度不很高,受土

壤粒子影响不大。日本也有硫酸型酸雨,降水中的组分,受工业污染和海洋影响较大。欧洲"黑三角"地区的酸雨,也呈硫酸型,主要受工业污染影响。

表 5.1.3　世界主要酸雨区降水化学特征量比较(黄美元等,1993)

	pH	$\dfrac{SO_4}{\Sigma(-)}$	$\dfrac{NO_3}{\Sigma(-)}$	$\dfrac{Cl}{\Sigma(-)}$	$\dfrac{SO_4}{\Sigma(+)}$	$\dfrac{NH_4}{\Sigma(+)}$	$\dfrac{Ca}{\Sigma(+)}$	$\dfrac{Na}{\Sigma(+)}$	$\dfrac{H}{\Sigma(+)}$	$\dfrac{Ca}{NH_4}$
中国北方	6.13	0.68	0.09	0.23	7.93	0.21	0.49	0.10	0.00	2.39
中国南方	4.68	0.70	0.15	0.15	4.58	0.35	0.37	0.09	0.08	1.08
日本	4.69	0.32	0.11	0.57	3.10	0.13	0.16	0.44	0.13	1.24
瑞典南部	4.28	0.59	0.26	0.15	2.26	0.25	0.11	0.12	0.42	0.45
德国东南部	4.42	0.69	0.18	0.14	3.91	0.26	0.29	0.13	0.19	1.12
美国东北部	3.94	0.47	0.43	0.10	1.10	0.13	0.03	0.04	0.69	0.23
美国西部	4.40	0.25	0.39	0.36	0.63	0.23	0.04	0.26	0.42	0.17

第二节　酸雨的形成和来源

酸雨的形成是综合的、复杂的过程。它包括有大气化学过程,大气物理过程和生物过程。它涉及到酸性物质和碱性物质对大气的排放,其中有自然源和人为源;有酸性物质(主要是 SO_2 和 NO_x)和碱性物质(主要是 NH_3 和大气气溶胶)在大气中的化学反应变化过程;有酸性和碱性物质在大气中发生的多种物理过程,主要有物质的扩散、输送、沉降、吸收、凝结、聚并、清除等。有酸性和碱性物质释放和吸收的陆地和海洋的生物过程。由于这些过程都是发生在大气中,因此它们必然受到气象条件的影响,如太阳辐射,大气的温度、湿度、气压和风、云、降水以及闪电等。大气与地球和人类活动有密切关系,因此上述酸雨形成过程必然与地表、土壤、动植物分布、人类活动、社会发展水平等有关。下面分别给以简要的分析和讨论。

一、大气中酸性物质和碱性物质的来源

从前面对酸雨离子组分分析中得到,硫氧化物和氮氧化物及它们的盐类,是形成酸雨的主要酸性物质。

大气中硫氧化物有 2 种来源,即自然发生源与人为发生源,在 20 世纪 70 年代其排放量分别为 1.3×10^8 t 和 1.5×10^8 t,即人为排放量略大于自然源的排放量。

硫氧化物的自然源主要来自火山爆发、土壤、沼泽、岩石及海洋的喷发。火山爆发中有 SO_2 和 H_2S,就全球来说数量有限,但对某些多火山爆发的国家来说其量也不小。如日本,火山喷发的 SO_2 量与日本工业排放的量相当。沼泽、土壤、岩石等的含硫物质,在厌氧细菌的作用下,会以硫化氢(H_2S)的形式释放出来,在大气中还原氧化后,生成二氧化硫(SO_2)。沉积在海洋中的硫和硫化物,随着海水被风吹起,经过化学反应,也可以形成二氧化硫。土壤中的硫酸盐经风吹起,也可成为大气中的硫酸盐的来源。

大气中硫氧化物的人为来源主要是煤炭、石油等矿物燃料的燃烧,以及金属冶炼、化工生产、水泥生产、木材造纸以及其他含硫原料的生产,其中煤炭和石油的燃烧过程排出的二氧化硫数量最大,约占人为排放量的 90%。随着工业发展和人口的增加,矿物燃料总消费量不断

增长,因此全世界人为二氧化硫的排放量仍在增长,据估算,70年代每年二氧化硫的排放量为 1.5×10^8 t,80年代为 2×10^8 t,到90年代末已达到 3.3×10^8 t。

空气中的氮氧化物(NO_x)主要是一氧化氮(NO)和二氧化氮(NO_2),它们有自然源和人为源2种。自然源中主要是由于闪电、火山爆发、土壤和水体中的硝酸盐经微生物的活动所致。据估计,每年自然源的 NO_x 排放量约为 5.86×10^8 t,而人为源只有约 6×10^7 t。自然源比人为源排放氮氧化物量高很多。但自然源排出的氮氧化物是分布在全球空间、地面和水下,不像人为源排出的氮氧化物集中在一些城市和工业、交通密集地区,因此,人为源排出的氮氧化物对酸雨的形成影响较大。

人为源排出的氮氧化物大部分是大气中的氮(N_2)在高温燃烧时产生的,石油和煤炭中的含氮物质在高温燃烧时也会产生氮氧化物。燃烧中产生的 NO_x 的90%(体积)是 NO,只有少量的 NO_2 生成,当 NO 在空气中仃留一段时间后,NO 会逐渐氧化成 NO_2。此外,硝酸、氮肥、硝化有机物、苯胺染料与合成纤维的生产过程中,也会排放出 NO_x。由于各国使用的燃料不同,燃烧设备结构等的不同,不同人为源对氮氧化物排放量的贡献不同。在所有发达国家中,交通车辆在燃烧石油制品时排出 NO_x 占总排放量的比例都较大,美国占51.3%,日本为40%,荷兰占40.6%。另外一种主要的人为源是火力发电厂等的固定源燃料燃烧,英国占81.5%,美国占43.9%,日本约占一半,荷兰占59.4%,我国人为排出的氮氧化物每年在 $4 \times 10^6 \sim 5 \times 10^6$ t,大多来自燃煤的火力发电厂,还有一部分来自金属冶炼、工业锅炉、汽车尾气的排放在大城市中日益占有较大比例。

从全球来看,对流层氮氧化物的主要来源是化石燃料的燃烧(占40%)、生物量的燃烧(占25%)、闪电的固氮作用(占15%)以及土壤中氧化氮的微生物排放(占15%)。而平流层的输入、氨的氧化、海洋生物过程排放的氮氧化物估计少于总量的5%。火山排放不是 NOx 的重要来源。

对酸雨形成有重要影响的大气中碱性物质,主要是氨(NH_3)和大气气溶胶。

大气中氨的主要来源是人和动物的粪便、土壤有机物在细菌的作用下的转化,农田中化学肥料的分解以及工业排放。估计大气 NH_3 的自然源排放上限为(折合成氮)80×10^{12} g/a,全球人为排放的 NH_3(折合成氮)约为 4×10^{12} g/a。1990年欧州国家氨排放总量为 705×10^4 t,其中动物的排放占75.9%,使用氮肥的排放占21.8%。1992年我国氨的排放量为 1150×10^4 t,其中动物的排放占52%,氮肥的使用占33.1%,人的排放占13.2%,工业生产的排放只占1.7%。

大气气溶胶是指大气中含有悬浮的液态和(或)固态粒子的一种分散体系。虽然气溶胶的严格定义是指粒子和气体作为一个体系,但一般应用中单指其中的粒子。大气气溶胶粒子按其几何尺度可分为3种模态:即核粒子($d \leqslant 0.1$ μm),积聚粒子(0.1 μm $< d \leqslant 2$ μm)和粗粒子($d > 2$ μm)。这种划分主要根据它们的形成机制和在大气中所表现出来的不同物理和化学特性。

核态粒子主要是由污染气体经过复杂的单相和多相大气化学反应转化而成的。如各种气体物质之间化学反应可以产生气—粒转化。从气态物质转化为粒子,其中大气中光化学氧化过程和液相氧化过程是气—粒转化的重要过程。通过这些过程可以产生硫酸液滴,硫酸盐、硝酸盐、氯化物盐类和有机物等。核态粒子也可以由高温下以气态排放物经过冷凝而成,以及少量由各种自然源和人为源直接产生。一般在燃烧源附近这种粒子浓度最高,由腐烂树叶堆产生的核也属这类粒子。这类粒子一般有较强的吸湿能力,常常成为大气中的凝结核。因此它们在大气中的寿命很短,一般在 1 d(天)以下。

积聚态粒子主要是由核态粒子经过碰并、凝聚、静电吸附等物理过程长大而成。由于对这种大小的粒子来说,扩散沉积、重力沉降、凝结等大气多种清除过程对它不是很有效,因此这类粒子在大气中寿命最长,一般可达 10 d 左右。

粗粒子的产生主要是由于自然腐蚀和机械破碎过程。在其中主要的一种是风对岩石和土壤的腐蚀和吹风,如尘埃、沙尘等。工业上机械分散的石灰石、金属、金属氧化物和石棉等微粒物也直接进入大气,参与大气中的一些化学反应。这类粒子一般较大,在大气中的寿命不太长,约为几小时到几天。

二、形成酸雨的主要化学过程

前面已经指出,酸雨中的酸主要是硫酸和硝酸。而主要酸性物质是 SO_2 和 NO_x,因此形成酸雨的主要化学过程就是 SO_2 和 NO_x 的氧化过程。SO_2 和 NO_x 的氧化按反应体系,可分为均相氧化和非均相氧化。按反应机理可分为光化学氧化、自由基氧化、催化氧化和强氧化剂氧化。

(一)二氧化硫的均相氧化

1. 直接光化学:SO_2 在大气中吸收紫外光辐射,产生单重态和三重态,直接与 O_2 反应,生成 SO_3 和 O,进而与 H_2O 反应生成 H_2SO_4 液滴。最经常认为的反应为

$$SO_2 + v \longrightarrow SO_2^*$$
$$SO_2^* + O_2 \longrightarrow 2SO_3$$
$$SO_3 + H_2O \longrightarrow H_2SO_4$$

这种 SO_2 转化速率一般在每小时 $0.05\% \sim 0.65\%$,就对流层中的氧化来说,直接氧化机理太慢,不能说明在几小时内观测到的变化。

2. 间接光氧化:大气环境中存在着一定数量的氧化自由基,它们主要来自 NO_x 与碳氧化合物相互作用过程的中间产物,也来自光化学污染产物。SO_2 与氧化性自由基如 OH、CH_3O_2、HO_2 等碰撞而发生氧化。反应过程如下:

$$OH + SO_2 \longrightarrow HSO_3$$
$$HSO_3 + OH \longrightarrow H_2SO_4$$
$$HO_2 + SO_2 \longrightarrow OH + SO_3$$

这些反应速率一般在 $0.4\% \sim 3.0\% h^{-1}$。它明显高于直接光氧化。这种与自由基的氧化被认为是对流层中 SO_2 均相氧化反应的主要机制。

3. SO_2 与臭氧反应:SO_2 在大气中还可与 O_3、NO_x、CO 等发生反应生成 SO_3。如:

$$SO_2 + O_3 \longrightarrow SO_3 + O_2$$

这些反应比起与自由基反应来说,只能处于次要的地位。

SO_2 一旦氧化为 SO_3 后,很容易与水蒸汽反应生成 H_2SO_4。

(二)二氧化硫的液相氧化

当大气中 SO_2 进入水滴(即进入雾、云和雨中),而水滴中又存在着各种氧化性物质(如 O_2、O_3、H_2O_2),以及能促进氧化的催化物质(如 Mn^{2+}、Fe^{3+}、V 等),就会发生 SO_2 的液相氧化过程,SO_2 氧化形成 H_2SO_4 或 SO_4^{2-}。SO_2 的液相氧化主要有四种形式:

1. SO_2 与 O_2 的非催化反应:这种反应过程主要有 SO_2 在水中的溶解、解离,亚硫酸盐或

亚硫酸氢盐的离子氢化。其主要作用机理如下：

SO_2（气体）$+ H_2O$（液体）$\leftrightarrow H_2SO_3$（水溶液）

H_2SO_3（水溶液）$\leftrightarrow HSO_3^-$（水溶液）$+ H^+$（水溶液）

H_2SO_3（水溶液）$+ OH^-$（水溶液）$\leftrightarrow HSO_3^-$（水溶液）$+ H_2O$（液体）

$H_2SO_3^-$（水溶液）$\leftrightarrow SO_3^{2-}$（水溶液）$+ 2H^+$（水溶液）

SO_3^{2-}（水溶液）$+ O_2 \leftrightarrow 2SO_4^{2-}$（水溶液）

2. SO_2 和 O_2 在 Mn^{2+}、Fe^{3+} 等的催化氧化：

当水中含有 Mn^{2+}、Fe^{3+} 等催化剂时。它们可以对 SO_2 的氧化起到催化加速作用。

$$2SO_2 + 2H_2O + O_2 \xrightarrow{\text{催化剂}} 2H_2SO_4$$

3. SO_2 与 O_3 的氧化反应：当在水中有 SO_2、O_3 和空气混合物时，观测到 SO_2 和 O_3 的迅速消失，表明存在以下反应

$$SO_2 + O_3 \xrightarrow{H_2O} SO_3 + O_2$$

4. SO_2 与过氧化氢的氧化反应：实验表明，在液相中 SO_2 很迅速地与 H_2O_2 发生反应。生成 H_2SO_4 或 SO_4^{2-} 或，

$$SO_2 + H_2O_2 \xrightarrow{H_2O} H_2SO_4$$

如果以反应生成的硫酸根速率用 R 来表示，则在实际大气的云、雾和雨中，上述各反应的速率大小有以下关系：

$$R(H_2O_2) \sim 10R(O_3) \sim 100R(\text{催化、}O_2) \sim 1000R(\text{非催化、}O_2)$$

由此可见，在液相氧化中强氧化剂氧化是最重要的，O_2 的反应可以忽略。O_3 与 H_2O_2 相比，当 $pH > 5.7$ 时，O_3 的作用超过 H_2O_2，但在 $pH < 5.7$ 时，H_2O_2 的氧化反应占主导地位，其他氧化反应不重要。SO_2 的液相氧化速率比气相氧化快得多。一般来说，液相氧化速率在 $10\% \sim 18\% h^{-1}$，而气相氧化速率在 $0.4\% \sim 3\% h^{-1}$。因此云和雨滴吸收 SO_2 及随后在液滴内的氧化在形成酸雨中起很重要的作用。

（三）氮氧化物的氧化反应

大气中 NO_x 的主要组成为 NO 和 NO_2。NO_2 在大气中经常发生光解，然后通过光解物在气相中氧化，当不存在其他产物时，原子氧与分子氧反应产生臭氧，臭氧又将 NO 重新氧化产生 NO_2，即：

$$NO_2 + h\nu \longrightarrow NO + O$$

$$O + O_2 + M \longrightarrow O_3 + M$$

$$NO + O_3 \longrightarrow NO_2 + O_2$$

因此通过光化学反应，NO_2 和 NO 相互转化，并趋于平衡。

NO_2 可与 OH 自由基反应转化为硝酸 HNO_3。

$$NO_2 + OH + M \longrightarrow HNO_3 + M$$

此反应主要在白天发生。

NO_x 也可能以二氧化氮或三氧化氮和五氧化二氮发生多相反应而生成硝酸：

$$NO + O_3 \longrightarrow NO_2 + O_2$$

$$NO_2 + O_3 \longrightarrow NO_3 + O_2$$

$$NO_2 + NO_3 + M \longrightarrow N_2O_5 + M$$

$$H_2O + N_2O_5 \longrightarrow 2HNO_3$$

此反应主要在夜间发生。

当大气中温度较高或存在云雾时,NO_2 与水分子结合生成硝酸,当它与 SO_2 同时存在时,还可以促进 SO_2 的氧化转化。

根据 OH 的估计浓度和白天的反应途径,可计算出硝酸的生成速度,夏天约为 $34\%\ h^{-1}$,冬天约为 $18\%\ h^{-1}$。

第三节　酸雨的数值模拟

酸雨的形成是由许多物质参与的多种物理化学过程相互作用的综合结果。用简单的公式和计算无法描写酸雨形成的复杂过程,也不可能得到较为接近实际的定量结果。数值模拟是一种较为先进而定量的工具,它可以通过许多复杂的数学公式来描写各种参与物质的多种物理和化学过程,定量计算不同条件下酸雨的形成和演变。研究哪些物质? 哪些过程在酸雨形成中起主导作用? 并且可以定量地讨论如何控制酸雨的形成。因此从 20 世纪 80 年代以来,国内外迅速发展酸雨的数值模拟,研究酸雨形成的机理,酸雨形成的背景和条件,酸雨形成的主要过程和主要因素,酸雨的控制对策等。

一、对流云中形成酸雨的数值模拟

对流云酸化模式及其计算结果,它是同时考虑了云中物理和化学过程及其变化的数值模式。在云物理方面采用对流云一维半的时变模式。它由一组方程式组成其中包括空气的垂直运动方程、空气连续方程、空气热力学方程、水汽守恒方程、云水守恒方程以及雨水守恒方程。云的微物理过程采用暖云参数化方案,即考虑了水汽的凝结,云滴之间相互碰并形成雨滴,雨滴碰并云滴而长大以及雨滴降落到云外时的蒸发。云中化学过程包括了 12 个液相反应,其中有 CO_2—SO_2—NH_3—HNO_3 的溶解和解离、有 SO_2 与 O_3 和 H_2O_2 的氧化反应。因而求解了 14 个化学组分的化学动力学方程,计算中考虑了亨利常数和扩散系数随温度的变化。综合云中的物理和化学过程,对于云内外液态水中各种(14 种)化学组分的浓度变化有如下类型的方程。

$$\frac{\partial C(I)}{\partial t} = \frac{2a^2}{r}w[C(I) - C(I)_e] + \frac{2}{r}u_a[C(I) - C(I)_e] - (w-u)\frac{\partial C(I)}{\partial z}$$

$$+ \frac{C(I)}{\rho}(w-u)\frac{\partial \rho}{\partial z} + A(\psi) + \frac{\delta C(I)}{\delta t} + \frac{B\delta(I)}{\delta t}, \qquad (5.3.1)$$

方程右边第 1 和 2 项为由于湍流和动力夹卷引起的变化项,第 3 项是垂直输送项,第 4 项是由于水滴在垂直方向的运动引起的空气密度变化项。$A(\psi)$ 为云的微物理过程引起的变化项。$\frac{\delta C(I)}{\delta t}$ 为通过扩散在气体和液滴之间质量交换引起的浓度变化项,$B\frac{\delta(I)}{\delta t}$ 为液滴中的化学反应引起的离子浓度变化项。上式中的 $(w-u)$、ρ、$A(\psi)$ 和 B 决定于云物理方程组。综上所述,这是一组非线性带病态的方程组。采用时间分裂算法在高速计算机上进行数值积分。

利用上述模式的方程组,给出初始时刻地面及空中污染气体(SO_2、CO_2、HNO_3、H_2O_2、O_3、NH_3 等)的浓度,就可以进行计算。

先看云中云水和雨水的酸化过程。图 5.3.1 和图 5.3.2 给出了云中和云下不同高度及不同时间云水和雨水的 pH 值变化。可以看到,随着云的发展,云厚加大,云顶升高,雨水增加并降落到地面,云水和雨水都有一个逐步酸化的过程;开始 10 min 内 pH 值降低较快,以后变化逐渐减慢。对于云水来说,云底 pH 值较低,云顶 pH 值最高,云水酸度自云底到云顶基本上是减弱的,原因是地面 SO₂ 浓度高,空中 SO₂ 浓度低。云下和云中的上升气流把下层的 SO₂ 向上输送,所以,云水所处高度愈低,酸化愈厉害。雨水 pH 值随高度变化有所不同,因为雨滴有较大降落速度,下部的雨滴实际上是前一时刻上部雨滴降落的结果,而前一时刻的 pH 值比目前大。所以,对于同一时刻而言,云上部的雨水 pH 值比云下部和云下雨水的 pH 值为低。但地面雨水 pH 值随时间也逐渐下降,即雨水随时间变得更酸。另外,从图上可以看到,在同一高度上云水的 pH 值一般都小于雨水的 pH 值,即云水更易酸化。

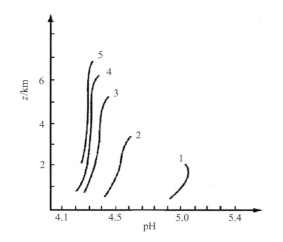

图 5.3.1　不同时间云水 pH 值随高度的分布(黄美元等,1990)[①](1—1 分钟,2—10 分钟,3—20 分钟,4—26 分钟,5—30 分钟。)

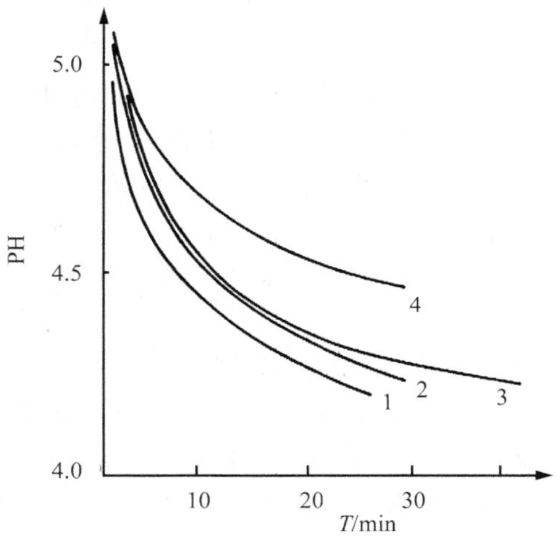

图 5.3.2　不同高度上云水和雨水 pH 值随时间的变化(1—云底(800 m)云水,2—2 km 云水 3—2 km 雨水,4—2 km 云水,湍流加强。)(黄美元等,1990)

现在分析不同污染气体浓度对云内酸化的影响:计算了两种不同 SO₂ 和 NH₃ 浓度情况下云内云水 pH 值的时空分布。情况 a(见图 5.3.3)是地面 SO₂ 浓度为 40×10^{-9},800 m 以上为 5×10^{-9},地面与 800 m 之间呈指数递减分布,其余各种气体都取上下均匀分布,NH₃ 浓度为 2×10^{-9}。情况 b(见图 5.3.4)则为,地面 SO₂ 浓度为 5×10^{-9},800 m 以上为 0.01×10^{-9},地面与 800 m 之间也呈指数递减,NH₃ 浓度为 4×10^{-9},其他气体浓度同情况 a。

由比较上述二图可以看到,在 a 情况下,地面和空中 SO₂ 浓度都较大,所以,云水很快酸化,且 pH 值随时间一直下降,到云发展 30 min 以后,云水 pH 值已下降到 4.25 以下。b 情况下,地面和空中 SO₂ 浓度都较小,且 NH₃ 浓度较大,所以云中云水的 pH 值分布与情况 a 很不同。在云初生的几分钟内,由于上升气流还没有将底层的浓度较大的 SO₂ 输送上去,云内上层的 SO₂ 浓度很小,而 NH₃ 浓度又较大,故云中 pH 值出现了一个极大值区,高达5.9,云水呈

① 黄美元、沈志来、雷恒池等,西南酸雨形成的大气物理过程,"七五"国家科技攻关项目研究报告,1990

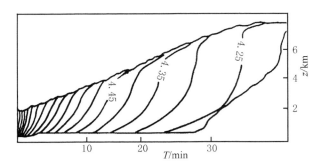

图 5.3.3　云水 pH 值时空分布其中 $pH(SO_2)=40\times10^{-9}\sim$
5×10^{-9}，$pH(NH_3)=2\times10^{-9}$（黄美元等，1990）．

碱性。后因 SO_2 向上的输送，使得云的中上层逐渐酸化。当云发展到 10 min 左右，云内酸化已达中层，在云继续发展过程中，因下层向上输送的 SO_2 量有限，凝结出的云水量增多，加上 NH_3 的碱化作用，使得云水的酸化减弱及仃止，pH 值反而增加。28 min 以后，整个云内云水都呈碱性，最后云水 pH 值大于 6.0。可见，地面和空中的 SO_2 浓度对云内酸化过程影响很大，在对流云情况下，近地面层的 SO_2 浓度影响更大。而大气中的 NH_3 浓度对云水有强烈的碱化作用。

　　大气层结和湍流强度等气象条件对云的发展和降水的形成影响很大，因此也对云内的化学过程产生明显的影响。图 5.3.3 是一块较强的对流云中云水 pH 值的时空分布图，云中最大上升速度为 10 m/s，总降雨量为 16.2 mm，最大降雨强度为 29 mm/h。还计算了一块弱对流云中云水 pH 值的时空分布（图 5.3.4）。该云中最大上升气流速度为 8 m/s，总降雨量为 8.9 mm，最大雨强为 20 mm/h，该弱云形成的温度层结条件和初始污染气体浓度都与强云相同，只是在底层的相对湿度从 95% 降至 85%。比较强云和弱云中云水 pH 值时空分布发现，云水酸化发展趋势大体相似，即云中 pH 值随时间逐渐下降，云底云水 pH 值低于云顶云水的 pH 值等。但整个云的酸化程度，云中达到的最小 pH 值有所不同，即弱云的酸化程度较弱。这是由于弱云中垂直气流较弱，向上输送的 SO_2 量较小，且弱云的生命时间也短。对不同湍流强度的影响也进行了比较，计算了湍流交换系数增强的情况。可以看到湍流增强后，同高度上云

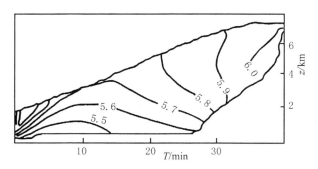

图 5.3.4　云水 pH 值时空分布其中 $pH(SO_2)=5\times10^{-9}\sim0.01\times10^{-9}$，$pH(NH_3)=4\times10^{-9}$（黄美元等，1990）．

中 pH 值升高,且随着时间增加,二者差别愈来愈大,到 29 min 时,云水 pH 值相差达 0.3。这是由于湍流加强,云内外的变换加强,导致云内 SO_2 和 H^+ 的损失增加,从而使云内酸化减弱。

二、云下雨水酸化过程的数值模拟

这里介绍一个我国发展的云下雨水酸化模式。该模式把大气分为上、下二部分,上部在云区,雨滴已经形成,并且雨水具有一定的化学组分。下部区域是云底以下到地面的空气污染区,污染区中有污染气体(SO_2、NH_3、HNO_3 和 CO_2 等)、氧化剂(H_2O_2、O_3)和气溶胶。雨滴降落通过污染区时吸收气体、碰并气溶胶,并在雨滴内进行化学反应。化学反应方程共 13 个,其中包括 CO_2—SO_2—NH_3—HNO_3—H_2O 系统的溶解和解离的可逆反应,和 O_3 氧化产生 H^+ 和 SO_4^{2-} 离子的方程,还有 H_2O_2 和 Mn^{++} 氧化和催化氧化的不可逆反应方程。对气溶胶考虑了其谱分布,它的浓度随高度而变化。不同大小雨滴和气溶胶粒子之间的碰并系数根据实验数据确定。经过碰并,气溶胶粒子进入雨滴,给雨滴带来五种离子成分,即 H^+、OH^-、SO_4^{2-}、NO_3^- 和 NH_4^+。它们参与雨滴中的化学反应。根据雨滴吸收气体、碰并气溶胶粒子和化学反应 3 种过程,对雨滴中各种离子浓度变化给出一组非线性方程,共 14 个方程。给出一定的初始条件和边界条件,就可以进行数值计算。下面介绍一些模拟计算的结果。

(一)雨滴酸化的降落距离

一般来说,雨滴从云底降落到地面的时间为几分钟到十几分钟,降落距离为几百米到 2 公里。在这样的时间(距离)内,雨滴能否从原来不酸的状态变酸?需要什么条件?计算了在 SO_2 为 10×10^{-9},H_2O_2 为 3×10^{-9},O_3 为 50×10^{-9} 时,初始 pH=5.6 的雨滴降落距离对雨自身酸化和 SO_4^{2-} 增加的影响。结果表明,只要有一定量的氧化剂,雨滴降落很短的距离就可使雨水酸化。降落距离为 500 m 时,当雨强分别为 1 mm/h 和 5 mm/h 时,雨水的 pH 值分别为 4.18 和 4.38。随距离的增大,pH 值继续下降,距离为 2km 时,pH 值已下降到 4.0 以下。若地面雨水 pH 值为 4.6,则雨水只需降落 230 m(在雨强 1 mm/h 时)就可达到。雨水中的 SO_4^{2-} 也随降落距离的增加而增大。雨水降落时,开始一段时间酸化速度很快,随后逐渐变慢,500 m 以后酸化速率变化很小 。而且雨强愈小、酸化愈快。

(二)氧化剂的作用

计算表明,H_2O_2 和 O_3 是使雨水酸化非常有效的氧化剂。当 SO_2 浓度较高时,只需存在 $1\times10^{-9}\sim2\times10^{-9}$ 的 H_2O_2,就可以使雨水 pH 值下降到 4.0 以下。没有氧化剂和催化剂时,只靠 SO_2 的溶解过程,不能引起雨水严重酸化。H_2O_2 和 O_3 相比,一般情况下 H_2O_2 的氧化性能高于 O_3。其相对效率比与雨水的 pH 值有关,在没有 NH_3 时,其效率比平均为 12,当有 NH_3 浓度为 5×10^{-9} 时,其效率比降至 8.5,当氧化剂浓度变小,pH 值增大时,效率比还要减小。总之,雨水的 pH 值受 SO_2、H_2O_2 和 O_3 的增加而降低,而雨水中的 SO_4^{2-} 则增加。但是雨水 pH 值(或其中的 SO_4^{2-})的变化与 SO_2、H_2O_2 和 O_3 的浓度变化并不存在着线性关系。应用时,应进行具体的计算。对重庆 1985 年 9 月 19 日出现的酸雨进行了数值模拟。那天测到的空中云水 pH 值为 5.93,而地面测到的雨水 pH 值为 4.27。表明雨水的酸化是在雨滴从云下降落到地面的云下 过程中发生的。数值模拟计算表明,在没有氧化剂条件下,只靠 SO_2 的溶解——解离和气溶胶的作用,雨水 pH 值下降不多(这时雨水 pH=5.46),不能使雨水严重酸化。考虑 Mn^{++} 的催化氧化作用后,雨水 pH=4.83,也达不到实际雨水的酸度。再加上考虑 O3 的氧化也不够,只有当存在 H_2O_2 和 O_3 时,雨水 pH 值可达到 4.26 与实测值一致。

可见,在重庆酸雨形成中,首先是氧化剂 H_2O_2,其次是 O_3 起了很重要的作用。

(三)雨水酸化中的 SO_2 饱和问题

在氧化剂浓度确定的条件下,雨水酸化程度与 SO_2 浓度成正相关。但是如前所述,雨水 pH 值与 SO_2、H_2O_2 和 O_3 等存在着非线性关系。当 SO_2 浓度较小时,随着 SO_2 浓度的增大,pH 值下降很快。但当 SO_2 浓度 $>20\times10^{-9}$ 以后,随 SO_2 浓度的增大,pH 值下降很慢,雨水中的 $SO_4^=$ 也增加很慢。说明了在一定的氧化剂浓度下,SO_2 浓度存在着一个饱和的阈值。当 SO_2 浓度超过这阈值时,雨水酸化进入很慢变化的区域。在这个区域里增加和减少 SO_2 浓度,对雨水 pH 值影响不大。这个特性在削减 SO_2 排放,制定防治对策上是非常值得重视的。对于我国重庆和贵阳,那里雨水 pH 值分别为 4.21 和 4.13,地面 SO_2 浓度已达 150×10^{-9} 左右,即 SO_2 浓度已高达饱和范围,其浓度增大或减小 50%,对雨水 pH 值没有显著的影响(pH 值的变化小于 0.1),如果以 pH=5.0 作为对生态环境影响较小的标准,则这两个城市的 SO_2 浓度需要削减 95%,才能使雨水 pH 值达到 5.0。对于成都来说,其地面 SO_2 浓度约为 32×10^{-9}。雨水 pH 值在 4.8 左右。如果成都 SO_2 浓度增大 50%,对雨水 pH 值影响不大。但是如果减小 50%,pH 值就可接近 5.0,看来成都 SO_2 浓度刚进入饱和范围。

(四)气溶胶粒子的作用

气溶胶粒子浓度在西欧一般为 $0.01\sim0.16$ mg/m³,在北美为 $0.06\sim0.12$ mg/m³,而在中国南方为 $0.22\sim0.97$ mg/m³,在中国北方则为 $0.35\sim1.9$ mg/m³。可见,在中国气溶胶粒子浓度比西欧和北美约高 1 个量级,所以在中国,气溶胶粒子对雨水酸化的影响是不可忽视的。气溶胶粒子通过被雨滴碰并而进入雨滴,其可溶性成分参与雨滴中的化学反应,其中重要的离子组分有 H^+、OH^-、Ca^{++}、$SO_4^=$、Mn^{++} 和 Fe^{+++} 等。因此气溶胶粒子进入雨滴可以影响雨水酸度和水中多种离子组分的浓度。气溶胶在云下酸化过程中的作用大小,既依赖于气溶胶粒子本身的物理—化学特性,也依赖于初始雨滴的物理—化学特性和云下污染区污染气体的组成和浓度。因此是一个很复杂的问题。根据北京和重庆的实际情况进行了计算,结果表明:北京和重庆两地的气溶胶粒子进入雨滴后,起碱化作用,即消耗雨水中的 H^+。对 $SO_4^=$ 是增加的,但增加量不多,都只占总量的 10% 以内。气溶胶对雨水中的 NH_4^+ 贡献较大,可达 28%~55%。对 NO_3^- 的贡献也不小,一般约为 30%。通过气溶胶粒子进入雨水的 Mn^{++} 起酸化作用,可以减少气溶胶的碱化影响。Mn^{++} 的催化氧化作用对雨水中 $SO_4^=$ 和 NH_4^+ 的浓度影响很小。

(五)云内和云下酸化过程的相对重要性

酸雨的形成可分为云内过程和云下过程。究竟哪一过程更为重要?由于各地大气污染情况、气象条件以及地形等的不同,情况较为复杂。在西欧和北美的酸雨地区,那里的云水已经酸化,而近地面的大气污染并不很严重,二氧化硫和气溶胶粒子的浓度并不很高。所以一般认为,在那里酸雨主要是在云内形成的,云下过程不重要。但在中国有不同的情况,中国的许多城市的近地面层大气中 SO_2 浓度和气溶胶粒子浓度很高,详见表 5.3.1。由表可见,中国城市 SO_2 浓度比北美和欧洲高 2~3 倍,而气溶胶粒子浓度则高 1 个量级,特别是在中国西南部的贵阳和重庆等城市,地面 SO_2 浓度高达 $400\sim500$ μg/m³,雨滴从云底落到地面,通过一层含高浓度的 SO_2 和气溶胶粒子的大气,不可能不受影响。

表 5.3.1 中国城市和欧洲、北美城市地面 SO₂ 和气溶胶浓度比较（黄美元，1995）

地区	测站数	SO₂ 浓度（µg/m³）		气溶胶浓度（µg/m³）	
		平均值	变动范围	平均值	变动范围
北美	10	34	9～59	90	65～114
欧洲	19	69	11～207	49	13～160
中国	36	100	20～520	400	220～1910
中国北方	17	90	4～310	500	380～1910
中国南方	19	120	20～520	300	220～970
亚洲（除中国外）	10	46	18～75	210	61～411

　　1985 年中国科学院大气物理研究所在重庆地区进行了空中和地面酸雨的综合观测,取到了一批相同时段内空中云水和地面雨水的 pH 值及化学组分的资料。1989 年又扩大了观测范围,先后在成都、重庆和贵阳地区以及四川和贵州的中小城市和乡村地区进行了类似的观测,取到了更丰富的云水和雨水化学资料。表 5.3.2 给出了 1989 年 9～10 月在中国西南若干大城市、中小城市和乡村地区,观测到的空中云水和地面雨水在相同时段范围内的平均 pH 值。可以看到,在贵阳、重庆等大城市地区,雨水酸度比云水酸度严重得多,雨水在云下过程增加的氢离子浓度占地面雨水中氢离子浓度的 70%。因此在这些污染特别严重的大城市,严重酸雨的形成主要发生在云下过程。这与北美和西欧地区很不相同。但是在一些中小城市及乡村地区,情况有所不同,那里空中云水 pH 值和地面雨水 pH 值相差不大,特别在比较清洁的旅游地区如四面山,3 km 高度上云水 pH 值与地面雨水 pH 值相同,说明在那里酸雨是在云中形成的,比较清洁的近地面层大气对雨水酸化没有什么影响。

表 5.3.2 1989 年 9～10 月中国西南几个地方云水和雨水 pH 值的观测比较（黄美元，1995）

地 区	空中云水 pH 值	地面雨水 pH 值
贵阳	4.62	3.99
重庆	4.56	4.03
成都	4.58	4.44
合川	4.36	4.28
夹江	6.53	5.64
四面山	4.47	4.47

　　根据实际观测资料,用云下雨水酸化模式,对中国几个大城市的雨水酸化过程进行了模拟计算,分析讨论了不同地区云内过程和云下过程的相对重要性。表 5.3.3 是模拟计算结果。

　　从上表可以看到,云内过程和云下过程对雨水酸度的影响各地有所不同。成都以云内过程为主,在贵阳、上海、吉林、北京、长沙和重庆则以云下过程为主。桂林、南昌和广州地区则云内和云下过程的作用相当。在云下过程中,SO₂ 的氧化作用是使雨水酸化的主要因素。但 SO₂ 浓度变化对雨水 pH 值的影响是非线性的。各地很不同,在吉林、北京和上海,SO₂ 浓度的变化对雨水 pH 值是敏感的。如果这些地方污染加重则将出现酸雨或雨水 pH 值进一步下降,在重庆、贵阳、南昌和桂林等地 SO₂ 浓度的变化,对雨水 pH 值不敏感,雨水酸度不会有显著变化。成都、长沙和广州则介于前二类之间,随着 SO₂ 浓度的增加,雨水 pH 值会有一定下降。从表中还可以看到,在中国许多大城市地区,云下气溶胶粒子均起到碱化的作用。南方地区气溶胶消耗雨水中 H⁺ 的 15%～25%,桂林稍少为 11%,而北方地区则达 60%～70%。

表 5.3.3　中国几个大城市地区云内和云下过程对雨水中 H$^+$ 的贡献(模拟计算结果)(秦国英、黄美元,1996)

城市	云内过程(%)	云下气体的作用(%)	云下气溶胶的作用(%)	云内过程/云下过程
北京	29	130	−59	0.41
吉林	15	152	−67	0.18
成都	73	40	−13	2.7
重庆	32	86	−18	0.47
贵阳	14	103	−18	0.16
广州	42	73	−16	0.74
桂林	39	72	−11	0.64
上海	14	104	−18	0.16
长沙	23	102	−25	0.30
南昌	57	64	−21	1.33

三、酸性物质的长距离输送

酸雨问题很早就和长距离输送连系起来。1866 年挪威剧作家易卜生 在其作品中写道,"英国令人毛骨悚然的煤烟云飘然而至,黑沉沉地降落在这个国家里,沾污了鲜嫩的绿色,所有美丽的嫩枝纷纷凋零。灰色之雨倾盆而降"。1881 年挪威科学家从科学上印证了这种来源于英国飘向挪威的酸性物质的长距离输送。1972 年瑞典政府向联合国人类环境会议提出了名为"跨越国界大气污染、大气和降水中硫对环境的影响"的报告,20 世纪 70 年代,欧洲开展了酸性物质的长距离输送的研究,以后北美国家也开始重视。结果表明,大多数欧洲国家在其国土上沉降的硫有相当一部分来自外国,有 13 个国家的国外输入量超过了自身国家的贡献量。在北美洲东部,如加拿大境内的硫沉降总量中,有一半来自美国,而加拿大对美国的硫沉降量的贡献则不到 5%。因此美国和加拿大之间多次发生酸雨跨国界影响的纠纷。80 年代来,东亚的国家也提出了中国排放的酸性物质的跨国界输送问题。一般来说,SO$_2$ 在大气中的停留时间(平均寿命)为 1～3d。SO$_4$$^{2-}$ 为 3～7d。因此,SO$_2$ 可以输送达 200～700 km,而 SO$_4$$^{2-}$ 可以输送到 700～2500 km 的地区。

怎样计算酸性物质的长距离输送? 我国和东亚地区酸性物质的分布和输送情况怎样?

酸性物质的长距离输送要通过数学模式来计算。比较科学的是采用三维欧拉酸性物质长距离输送模式,其基本的方程为:

$$\frac{\partial c_i}{\partial t} + u\frac{\partial c_i}{\partial x} + v\frac{\partial c_i}{\partial y} + w\frac{\partial c_i}{\partial z}$$

$$= \frac{\partial}{\partial x}\left[K_x \frac{\partial c_i}{\partial x}\right] + \frac{\partial}{\partial y}\left[K_y \frac{\partial c_i}{\partial y}\right] + \frac{\partial}{\partial z}\left[K_z \frac{\partial c_i}{\partial z}\right] + S + P - R_d - W_e. \quad (5.3.2)$$

该方程可以研究多种污染物的输送,其中 c_i 是表示第 i 种污染物浓度,等号左边第 1 项是污染物浓度随时间的变化,第 2 项和第 3 项是污染物在水平方向的输送,第 4 项是污染物在垂直方向的输送。等号右边前 3 项分别是在 x、y 和 z 方向上污染物的湍流扩散;S 代表单位时间单位体积内污染物的排放源强,P 代表污染物的化学转化过程;R_d 代表污染物的干沉降;W_e 代表由于降雨等污染物的湿清除过程。这些复杂的化学和物理过程都是由许多实验观测和理论计算来确定的。利用这种模式就可以计算不同气象条件下酸性污染物的时空分布,各地区酸性物质的沉降量,不同地区和国家之间酸性污染物的相互输送量等。以下介绍通过计算得到的有关我国和东亚地区酸性物质(硫化物)的分布和输送状况。

（一）我国和东亚硫化物的空间分布规律及季节变化

图 5.3.5 是我国和东亚地区近地面层（70 m）和空中（4 km）年平均 SO_2 浓度的水平分布。

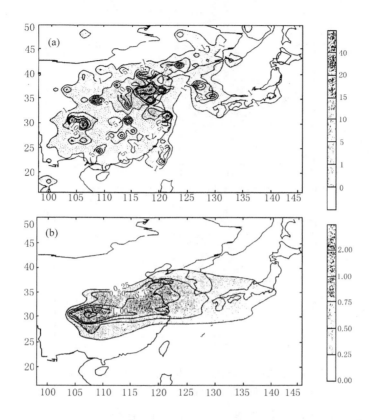

图 5.3.5　我国和东亚年平均在 70 m(a) 和 4 km(b) 高度上 SO_2 浓度的

分布（单位：$\mu g/m^3$）（黄美元、王自发等 .1995）[1]

近地层 SO_2 浓度分布与 SO_2 的源分布类似，即 SO_2 排放源强大的地方，SO_2 浓度也大，反之亦然。SO_2 的高值区主要有山东半岛及华北地区，该地区范围大，浓度大；以重庆、成都为中心的四川盆地、上海、台南、汉城、东京等地有小范围的高值区。随高度的增高，分布越平滑。在 1 km 上空两个浓度大的区域（山东半岛和四川盆地）已连成为一个狭长的从西南到东北走向的高值区，并且在西安上空附近形成一个较强的高值中心。到 4 km 上空 SO_2 高压区已南移，变为从西到东走向，呈现在西南地区，长江以北到黄河以南的广泛地区，并向东延伸到朝鲜半岛及日本南半部。四川盆地 SO_2 浓度普遍高于山东半岛。

近地面层（70 m）和空中（4 km）我国和东亚地区年平均 SO_4^{2-} 浓度的分布如图 5.3.6 所示。在近地面层 SO_4^{2-} 浓度高值区主要有两个，一个是从河北经山东、江苏到浙江的东部沿海地区。另一个是以四川盆地为中心向东向南扩展到湖北、湖南和贵州。另外在汉城、东京和台湾有一些小的高浓度中心。福建、江西和浙江南部 SO_4^{2-} 浓度较小。到 4 km 上空，SO_4^{2-} 浓度较高地区主要分布在从四川开始向东的 $25\sim40°N$ 地区，山东半岛和四川盆地两个高值区

① 黄美元、王自发、徐华英等，我国和东亚地区酸性物质的输送研究，"八五"国家科技攻关项目研究报告，1995

连成一片,最高浓度区在四川盆地到长江中下游,2 μg/m³ 浓度的等值线已向东延伸到日本南半部。

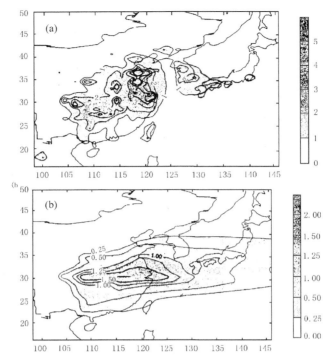

图 5.3.6　我国和东亚地区(70 m)(a)和空中 4 km(b)高度上年平均 SO₄²⁻ 浓度的分布(黄美元、王自发等,1995)

SO_2 浓度的分布有季节变化,冬季浓度高于夏季,且高值中心连成片,夏季浓度高值中心小且孤立。冬季高空 SO_2 主要分布在四川盆地、江淮流域上空。夏季有所不同,SO_2 分布在从四川盆地经山西、山东、渤海到朝鲜半岛和日本中部,低层 SO_4^{2-} 浓度分布的强度冬季最弱,春、秋次之,夏季最强。冬季只有 2 个高值中心:重庆及山东半岛。夏季高值中心很多,以山东半岛为中心的范围最大,强度也最大。在西安、郑州附近也有一些高值中心,并向北延伸到东北全境。春、秋的情况介于冬、夏之间。4 km 高度上 SO_4^{2-} 浓度的季节变化很明显。冬季 SO_4^{2-} 仅存在于从四川往东的江淮流域和日本南部,明显呈现出西风带的输送。春季浓度增大,3 μg/m³ 等值线范围已向东北延伸到黄海、朝鲜半岛南部及日本的西南部,四川盆地高值区浓度超过 5 μg/m³。秋季浓度更大,范围更广。夏季 SO_4^{2-} 浓度分布为西南—东北走向,5 μg/m³ 等值线从四川盆地经陕西、山西、山东、渤海到朝鲜半岛。1 μg/m³ 等值线向东北延伸到了我国东北、日本海、日本北部地区。在 7 km 高度上 SO_4^{2-} 浓度已经很小了,但它并不比 SO_2 浓度小。冬季 SO_4^{2-} 浓度最小,0.5 μg/m³ 等值线局限在长江两岸的狭窄区域内,高值中心已移到东海上。春、秋季很相似,浓度大于冬季,0.5 μg/m³ 等值线范围变大,包括了日本的南部,高值中心在长江下游。夏季的分布有较大变化,0.5 μg/m³ 等值线移到四川盆地、长江以北,黄河以南,向东延伸到黄海、朝鲜半岛和日本北部地区,有 3 个高浓度中心:重庆、西安和

①黄美元、王自发、徐华英等,我国和东亚地区酸性物质的输送研究,"八五"国家科技攻关项目研究报告,1995

汉城。总的形势表现为往东北方向的输送很多，另外还有一个伸向台北的高浓度舌。

（二）典型地区硫化物浓度的垂直分布

某个地区污染物浓度随高度的分布，取决于当地源和外来输送情况，当然更受气象、地形条件影响，不同地区、不同气象背景下是不一样的。图 5.3.7 给出了城市地区、山区、海洋地区典型的硫化物垂直分布（年平均值），在北京由于城市地区污染物排放量大，所以在近地面层 SO_2 浓度很大。但随高度递减很快，2 km 以下尤其明显，到 2.5 km 北京上空 SO_2 浓度已小到接近零。SO_4^{2-} 浓度在低层随高度衰减很大，但在高层衰减较慢，到 8 km 上空仍有 SO_4^{2-}，比 SO_2 延伸得更高。大别山地处于长江中游，华中和华东交界处，在山区人为 SO_2 排放量很小，该地区污染物浓度的大小主要取决于周围地区的输送。SO_2 人为源很小，所以地面 SO_2 和 SO_4^{2-} 浓度都不高，它们随高度的分布都为中间高，上下低，清楚地表明了外来源输送的影响。SO_2 浓度从地面随高度一直增加到 3 km，在 3～5 km 一直维持一个高浓度值，5 km 以上浓度迅速减小。在渤海地处海洋地区，基本上没有人为源，所以近地面层硫化物浓度很低，从海面到 1 km 处 SO_2 和 SO_4^{2-} 浓度迅速上升，在 1～6 km，SO_2 浓度

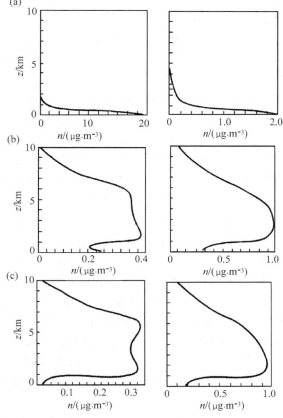

图 5.3.7 不同典型地区硫化物年平均浓度的垂直分布；左列为 SO_2；右列为 SO_4^{2-}；（a）北京；（b）大别山；（c）渤海（黄美元、王自发等，1995）。

一直维持较高值，反映了从大陆来的输送影响。6 km 以上则随高度很快下降。远洋地区也有类似状况，只是没有在渤海上空那样深厚的 SO_2 高值层，反映了输送影响主要在中层（4～6 km），低层的输送较小。

（三）我国和东亚硫化物沉降量分布特点

图 5.3.8 给出了我国和东亚总硫沉降量（a），SO_2 沉降量（b），SO_4^{2-} 沉降量（c）的分布，从总硫（SO_2＋SO_4^{2-}）沉降量的分布看，大于 4 g/(m^2·a) 高值中心有 3 个；以重庆为中心的西南地区、山东半岛和上海。年沉降量超过 2 g/(m^2·a) 的地区范围很广，包括四川盆地、贵州、华中、华北、山东；江苏、上海、辽宁、朝鲜半岛。东京和台湾也是局部高值区。而其他强度较小的高值区还有很多。总之，在工业发达地区，人口稠密地区，硫沉降量都比较大，SO_2 沉降量分布类似于总硫沉降量的分布，只是在数量和范围上小一些，SO_4^{2-} 沉降量的分布则有所不同，主要表现在分布光滑，高值中心数量少，但范围大，明显呈现出西南—东北走向。0.1 g/(m^2·a) 等值

---

①黄美元、王自发、徐华英等，我国和东亚地区酸性物质的输送研究，"八五"国家科技攻关项目研究报告，1995

线包括了除西北地区以外的大部分地区。华南 SO_2 年沉降量较小,它低于 $0.2\ g/(m^2 \cdot a)$。$0.6\ g/(m^2 \cdot a)$ 的高值区有 2 个;即以重庆为中心的四川盆地和山东半岛。第二较大的高值区在上海、江苏、山西、辽宁、汉城等。

SO_4^{2-} 沉降量的季节变化很明显。冬季沉降量的范围和数量都较小,高值中心只在重庆和山东半岛,大于 $40\ g/(m^2 \cdot a)$ 的区域很小,只包括四川盆地、湖北、山东、江苏和上海。最大值为 $41.8\ g/(m^2 \cdot a)$。冬、春、秋季分布形势都为西南—东北走向,可以看出自西向东输送情况,夏季则不同,等值线不向日本方向延伸,而是向东北、蒙古方向扩展,表明自南向北的输送加大。大于 $20\ g/(m^2 \cdot a)$ 的地区已遍及西南、华中、华东、华北和东北地区,大于 $40\ g/(m^2 \cdot a)$ 的范围也较大,最大值达 $1178\ g/(m^2 \cdot a)$。春、秋季的高值中心较多,范围大于冬季,尤以秋季为较大。总硫沉降量分布也是夏季最大,冬季最小。SO_2 沉降量的分布也大体类似,但沉降量以春、冬季为大,夏季最小。

(四)我国各省之间硫化物的相互输送量

在制订我国酸雨控制方案时,需要知道各省硫沉降量的来源,本省占多少?其他省的输入量多少?表 5.3.4 给出了我国各省市硫沉降量的来源比例。总的来说,各省市的硫沉降量中本地源所占的比例较大,在 $56.5\%\sim97.0\%$ 之间。根据本地源所占总硫沉降量的

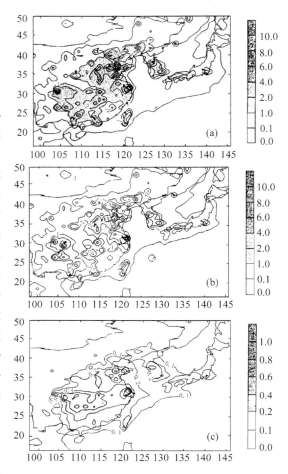

图 5.3.8 我国和东亚全年总硫沉降量(a);SO_2(b)和 SO_4^{2-}(c)沉降量分布图($g/(m^2 \cdot a)$)(黄美元、王自发等,1995)。

比例,可以把全国各省市分成 3 类:一是本地源占很大比例(大于 85%)的省市,有黑龙江、辽宁、北京、山西、宁夏、甘肃、青海、山东、上海、广西、云南和四川,其中以青海、四川、上海、北京、山西、云南为最大,本地源所占比例超过 90%。这与地理位置和高值排放源有关。另一类本地源所占比例较大(占 $70\%\sim85\%$)的省市,有内蒙古、河北、陕西、江苏、河南、广东、广西、贵州、湖南、福建和海南。第 3 类是外来源作用显著(外来源占 30% 以上)的省市,有吉林、天津、安徽、湖北、浙江和江西。其中以江西省的外来源影响最大(外来源占 43.5%),其次是安徽(占 39.4%)。这两省主要是由于本地源排放量不大,而上游(盛行风来向)省份(如湖南、湖北、四川、河南、江苏等省)的排放量又较大,从而造成外来源影响较大。

表 5.3.4 我国各省硫沉降量来源比例（黄美元、王自发，1995）

省份	本省	主要的国内外来源
1 黑龙江	89.6	吉林 5.4、辽宁、内蒙古
2 吉林	62.6	辽宁 29.2、内蒙古 4.0、黑龙江、河北
3 辽宁	87.0	河北 6.2、内蒙古 3.7、北京、天津、山东
4 内蒙古	84.5	黑龙江 3.5、辽宁 2.6、宁夏 2.6、河北 2.2、吉林、北京、山西、甘肃、陕西
5 河北	79.9	内蒙古 5.9、北京 4.6、山西 4.8、天津 3.2、山东
6 北京	92.4	河北 4.0、内蒙古 3.0、陕西、山西
7 天津	68.9	北京 23.6、河北 5.5、内蒙古、山西
8 山西	91.5	内蒙古 3.8、陕西 2.0
9 陕西	83.3	甘肃 6.3、宁夏 2.1、山西
10 宁夏	87.5	甘肃 10.8、内蒙古、青海
11 甘肃	92.7	陕西 3.3、宁夏、四川
12 山东	85.3	河北 6.2、山西 4.1、江苏、北京、内蒙古
13 河南	79.3	山西 7.3、陕西 6.9、甘肃、湖北、四川、山东、河北
14 江苏	81.5	山东 6.0、上海 2.5、安徽 2.3、浙江、山西、河北、河南
15 安徽	60.6	河南 7.3、江苏 6.9、湖北 4.3、四川 4.0、山东 3.1、山西 2.6、江西、浙江、湖南、陕西、河北、贵州、上海、甘肃、广西、广东
16 湖北	63.6	四川 13.9、湖南 5.7、河南 5.5、陕西 2.8、贵州 2.6、江西、广西广西
17 上海	94.6	江苏、浙江、山东
18 浙江	65.9	上海 11.0、江苏 6.5、四川 2.9、贵州 2.0、安徽、山东、江西、湖南、福建
19 江西	56.5	湖南 14.9、湖北 6.8、广东 3.5、广西 3.6、贵州 3.5、四川 2.4、安徽、云南
20 湖南	71.4	广西 9.9、贵州 7.1、四川 2.9、湖北 2.7、江西、广东、云南
21 福建	71.8	江西 7.3、广东 4.3、广西 4.0、上海 2.4、江西 2.2、湖南
22 广东	83.6	广西 4.3、福建 2.0、江西、湖南、浙江、海南
23 广西	89.2	广东 5.1、云南 2.5、湖南
24 海南	73.0	广东 7.2、福建、浙江
25 云南	91.3	四川 4.5、贵州 2.5、广西、广东
26 贵州	83.8	广西 6.3、云南 5.7、四川 2.6、湖南
27 四川	94.5	贵州 3.2、云南、湖南、湖北
28 青海	97.0	甘肃 2.9

对于 SO_2 沉降量的来源，各省（市、自治区）的本地源贡献普遍增大，均大于总硫沉降量的来源比例。除吉林、河北、天津、湖北、浙江、安徽、河南、江西外，各省（市、自治区）的自身源的贡献都大于 85%，四川、云南、青海、北京、上海、山西、甘肃、广西和黑龙江等都大于 90%。

对 SO_4^{2-} 沉降量的来源分析发现，各省（市、自治区）的外来源影响普遍较 SO_2 大，表明 SO_4^{2-} 的远距离输送作用比 SO_2 明显得多。本省源占总 SO_4^{2-} 沉降量的比例超过 80% 的只有 4 省，即青海、四川、云南和甘肃。以本地源为主（占 60%～80%）的省市，有黑龙江、辽宁、内蒙古、北京、山西、宁夏、山东、上海和广西。外来源和本地源影响相当的（本地占 40%～60%）的省市，有河北、天津、陕西、河南、江苏、湖南、广东和贵州。外来源影响为主（外来源占 60%）的省，有吉林、安徽、湖北、浙江、福建和海南。其中以海南、江西、安徽和福建的外来源影响最大。其比例为 75% 以上。

（五）我国与邻国之间、大陆与台、港之间的相互输送量

表 5.3.5 给出了东亚各国和地区硫的总沉降量及其来源比例。从表中可以看出，各国和各地区硫的沉降量大部分都来自于本国（地区）源。除朝鲜本国源仅占 55% 外，其余各国和地区本地源均大于 90%。中国、蒙古均大于 99%，台湾为 96.6%，日本为 92.7%，韩国为

90.89%,中国大陆由于排放量大,又地处在西风带上游,为各地区外来硫的主要来源地。从中国大陆输送到朝鲜的硫占其38%,占韩国的7.9%,日本的4.8%。与中国大陆接壤的地区对其都有一定量的输送,但比例不大,以中国香港为最多,占其6.3%,其次为中国台湾和蒙古。日本的硫沉降量中有7.3%的外来源,主要是从中国、韩国、俄罗斯远东地区和朝鲜。

表 5.3.5　东亚各国和地区年总硫沉降量及来源比例(黄美元、王自发,1995)

	硫总沉降量 (t)	来　源　地　区						
		中国	中国台湾	中国香港	日本	韩国	朝鲜	蒙古
中国	6541944	99.47	0.09	0.26	0.00	0.00	0.03	0.08
中国台湾	106240	3.13	96.62	0.09	0.07	0.05	0.00	0.00
中国香港	40081	6.26	2.97	90.74	0.00	0.00	0.00	0.00
日本	747060	4.75	0.01	0.00	92.67	2.06	0.32	0.02
韩国	349558	7.86	0.01	10.00	0.00	90.89	1.21	0.03
朝鲜	152414	38.11	0.00	0.00	0.00	6.50	55.21	0.18
蒙古	25361	0.29	0.00	0.00	0.00	0.00	0.00	99.71

东亚各地区 SO_2 沉降中本地源的比例均大于总硫沉降中的比例,除朝鲜占60%外,其余都大于94%,可见 SO_2 沉降的外来源比例是很小的。SO_4^{2-} 沉降中外来源的比例明显增大。本地源中除中国大陆和蒙古大于98%外,其余都小于80%,朝鲜仅占23%。这说明主要以 SO_4^{2-} 形式输送到远距离。除蒙古受中国影响较小外,其他地区 SO_4^{2-} 沉降中中国所占的比例都大于15%,大于总硫沉降。韩国为36%、日本为17.5%。中国大陆和香港、台湾之间的输送量表明,虽然中国大陆占台湾和香港的比例高达18.7%和72.9%,香港、台湾的输送仅分别占大陆的0.7%和0.3%,但由于大陆总沉降量大,所以所占比例很小,但按净输入量是,台湾、香港分别给大陆3000t和6000t硫。

就硫输送的季节变化来说,各季节中以秋、冬季外来源输送最多,夏季输送最少。

第四节　酸雨对生态环境的影响和危害

酸雨问题被人们重视,主要是由于它对生态环境带来严重的危害。在北欧和北美流传着一些激烈的言词来描述酸雨:"无声无息的危机","也许是有史以来冲击着我们的最严重的环境威胁","一次正在发生的环境大灾难","我们现在和将来面临的最大环境问题","最大的自然灾祸","一种缓慢降临的灾难,一个看不见的敌人"。这些话反映了人们在面对一个广泛的和无所不包的环境影响时,表现出来的深重焦虑。酸雨对生态环境的危害及影响非常广泛。它涉及到农业生态系统、森林生态系统、水生生态系统、建筑物及材料和人体健康等。

一、酸雨对农作物的影响和危害

农作物的生长发育和结果与周围环境密切相关,环境条件的明显变化,将会直接或间接地影响农作物的品质和产量。当降雨的雨水化学性质的变化超过了作物本身的适应能力,对作物将会产生明显的胁迫作用,影响及危害作物的生长。

酸雨对农作物的伤害,有急性伤害和慢性伤害。急性伤害,通常是指植物与酸雨接触后,植物叶片在短时间(24~72 h)内出现可见的伤害症状。这种症状是高浓度的污染物引起叶片细胞死亡造成的,严重的甚至全叶细胞死亡,枯枝枯梢,整株衰亡。慢性伤害,一般指植物长期与低酸度的降水接触,出现叶色失绿或色素变化,破坏细胞的正常活动,导致细胞伤害。以可见伤害症状或叶片过早脱落等形式显示。用人造模拟酸雨对土培盆栽农作物的试验表明,模拟酸雨的可见伤害阈值因农作物的种类不同而异。大麦、菠菜、小麦、玉米的酸雨 pH 值阈值为 3.0;大豆、棉花、菜豆、油菜、黄瓜、白菜的 pH 值阈值为 2.5。而水稻表现出较强的抗性,伤害阈值为 pH=2.0。可见只有在 pH 值很低的酸雨,才造成农作物的直接伤害。在我国重庆曾有报道,1982 年 6 月 18 日晚降雨酸性较大,次日晨水稻叶片颜色退绿,下午转为赤红色,几天内植株局部枯死。受害农田面积约 600~700 hm²。估计减产 6.5% 以上。

酸雨可干扰农作物的生理代谢,造成生理伤害。试验表明,大多数作物受到模拟酸雨处理后,叶绿素含量降低,其降低幅度随酸雨 pH 值的下降而加大,其中以番茄最为严重。叶绿素的组成是否受酸雨的影响主要与作物类型有关。在酸雨影响下双子叶类的蔬菜(如油菜)及经济作物(如大豆)的叶绿素 a/b 比值增高。而小麦和水稻的叶绿素 a/b 比值基本不受酸雨的影响。

植物细胞是一个渗透系统,当植物处于逆境条件下,植物细胞膜受到刺激,常导致细胞内电解质外渗,而大量的电解质外渗,将造成离子平衡失调,严重时可导致细胞解体及死亡。对番茄、胡萝卜和棉花的测量表明,酸雨引起这些作物叶片细胞 k^+ 的大量外渗。酸雨也可引起叶片丙二醛含量的增加,加快了作物叶片的衰老过程。另外测定表明:酸雨可引起油菜等叶片含糖量的降低;大豆叶片细胞 pH 值的降低,加重了植物生理的伤害。

酸雨通过两种途径影响农作物:一种是直接接触植物的营养器官和繁殖器官,影响其同化能力和生产力;另一种是逐渐影响土壤,改变其物理、化学和生物学性质,经过较长的时期使土壤肥力降低,从而间接影响农作物的生长和生产力。关于酸雨对农作物生长的直接影响,近年来国内外进行了大量的模拟试验。国内以生物量为指标,测量和分析了 12 种农作物生长对模拟酸雨的反应。结果表明:油菜、白菜、萝卜、菜豆、番茄、大豆、棉花、小麦、玉米和大麦等 10 种农作物苗期的生物量随酸雨 pH 值的降低呈现下降趋势,占 12 种农作物的 83%,说明酸雨可抑制多数作物的生长。酸雨对蔬菜作物生物量的影响比对经济作物和粮食作物的影响更为显著。如 pH=4.1 的模拟酸雨使白菜生物量下降 17%,pH=3.5 的酸雨使其下降 19%。pH=3.6 的酸雨使油菜、菜豆、萝卜、番茄的生物量下降 11%~19%。而同样处理下的经济作物生物量减少在 10% 以下。粮食作物生物量减少 6%~12%,有时还略有增加。说明蔬菜比经济和粮食作物对酸雨更敏感。若以 pH=4.1 的酸雨时各种农作物的相对生物量作为其敏感程度来考虑,则白菜最敏感,番茄、萝卜、玉米、棉花居中,而水稻、小麦为不敏感的作物。就产量来说,当酸雨的 pH 值为 4.1 时,蔬菜减产在 7%~12%,经济作物减产在 5%,小麦、大麦减产在 3%~7%,而水稻则略有增产(3%)。

有关研究表明,我国东部 7 省(江苏、浙江、安徽、福建、江西、湖南及湖北)受酸沉降影响减产的农田面积约占总农作物播种面积的 19%,减产面积最大的是江苏,占全省耕地的 37%,其次是湖北,占 32%,最小的江西,占 10%。在主要农作物中,除水稻外,小麦、大豆、棉花等粮食作物和经济作物普遍受到酸沉降影响而减产,蔬菜对酸雨更为敏感,减产幅度最大,东部 7 省蔬菜平均减产幅度为 7.7%,小麦、大豆和棉花平均减产分别为 5.4%、5.7% 和 5.0%。在 1993 年,我国东部 7 省受酸沉降影响使农作物减产的经济损失约合人民币 37 亿元。其中因蔬菜减产的经济损失约占总损失的 60%。

二、酸雨对森林的影响和危害

近 20 多年来,在欧洲一些国家,美国东部及我国西南及东部地区的森林出现林木生长减退和死亡的现象,受到各国政府的普遍关注。德国估计,森林受害面积从 1982 年的 8% 增长到 1983 年的 34%。41% 的云杉、44% 的松树和 86% 的白冷杉正遭到危害。奥地利有 4×10^7 hm^2 的森林受到污染的影响。瑞士发现有 4% 的树木处在死亡威胁之中,另有 14% 的树木处在病态之中。在瑞典南部发现大面积的森林遭到污染的危害。荷兰发现大面积的森林生长状态极差。法国北部和东部也发现了森林死亡现象。捷克已有 4×10^7 hm^2 的森林受害,占森林总面积的 20%。波兰约有 50% 的树木被酸雨所害,生长缓慢,估计木材损失量达 40%。位于美国东部高海拔的森林,一些树种也处于衰退状态。过去 20~25 年间高海拔的红杉明显枯萎。加拿大东部 50% 以上的森林受到酸雨的危害。日本东京有 5000 km^2 地区内,80% 的日本雪松顶梢枯死等。我国在"七·五"期间对西南、华南的森林危害进行了调查。发现有一些地区树木的树叶有伤斑或枯死斑。树木生长缓慢,衰退的现象。重庆有 61% 的树种有受害症状。贵阳、遵义、都均、柳州、珠州、长沙等受害树种占 10%~50% 之间。四川盆地受酸雨危害的森林面积约 27×10^6 hm^2,占有林地面积的 32%。其中森林死亡面积占 5.7%。贵州森林受害面积约 14×10^6 hm^2。我国东部 7 省受酸沉降危害的森林面积为 128×10^6 hm^2,占有林地面积的 4%,占用材林面积的 6.5%。上述 7 省中以浙江省森林危害最重,安徽省危害最轻。

我国最早报道的是重庆市南山风景区 18×10^4 hm^2 马尾松人工林普遍生长不良,虫害频繁发生,80 年代初调查,已有 7×10^4 hm^2 枯死。四川万县森林衰退和死亡严重,奉节县有 6×10^5 hm^2 华山松林中 90% 已枯死。峨嵋山冷杉大批死亡。对上述森林衰亡原因,我国学者有一些不同的看法,有的认为,森林病虫害的猖狂攻击是重庆马尾松林和奉节华山松林衰亡的直接原因,而大气污染是造成病虫害盛发的诱因。也有人认为,马尾松衰亡的主原因是酸雨酸化了土壤,淋失了土壤中的营养元素,特别是锰和钴严重缺乏,而铝大量溶出并在土壤中和叶子里积累,对树木产生毒害作用。还有人认为,酸雨污染是松林衰亡的主导因素,它损害了树木同化器官,使针叶减少,变短变窄,叶绿素含量降低,干扰和破坏了正常的光合作用,导致林木生长衰弱,次生性虫害如天牛、小蠹乘机侵入蔓延,最后引起树木死亡。

西方学者对欧美森林衰退和死亡的诱发原因至今也没有在科学上一致的看法,但多数人倾向于森林衰退是综合症,即是多种逆境因素综合作用的结果。近年来,随着森林与环境污染关系的深入研究,越来越多的学者对森林衰亡原因的看法逐渐接近。他们认为干旱、寒冻和病虫灾害虽对森林衰退起着一定的作用,但这是次要的因素,而大气污染(包括酸沉降)仍是更重要的诱发原因。根据其研究结果或推理,提出如下主要假设来解释森林受害。

他们认为,大气污染和有关的营养物、改变生长的物质或有毒物质的大气沉降,使净光合作用减少,并使光合产物从游离糖转移到不太活动的有潜在毒性的次级代谢物中。这个过程导致树木根系的能量状态变异,同时伴随着芽枝中毒性物质增加。这种复杂的相互作用最后导致细根和菌根的"饥饿",并使叶片和针叶脱落。由于树木总能量减少,更易遭受干旱、霜冻和大风等次级因素的危害。

臭氧使树木簇叶损伤和过早落叶,从而导致光合作用能力减弱,年径向生长减慢,簇叶营养物留存减少。树木同时暴露在同酸雨混合的臭氧中,会加剧营养物从叶子中滤出,造成营养物镁、钙缺乏,从而减弱林冠的光合作用和根系统生物生产。

二氧化硫是通过微孔进入叶子,并与水反应生成硫酸而危害树木。它主要破坏叶子的光合、呼吸和蒸腾等生理功能,使叶子中酶活性改变,细胞死亡,导致林木生长减慢或死亡。

酸沉降对树木的危害主要有两种观点:一种是由上而下直接伤害树木,它腐蚀腊质层,破坏叶表皮组织,干扰气体和水分的正常交换和代谢。特别是淋失叶子中的钙、镁、钾等营养元素,使养分缺乏,导致树木光合作用降低,生长减慢。另一种是由下而上的间接影响。酸沉降加速了土壤酸化过程,淋失掉土壤中钾、钙、镁元素,使树木生长必须的营养物亏缺,削弱其生长。土壤酸化更严重的恶果是使铝活化游离出来。铝在土壤中的富集,毒害树木的根系生长,特别是细根,使其不能正常吸收养分水分,导致树木生长衰弱,特别是当气候干旱时,毒害更加严重,以致树木死亡。

综上所述,尽管国内外对森林衰退和死亡的原因进行了许多研究,取得了可喜的进展。但是,由于森林衰退是十分复杂的问题,它随气候、地形、土壤、植物种类、污染物组成和污染时间长短等不同而有不同的表现,特别是上述因素的交互或协同作用,使其更加复杂化。因此,目前的研究尚处在探索和提出理论假说阶段,距深刻的证明和令人信服的解释还有很大的距离,需要进一步深入研究。

三、酸雨对土壤的影响和危害

在陆地生态系统中,土壤是最为稳定的一个组成部分,从岩石开始风化到土壤剖面的形成,常常需要上千年或百万年,但另一方面,土壤又是不断地变化的,在土壤中根系分布范围内,尤其是土壤生物方面,在短期内,甚至在几周就会产生明显变化。土壤虽然对外来的侵害有一定的缓冲和恢复能力,但土壤仍然是容易引起侵蚀的。从土壤缓冲作用的有限性和酸雨发生的长期性来看,酸雨入侵对某些土壤造成严重影响是必然的。

(一)酸雨对土壤的影响

土壤中植物营养元素主要为钾、钠、钙、镁、氮、硫、磷等。在酸雨的淋溶下,土壤中这些元素倾向于流失,特别是钾、钠、钙、镁。因此,长期酸雨会造成土壤中植物营养元素大量流失,使植物营养不足,影响植物生长,导致衰退或引起抗病虫害能力减弱。

在正常情况下,土壤矿物风化速率是很小的,而酸雨可以加速土壤矿物的风化。因此,对含有植物营养元素的可风化矿物较多的土壤来说,酸雨对植物的影响较小,反之亦然。各地表土的细砂中含有植物营养元素的矿物含量不同。如西安表土细砂中含有的矿物量最高,达90%以上,而重庆的山地黄壤中仅40%。因此酸雨对重庆黄壤的影响比西安土壤要大。另外在酸雨作用于土壤时,不同土壤释放钾、钠、钙、镁的能力也有差异。盐基饱和度或pH值较高的土壤中含有大量的钙等阳离子,在酸雨作用下释放出大量的钙、镁等。模拟酸雨淋溶试验表明:紫色土的4种植物营养元素释放量最高,而山地黄壤和砖红壤释放量较低。但4种元素释放量均随模拟酸雨增加而增加。表明酸雨的酸度对土壤中植物营养元素的释放有较大影响。

在酸雨的作用下,土壤中交换性铝会释放出来,而且由于酸雨加速土壤中含铝原生和次生矿物的风化而释放出大量的铝。土壤中释放的铝不仅可以中和酸,同时由于被活化的铝容易给植物过量吸收。导致植物中毒,甚至死亡。试验表明,不同土壤在模拟酸雨作用下,其铝的释放量差异很大。其中赤红壤的砖红壤的铝释放量最高,其次为山地黄壤和红壤,而紫色土、娄土和褐色森林土的铝释放量较低。试验还表明:土壤在酸雨作用铝的释放量与土壤的富铝化程度和土壤酸度有一定关系。在这几种土壤中,砖红壤和赤红壤是富铝化最高的,其次是红壤;土壤酸度最高的是山地黄壤(pH=4.47),最低是紫色土(pH=8.7)。土壤的富铝化程度和土壤酸度越高,土壤在酸雨作用下释放出铝的量也越高。另外,土壤中铝的释放量与模拟酸雨的酸度有关,特别对酸性土壤和富铝化土壤有明显的影响。在酸雨的pH≥4.5时,几种土壤中铝的释放量都较低,且几乎不随淋溶 pH 值变化。在淋溶 pH＝4.0 时,赤红壤和砖红壤的铝释放量急剧上升,是 pH≥4.5 的 7 倍以上,而山地黄壤和红壤仅为 2～3 倍,其余 3 种土壤几乎无变化。在酸雨 pH 值降至 3.5 时,4 种酸性土壤都释放出大量的铝,均为 pH＝4.5 时的 10 倍以上。

在一定条件下,酸雨使土壤酸化。不同土壤受酸雨的酸化影响不同。紫色土的淋出液 pH 值几乎不随淋洗酸度变化,红壤在淋洗 pH≥4.5 时也有此情况,但在淋洗 pH＝3.5 时,淋出液 pH 值随淋洗过程的持续而发生急剧变化,而山地黄壤则不同,其淋出液 pH 值完全受淋洗 pH 控制。根据试验结果估计,设土壤接受有效降水量为 1000 mm/a,降水 pH 值为 4.0,计算表明,山地黄壤于 50a 后土壤 pH 值将逐渐下降至 3.5 左右,而紫色土不会出现酸化。

(二)土壤对酸雨的敏感性及区划

土壤对酸雨的敏感性取决于土壤的缓冲性能。土壤的缓冲能力随土壤的物理、化学性质或土壤类型的不同而有很大差异,它是由许多因素相互作用所决定的,包括速率和容量两方面的因素。因而在评价土壤对酸沉降的缓冲能力时需要考虑许多因素:如盐基饱和度、阳离子交换量、质地、有机质含量、粘土矿物,母质类型、钙含量以及硫酸根吸附容量。在酸性土壤中,缓冲速率非常低。缓冲容量常常也很低,由盐基离子损耗产生影响的时间周期短,在阳离子交换容量和盐基饱和度都很低的浅层土壤中只要几十年的时间。

影响土壤缓冲能力的主要参数有:

(1)土壤的阳离子交换量 它是由土壤中的粘粒和腐殖质的类型和含量所决定。阳离子交换量高的土壤阻止 pH 或者淋溶组分变化的缓冲能力强,阳离子交换量低的土壤抵抗 pH 变化的能力差,植物养分储备少,养分的轻微损失也会对土壤的生产力造成重大的影响。

(2)盐基饱和度 它控制了土壤溶液中离子平衡的浓度,决定了土壤中 H^+ 取代盐基离子的效率。如果土壤盐基饱和度降低,土壤 pH 就会下降,土壤肥力就会减退,铝离子浓度就会增加,从而危及植物的生长环境。对酸化最敏感的土壤具有中等或中等以上盐基饱和度而阳离子交换量低的土壤,也就是阳离子交换量低和 pH 接近中性的土壤,在酸沉降作用下土壤 pH 值将急剧下降。

(3)土壤的 pH 值 它表示了当前土壤化学的实际状态。是由控制土壤溶液质子活性的酸强度所决定的。土壤 pH 和盐基饱和度存在着明显的正相关。因此,土壤 pH 常用来估算盐基饱和度,也表示各种源向系统的阳离子输入速率。pH 小于 4.5 的土壤对酸沉降敏感,pH 大于 4.5 的土壤对酸沉降不敏感。

(4)硫酸根吸附容量 硫酸根的吸附在控制阳离子的淋溶速率方面起着重要的作用,被吸附的硫酸根离子增加了阳离子的吸附,减少了因酸输入而造成的阳离子的淋失。硫酸根吸附不会无限地缓冲酸沉降,但是它将延缓酸化的发生。土壤的硫酸根吸附量取决于土壤性质:如土壤酸度、氧化物含量、土壤风化程度、有机质含量等。高度风化的富含铁铝的土壤吸附量高。土壤 pH 降低,硫酸根吸附量增大。

在大范围的敏感性研究中,实际作为土壤缓冲能力分级依据是土壤类型。根据土壤类型的物理和化学性质估算土壤的缓冲能力。因为土壤类型是一个最典型的综合变量,它综合成土母质、气候、植物和土地利用方式等各种条件对土壤形成的影响。各类土壤都具有其典型的盐基饱和度阳离子交换量的范围,所以,根据土壤类型划分为不同的缓冲能力等级,是一种简单可行的方法。据有关研究,我国不同土壤类型的酸缓冲能力可见表 5.4.1。

表 5.4.1　我国不同类型土壤的酸缓冲能力(冯宗炜,1994)

级别	酸缓冲能力	土 壤 类 型
A	极低	砖红壤,褐色砖红壤
B	低	黄棕壤(黄褐土),暗棕壤,暗色草甸土,红壤、黄壤、黄红壤、褐红壤、棕红壤
C	中等	褐土、棕壤,草甸土,灰色草甸土,棕色针叶林土,沼泽土,白浆土。
D	高	黑钙土、黑色石灰土、栗钙土、淡栗钙土、暗栗钙土、草甸碱土、棕钙土、灰钙土、淡灰钙土、灰漠土、灰棕漠土、棕漠土、草甸盐土、沼泽盐土、干旱盐土、砂姜黑土、草甸黑土

(三)生态系统对酸沉降敏感性及区划

在酸沉降的作用下,敏感土壤和地表水会逐渐酸化,危害陆生和水生生态系统。由于酸雨危害范围广,其潜在影响又比较深远,因此必须把研究重点集中在对酸沉降敏感的地区。70年代来,美国和北欧科学家相继提出以土壤阳离子交换量和水体的碱度分别作为划分土壤和水体对酸沉降敏感性的指标。但由于生态系统的复杂性,某一地区土壤或水体现有的化学状况并不能代表整个生态区域对酸沉降的敏感性。必须开展整个生态系统对酸沉降的敏感性区划研究。人们发现,不同系统对酸沉降影响的耐受能力和缓冲能力有很大的差别。也就是说,存在着一个生态系统对酸沉降的伤害阈值。不同的生态系统具有不同的阈值。为了控制酸雨的危害,制定出经济合理的科学的削减酸性物质排放量的方案,达到既保护生态环境,又能尽量减少投资的目的,一种试图将削减方案同生态系统缓冲和忍受酸沉降的能力相联系的方法应运而生。即根据不同地区生态系统对酸沉降的敏感性和可忍受程度,确定一个"目标沉降量",称为酸沉降"临界负荷量"。如果酸沉降量超过这个"临界负荷量",该地区的生态系统将产生明显危害。

一般地说,酸沉降对生态系统的敏感性可以看作一个主要变量对某个地区荷载变量的响应程度。生态系统对酸沉降响应的敏感性主要取决于它们的生态条件,其主要的影响因素有:(1)土壤对酸沉降的缓冲能力。这在前面已经阐明了。(2)水分输送方向和通量。土壤水分输送状况对土壤生态系统的生长发育有很大影响。其中降雨量、蒸发量及水分在土壤中向上或向下的输送都是关键参量。(3)植被与土地利用方式。植被类型和土地利用也会改变生态系统对酸沉降的敏感性,是决定生态系统敏感性的一个重要特征,植被通过冠层对酸沉降的截留,收集和蓄存作用,叶面对气体的吸收作用,叶片的分泌作用以及降水对冠层的淋洗作用等诸过程与酸雨相互作用,而对流域的酸化产生影响,同时也影响生态系统对酸沉降的敏感性。土地利用方式也是一个重要因素。例如在农业地区,为了提高产量和保持土壤肥力,常常施肥或施用石灰等农耕活动,使土壤保持一定的 pH 和盐基饱和度水平,从而使生态系统对酸沉降的敏感性减小。水稻系统的耕作特点是淹灌和施肥,灌溉水中携带的泥沙和盐基离子源源不断进入稻田,施肥又补充了由于土壤溶液流失和收割所引起的盐基离子的消耗,因此,稻田系统被看作为酸沉降不敏感的生态系统。

在"八·五"期间,我国对东部七省一市建立了生态系统对酸沉降的敏感性分区图。从总体上和趋势上看,由北到南,由西到东,生态系统对酸沉降的敏感性增加,这与我国气候和土壤的地带性分布大体一致。但地形在敏感性分区上也有比较明显的影响,这可能与人类活动如植被类型与土地利用方式等有关。在东部 7 省 1 市中对酸沉降的敏感(4 级)和极敏感(5 级)的区域占全部总面积的 1/3 以上。不敏感(1 级)区约占全部面积的 1/4,其中最敏感地区分布在福建省西南部和浙江省南部,不敏感地区主要分布在长江以北地区。如果按行政区划分,东部各省生态系统对酸沉降的相对敏感性依次为福建、浙江、江西、湖南、安徽、湖北、江苏。福建省全境均属敏感和极敏感,江苏省大部属非敏感区。

四、酸雨对水生生态系统的影响和危害

在酸雨对环境的影响中,酸雨对水生生态系统的影响和危害较陆生生态系统更为明显和严重。对此,各国学者的看法比较一致。野外调查和实验室的研究都充分证明,地表淡水水体的酸化过程进行得很迅速。淡水水体的酸化引起水生生态系统的结构和功能发生很大变化,对鱼类和水生生物产生了明显的影响和危害。

(一)酸雨对地表水体的酸化影响

通过大量的科学调查和研究表明,世界两个主要酸雨污染区(欧州和北美东北部)的江河、湖泊的酸化现象普遍存在。挪威南部广大地区淡水水体的 pH 值已经下降,河水的 pH 值从 1940 年的 5.0～6.5 下降到 1976～1978 年的 4.6～5.0,湖泊的 pH 值下降到 4.7。在瑞典南部和西部湖泊酸化现象十分明显。在 20 世纪 30 年代和 40 年代对西海岸的 15 个湖泊进了研究,pH 范围在 6.5～8.0 之间。到 1971 年,这些湖泊已经酸化,其 pH 值下降到 4.5。在瑞典湖面超过 1 hm² 的大约 85000 个湖泊中,有 15000 个湖已酸化,其中的 4500 个湖中,鱼已灭绝,甚至在 1800 个湖中,水生昆虫等生物已全都灭绝,变成"死湖"。在苏格兰西南部的 22 个湖泊已明显酸化,其他地区大量的湖泊也开始酸化。比利时、荷兰和丹麦也报道了在缺钙地区地表水酸化的现象。德国和东欧地区也有湖泊酸化。北美东北部酸雨危害十分严重。加拿大安大略省的 4000 个湖泊已全部酸化,鱼类几乎绝迹。在美国东北部纽约和新英格兰等 9 个州的 27 个地区,17059 个湖泊中有 55% 的湖泊受到酸化影响,约 17.5% 的湖泊已遭到严重危害。

20 世纪 80 年代末,我国对四川和贵州两省的水体进行了调查研究,结果表明,四川酸雨区域的大江大河,如长江、嘉陵江、涪江、岷江、沱江等,目前水体的 pH 值在 7.6～8.4 之间,总碱度在 1.52～2.3 meq/h 之间,都是属于不敏感水体,而且它们都发源于无酸雨区,换水量大,集水区主要为不敏感土壤,近期内酸化的可能性不大。泸州地区水田碱度平均为 1.92 meq/h,pH 值在 7.0～7.6 之间,对酸沉降也不敏感。至于水库、湖泊、池塘一类水体,情况较为复杂。大体说,紫色土区的水体是不敏感的,目前也未酸化。但在黄壤地区,有些水体的碱度和硬度极低,是非常敏感的水体。如重庆缙云山的 1 个水塘和 2 个水库,夹江县的团结水库,是已经酸化的小水体。从 2 省来看,属于对酸沉降极敏感(在黔东南)和敏感(在四川西南、东南和黔西北、东南等地区)的水体占两省总水面的 27.6%,其余 72.4% 属于对酸沉降不太敏感的水体。在当地的酸沉降条件下,近期内西南两省绝大多数水体不会被酸化。

(二)酸雨对鱼类和水生生物的影响和危害

在瑞典大量报道了江河、湖泊酸化对鱼类的危害。戈德兰 2000 多个湖泊,贝格斯拉 1000 多个湖泊中的鲑鱼、鳟鱼、河鲈等多种鱼类受到危害。在挪威南部的 4 个县,1940～1980 年鱼类损失一半。在南部 13000 hm² 以上的湖泊鱼类已经绝迹。受害最严重的鱼类是褐色鲑鱼。在苏格兰的大量湖泊中不再有鳟鱼等。在一些河流鱼的种类明显减少。位于高酸度输入的英格兰一些地区,发现一些鱼种绝迹。加拿大在新斯科舍有 9 条河流的 pH 值低至 4.7,鲑鱼和鳟鱼不能繁殖。11 条河流的 pH 值波动在 4.7～5.0,不断出现幼小鲑鱼的死亡现象。在安大略的拉克诺奇山区,被调查的 24% 湖泊鱼类已绝迹,56% 的湖泊鱼的种类减少,多种鱼类受到危害。美国北部的阿迪龙达克山区,至少有 180 个湖泊,从 50 年代开始鱼类种群减少。受影

响的鱼类有湖鳟、白鲢脂和褐色大头鱼等。

湖泊的酸化对水生生物造成明显的影响和危害。湖泊酸化可导致适酸性水生生物的大量繁殖,抑制了适碱性水生生物的繁殖和生长。从而水生生物种群的多样化发生变化。湖水酸化使微生物的数量减少,生理活性受到抑制,减缓了湖泊中有机物的分解,造成固体废物大量积累,因而影响水生生态系统的营养和能量循环。湖泊酸化也使水体中固体有机物等沉淀加剧,加速湖泊老化。

我国的研究表明,水体酸化主要在三个档次上对水生生物造成危害。$pH < 6.5$ 时,鱼类受精卵孵化率与孵化速度降低。$pH \leqslant 6.0$ 时,鱼类生长率和繁殖能力下降,胚胎畸形率升高,血液生理产生反应,藻类生理异常,螺类生长变慢。$pH \leqslant 5.0$ 时,鱼类的生长率和繁殖能力约为正常水中的一半,成鱼生理明显异常。藻类、浮游动物和软体动物种群结构发生明显变化,种类数和个体数明显减少,生长率和生殖能力受到明显抑制。因此,渔业水体 pH 值应保持在6.5 以上($6.5 \sim 8.5$)。我国主要淡水经济鱼类对水体酸化的敏感性高于欧州的鲑鳟鱼类。我国家鱼对无机单体铝的敏感性与欧州鲑鳟鱼类相似。

五、酸雨对建筑物和材料的影响和危害

大气污染和酸沉降对建筑材料有严重的影响。特别是对一些文物古迹、纪念碑和桥梁的伤害,造成巨大的文化和经济损失。据调查研究表明:德国的科隆大教堂,遭受来自鲁尔区和东欧的大污染,建筑物的石壁变得凹凸不平,正面入口伫立着天使和玛丽娅的石像,其面部和身体已有剥落,难以恢复原形,酸雨已经腐蚀了石像的表面。在英国,建筑物的受害正在成为全国性的危害。为历代国王加冕典礼的威斯敏特寺,其城墙上的石像表面变得模糊不清,外壁剥落。在圣·保罗大教堂一根根的石柱被镶嵌在凿开的洞里用熔解的铅固定住,然而石柱子由于酸雨腐蚀而变细,而今铅从高栏处露出了 3 cm。专家调查,过去 250 年间栏杆每年腐蚀0.08 mm。此外,林肯教堂、约克教堂等英国的历史性建筑物都有不同程度的损裂,无论何处都在遭受或是外墙剥落或是雕刻腐蚀等损害。再者,从利物浦大教堂到萨克斯的圣·奥加斯丁教堂也都在受到酸雨危害,教堂的铜屋脊全部变得疏松,压住屋瓦片的青铜钩子正在腐蚀,瓦也快要掉落。

建筑物的腐蚀现象,在北起北欧南部南到地中海一带,几乎在欧州的所有城市都可以见到。在斯得哥尔摩,13 世纪建造的里达尔摩教堂,其铁制的尖塔因损坏过度曾多次换过。在旧城街道上,装饰建筑物的石像和花边已经分崩离析。在法国北部兰斯的大教堂,在外墙上的绝大多数石像因酸雨而腐蚀,面部的形状已很不清晰。在意大利的罗马和米兰,许多青铜像和石像雕刻受损伤很严重。威尼斯建筑物的腐蚀速度异常迅速。荷兰中部尤特莱希特大寺院的一套组合音韵钟,由于铜锈剥落,腐蚀一直深入到了内部,近 30a 来音程出了毛病,音色也逐渐变得不洪亮。在欧州,镶有中世纪古老的彩色玻璃的教堂等超过 10 万栋,现在许多彩色玻璃失去了神秘的光泽,有关其褪色的报道在欧州各地相继出现。

带有酸性的细小粉尘进入室内,开始侵蚀各地图书馆的古老藏书。纸张容易吸收硫氧化物和氮氧化物,氧化后变成茶色,纸质变坏乃至不可收拾。大英图书馆的藏书损坏较重,书的皮封面也遭到硫酸的损害。意大利各地珍贵的壁画濒临危机,在其表面因石膏化而呈烧肿状。美国"自由女神"像外侧所贴的薄铜板因腐蚀而变得疏松,到了一触即落的程度。在纽约中央公园中心的古埃及奥拜斯克尖塔朝西的一面受伤严重,表面的彩色字母几乎认不出来了。在宾夕法尼亚州哈里斯堡的军事公园内。有许多纪念碑和铜像以空前未有的速度被酸雨侵害。

碑上的士兵和大炮被腐蚀,铜像不是缺鼻就是少眼,很难找到未受损的原形。

在中国也已发生酸雨和酸性干沉降对建筑物和材料的损害。在重庆的嘉陵江大桥及市内公共车辆外壳、建筑铁架等受损严重,其维修、保养间隔周期为南京市的 1/3 至 1//2。四川乐山大佛、北京故宫和十三陵的文物受酸性物质侵害而受损。印度泰姬陵的大理石在不断失去光辉,逐渐泛黄,变成了锈色,一部分墙壁在剥落。在日本伫立于街头和公园的铜像,浮现出兰绿色,有的出现"酸筋"(酸雨引起的条纹)。京都文物受损。埃及的金字塔和狮身人面的斯芬克斯像,已是伤痕累累,腐蚀疏松,到了用手一触表面就脱落成疏松状的石粉。

野外的调查表明,最容易遭到腐蚀的材料有包含碳酸钙的砂石、石灰石、大理石及金属材料,在金属材料中钢材特别容易受到腐蚀,还有铁、镀锌板、铜等也易腐蚀。

SO_2 和酸雨等酸性物质对建筑材料的腐蚀主要是化学腐蚀。沉降到建筑物表面的硫氧化物与碳酸钙发生反应,形成易于溶解的碳酸钙。碳酸钙很容易被雨水冲刷掉,也可由于积累过多而剥落。酸性物质沉降到金属表面时,发生电化学反应,在金属表面形成许多原电池,使金属腐蚀。因此,酸沉降对建筑材料的损害,既受酸性物质的酸度和沉降量、沉降时间的影响,也受大气的温度、湿度、风、降雨强度、降雨持续时间和降雨量的影响。

六、酸雨对人体健康的影响和危害

1973 年 6 月 28～29 日,在日本静冈县和山梨县约 50 km 范围内,有 144 人因蒙蒙细酸雨而患眼疼、咳嗽等。1974 年 7 月 3 日在关东地区有 3 万多人有同样症状,这天的雨水 pH 值最低为 2.85。以后几年日本都有人诉说酸雨对眼睛、咽喉和手上皮肤的刺激。1981 年瑞典马克郡发现有一家三名孩子为绿头发。原因是酸雨使该家饮用的井水酸化,井水腐蚀了铜制水管,洗涤过的头发被溶出的铜化合物所染绿。在墨西哥市,pH 值为 3.4～4.9 的酸雨并不罕见。该国卫生部调查表明,墨西哥的呼吸器官疾病患者死亡率为 93/(10 万)(1989 年),属世界最高,每年公害病死亡人数超过 10 万人,其中 3 万人是孩子。

迄今,酸雨(酸雾)对呼吸道和眼睛的损害已十分清楚。美国的一份技术报告写明,在美国和加拿大,每年约有 5 万人因酸雨而过早死亡。专家说,对 65 岁以上患有哮、支气管炎和心脏病的患者来说,吸入硫和氮的氧化物是危险的,而且也不能忽视对孕妇和婴幼儿的恶劣影响。"酸雨与肺癌有密切关系,它增强香烟和其它致癌物质的作用"。加州大学的实验表明,人处在 pH＝3 左右的酸雾中,约有 20％ 的人很快表现出咳嗽、气管收缩等反应。由于酸雨,水源中铅浓度高的地方,初期精神病、老年帕金森病等老年性痴呆症发病率明显增高。

关于酸雨对人体健康的影响,由于尚处在初期研究阶段,许多问题尚未弄清楚。但是只要看一下酸雨对逐渐衰败的树木和生物的影响,就应该重视酸雨对人体健康的影响问题。

第五节　酸雨的防治对策

矿物燃料燃烧排出的硫氧化物和氮氧化物及其转化后的产物是形成酸雨的主要原因。因此酸雨的防治变为控制二氧化硫和氮氧化物的产生和排放。看来问题很简单,其实不然。矿物燃料是现代社会发展的主要能源。1950 年世界能源总消耗中,煤炭占 57.9％,石油与天然气占 34.1％,而核能、风能等其他能源只占 7％。到 1978 年石油占 50％,煤炭占 26％,天然气占 14％,其他能源占 10％。因此在目前及可见的将来,人类社会不可能不用矿物能源,所以怎样减少利用有污染的能源,发展无污染或少污染的能源;怎样制定法规和发展技术来减少硫氧化物和氮氧化物的排放;怎样制定以尽可能小的经济代价,获得最大效果的控制酸雨的方针和政策,就成为酸雨防治对策的主要内容。这是一个复杂的系统工程,涉及到社会经济、工业、科学、技术和环保等各个方面,许多国家政府都给以高度重视。

欧美和日本等发达国家,较早地经历了工业发展,大气污染和酸雨蔓延的历史。因此,它们在酸雨防治对策方面有一系列经验,其主要的对策有以下几个方面:

(一)制定环境法规,严格限制硫氧化物和氮氧化物的排放量。美国环保局将全国划分为247个空气质量保护区,根据每个区原有污染物排放总量及容许排放量,计算出需要减少排放量的比例。要求各州提出具体措施,包括限制固定污染源及汽车污染源的排放量,限制汽车用量,关闭或迁移污染源,增加排污税等。德国颁布了污染防治法,规定了严格的大气污染排放浓度,所有的火力发电厂都必须安装脱硫与脱氮设施。日本为了控制 SO_2 和 NO_x 的污染,从管理上制定了多种标准,如燃料的质量标准、燃烧装置结构标准、污染物排放标准和大气环境质量标准。

(二)调整能源结构,发展无污染或少污染的能源,减少矿物燃料的消费量。在 20 世纪 50 年代初,美国能源是以煤炭为主,1950 年煤炭在美国能源中的比重占 50.4%,石油与天然气占 43.8%,水电能占 3.8%。由于石油与天然气比煤污染轻,而且具有热值高、运输方便并适用于各种发动机等优点,50 年代以来石油与天然气消费量迅速增加。到 1970 年,美国的石油与天然气占其总能源的比例上升到 70%,而煤炭占的比例下降到 26%。1973~1974 年的世界性石油危机中,国际油价上涨,使美国每年经济损失约 600 亿美元。以后美国重新确定了今后能源方针,由依靠石油进口转向节约能源和发展煤炭、核能、太阳能、风能、地热能等替换能源。预计到 2000 年,核发电量在美国能源中的比例上升到 15%。欧州多数国家都充分利用本国的水电资源,全欧州的水电开发率已达 65%,有的国家水电占全国能源比例高达 70%~99%。法国大力发展核发电站。日本从 1955 到 1975 年,能源比例有很大变化,煤炭由 42.9% 下降到 16.7%,石油与天然气由 20.6% 上升到 74%。以后煤炭所占比例一直较低。而且,日本对燃料中的含硫量作了严格的规定,凡是含硫量超过规定的必须经过脱硫,在污染严重的地区,对燃料含硫量要求更严格,如东京郊区含硫量可达 1.2%,而市中心则含硫量不得超过 0.5%。

(三)积极开发和利用煤炭的新技术,减少 SO_2 的排放。美国许多燃煤发电厂都用洗选进行脱硫的方法以除去煤中占硫总量 40%~60% 的无机硫。美国有 450~500 家不同规模的洗煤工厂,对减轻硫氧化物引起的酸雨污染起到了积极的作用。日本洗煤技术先进而且普及。另一项减轻燃煤污染措施是将煤炭转化成比较清洁的气体燃料或液体燃料。这种煤炭转化技术在美国和日本已经成熟。另外各国都在改进燃煤技术,不仅要提高燃烧效率,减少煤炭消耗,而且要尽可能减少硫和氮氧化物等污染物的生成量。比较成熟的硫化床燃煤技术可以脱去 90% 以上的硫,也可使氮氧化物排放浓度显著降低。在煤燃烧后主要采用烟气脱硫和脱氮,采用把乙二酸加入石灰石法脱硫系统时,能使 SO_2 脱除率达到 95%~97%。

(四)控制机动车辆的排放物,由于机动车辆尾气中的 NO_x 是引起酸雨的重要因素之一,所以许多国家重视控制机动车辆的污染物排放。美国等在汽车技术上采取了提高油料燃烧效率,安装防污设备和采用新的发动机等措施。

美国在采取了上述各种措施后,二氧化硫的排放量从 1973 年的 287×10^6 t 减少到 1983 年的 208×10^6 t,氮氧化物也从 1979 年的 211×10^6 t 减少到 1983 年的 194×10^6 t,但美国这些

排放量仍然很大,酸雨问题仍未完全解决,正在进一步采取措施。

我国能源污染有其特点,我国能源结构是以煤为主,可能在相当长的时期内,不可能用太多的石油和其他能源。我国工业布局不够合理,工业结构中耗能高的重工业比重较大。燃料的燃烧器陈旧、工艺落后、耗能高、既造成能源的浪费,又相应增加了 SO_2 和 NO_x 的排放量。因此为减少我国硫和氮氧化物的排放量应从几个方面着手。

(1)合理布局工业。对新建企业要合理布局,实行环境影响评价制度。在建立企业前要进行充分的社会环境或生态环境调查,做出综合分析评价。对老企业要根据社会和环境的需要进行改造,实行关、停、并、转、治、迁等办法,以减少污染。

(2)节约能源,减少污染。要制订一套节约能源的基本政策。从改善能源管理,合理调整经济结构,开展技术改进,分期分批进行设备更新和制造合理的能源价格。从税收政策等方面着手,达到综合利用能源,提高能源利用率,降低产品能耗。缩小我国产品与工业发达国家的产品能耗的差距。要加强能源管理,要各个使用单位都有节约能源,降低能耗的要求和定额,杜绝漏气、漏油、漏水、浪费电力、损失热能的现象,要制定有关技术政策,促使工艺落后,设备陈旧,产品能耗高的装备进行技术改造和淘汰。

(3)调整民用燃料结构,改善煤炭的利用技术,加强对汽车尾气的控制。在城市实行民用燃料气体化,并逐步实现城市区域的集中供热,这样既可节约能源,又减少了污染。把无烟煤、低硫煤首先分配民用,而把高硫煤提供给有脱硫装置的工厂使用。我国也在加强矿物燃料在燃烧前、燃烧中及燃烧后的净化处理,以减少 SO_2 和 NO_x 的排放。如在燃烧前实施洗煤、煤炭气化、煤炭液化和发展型煤等。改善燃烧过程包括改进燃烧器,如采用硫化床锅炉等,还有改进锅炉的运转条件和采用新的燃烧技术。在燃烧过程之后要实行烟气脱硫和脱氮。为了减少和控制汽车尾气的排放,要制订各类汽车的尾气排放标准,限制汽车行驶速度,改进发动机结构和安装防污装置。

(4)积极发展无污染或少污染的能源。根据各国的经验和我国的情况,应积极发展核能、水电能、太阳能、风能、湖泊能和生物能等能源。其中发展核能和水电能尤应重视。

目前,我国政府已决定要制订和实施国家酸雨和二氧化硫两个控制区的方案。提出了在控制区内降水酸度和沉降量的控制目标,如到 2000 年,要遏制我国酸雨蔓延的趋势。2020 年我国严重酸雨区面积要减少 20%~30%。到 2000 年使全国硫沉降量基本保持在"八·五"末的水平,到 2020 年,基本上消除硫沉降量超过临界负荷的区域。对于城市二氧化硫污染也提出了控制目标,如到 2000 年,在酸雨控制区和二氧化硫污染控制区的直辖市、省会城市、经济特区城市及重点旅游城市环境空气二氧化硫浓度基本达到国家环境质量标准。到 2020 年,全国所有城市要保持环境空气二氧化硫浓度达到国家环境质量标准。酸雨和二氧化硫控制区涉及 26 个省 4 个直辖市,在控制区内以及有关的非控制区的若干地区,将采取多种政策和措施,使工业污染源达标排放,逐步关停或限产高硫煤矿、提高煤炭洗选能力、改进煤炭燃烧技术、控制汽车尾气等,使我国 SO_2 的排放量有较大幅度的减少。

第六章　大气臭氧

第一节　大气臭氧层

一、臭氧和大气臭氧层

人们对地球大气中的臭氧（O_3）并不陌生，它是三原子氧，是普通氧气的同胞兄弟。最早提出臭氧做为一种物质存在的是德国科学家万·麻鲁（Van Marum），他在 1786 年的静电实验中发觉了臭氧气味的存在，并指出在某些化学反应过程中也有类似气味存在。但他当时没有对这种物质冠以专门的名称。1839 年斯考宾（C·F·Schonbein）在实验中再次发现具有这种气味的物质并用希腊文命名为 OZEIN，意思是发臭味的物质。后来许多物理学家和气象学家在实验室内以及通过光谱观测都证实了臭氧作为一种物质的存在。1880 年哈特莱（Hartley）在实验室里发现臭氧在紫外光谱区有很强的吸收，其吸收带中心位于 255 nm（1 nm 等于 10^{-9} m），后来这一吸收带被命名为哈特莱臭氧吸收带。哈特莱同时还指出，臭氧是高层大气中的一种气体组分。之后不久，夏皮尤（Chappuis）和赫根斯（Huggins）先后于 1882 年和 1890 年分别发现了臭氧在可见光区和紫外区的吸收带，并分别被命名为夏皮尤臭氧吸收带和赫根斯臭氧吸收带。至此，在地面观测到的太阳光谱在紫外区突然中断的现象得到圆满的科学解释。哈特莱提出的大气中存在臭氧这一想法在 1917 和 1921 年分别被得到证实。1917 年佛尔捏（Fournier）和斯特莱特（Strait）发现大气中的某些光谱与夏皮尤臭氧吸收带十分吻合。1921 年法布里（Fabry）和布申（Buission）利用光学方法首次对大气中的臭氧含量进行了观测并得到了大气中臭氧的总含量值，从而最终证实了臭氧为地球大气中的一种微量气体组分。气体状态的臭氧呈淡蓝色，一般情况下，大气中的臭氧是无味气体，但当其浓度达到 10^{-6} 时，人们会嗅到臭氧的特殊气味。大气中的臭氧具有明显的不稳定性，在温度较高时分解得很快。臭氧还是一种强氧化剂，因为一个氧原子很容易脱离它的分子，在常温下，臭氧能氧化大多数的金属并能使许多饱和、非饱和及链状碳氢化合物的有机质氧化，臭氧能使靛蓝和许多有机染料退色等。因此臭氧已在污水处理、消毒和漂白等工作中得到广泛应用。人们常常利用臭氧与一些无机物和一些有机染料之间的相互作用来定量分析臭氧的含量。例如利用臭氧能从碘化钾溶液中分解出气体碘的特性研制成电化学臭氧探测仪，利用臭氧能使一些有机染料（如鲁米纳，洛丹明等）发光的性能研制出化学发光臭氧探测仪等。大气层中的氧分子由于吸收来自太阳的紫外线辐射而被分解成氧原子，这些游离的氧原子迅速地与周围的氧分子相结合而形成臭氧，这些臭氧分子聚集起来并在离地球表面 10～50 km 高度之间形成独特的层次，被称为大气臭氧层。地球大气中的臭氧含量大约有 90% 集中在这个臭氧层中。大气中的臭氧含量只占大气的百万分之几，其平均密度约为 0.9×10^{-10} g/cm^3，臭氧层中臭氧的最大密度也不过为 $1.5 \times 10^{-10} \sim 6.0 \times 10^{-10}$ g/cm^3。如果把地球大气中所有臭氧集中在地球表面上，则它只形成约

3 mm 厚的一层气体,其总重量约为 30×10^8 t(吨)。尽管臭氧层在保护人类生存方面有着重要作用,但长期以来它只是少数科学家们的研究对象。直到 20 世纪 80 年代,科学家们发现大气中的臭氧层在逐渐变薄,并在有些地区出现了臭氧洞,对人类自身的生存构成了威胁,从而才引起了世界各国政府和人民的普遍关注,并构成了当今人类面临的重大全球环境问题之一。

二、地球生灵的天然保护伞

科学家们所提供的大量研究结果证实,地球是太阳系中唯一有生命存在的星球,只有地球及其周围大气层能够向生灵提供相对稳定的生存环境。

大气臭氧层在维护人类正常生存环境方面起着重要作用,其中最主要的是它可以吸收掉对地球上生灵有危害的紫外辐射。大量研究结果表明,到达地球表面的太阳辐射能量的 4% 左右会被大气中的臭氧吸收掉,也就是说,平均每一昼夜,大气中的臭氧可吸收 6×10^{27} 尔格 * 的太阳辐射能。科学家们证实,太阳作为一个强大的辐射源向周围发射各种波长的电磁波辐射,包括人们经常提到的紫外辐射、可见光辐射、红外辐射、微波辐射等等。其中 $200 \sim 280$ nm (nm——波长单位,1 nm $= 10^{-9}$ m)的紫外辐射称为 UV-C(紫外 C)可以杀死地球上的一切生灵,包括人类本身;波长为 $280 \sim 320$ nm 的太阳辐射称为 UV-B(紫外 B),它可以杀死或严重损伤地球上的生灵。可庆幸的是大气上空最大浓度仅为百万分之几的臭氧层却能够将 UV-C 的全部和 UV-B 的绝大部分吸收掉。波长大于 320 nm 的太阳紫外辐射称为 UV-A(紫外 A),臭氧只能吸收其中的一小部分。这样,真正到达地球表面的只有小部分的 UV-B 辐射和大部分的 UV-A 辐射,而 UV-A 辐射对地球生灵几乎没有什么危害。可见,太阳辐射中,对地球上生命有害的那部分紫外辐射绝大部分被大气臭氧层吸收掉了,也就是说,大气中的臭氧层实际上是地球上一切生命免受过量太阳紫外辐射伤害的天然屏障,是地球上一切生命免受有害紫外辐射的天然保护伞。正是由于臭氧层的存在,才使地球上的一切生命,包括人类本身得以正常的生长和世代繁衍。可以毫不夸大地说,地球上的一切生命像离不开水和氧气一样离不开臭氧,如果地球大气中没有臭氧层,地球上就没有生命。不仅如此,通过大量的理论和实验研究,科学家们还发现,臭氧作为地球大气的一种微量气体成分,对地球大气(尤其是上层大气)的热力、动力学状态有着重要的影响,与地球大气的环流形势,与全球气候和环境变化有着密切关系。

三、臭氧在地球大气中的分布和变化

地球大气中的臭氧并不像氧气、氮气那样比较均匀地分布在大气中,大气中的臭氧有着较大的时空变化。为此,科学家们常用臭氧总量和臭氧垂直分布的变化来描述大气臭氧的全球分布状况及其变化。

(一)大气臭氧总量的分布

大气中的臭氧总量是指某地区单位面积上空整层大气柱中所含臭氧的总量。这个臭氧总量通常是用厚度(厘米)来表示,其定义是:假定整层大气柱中所含的全部臭氧集中起来形成一个纯臭氧层,在标准状况下(即一个大气压,温度为 $15 \, ℃$),这个纯臭氧层的厚度即为大气臭氧总量的量度单位,其基本单位是"大气厘米",一个大气厘米即表示这个纯臭氧层在标准状况下的厚度为 1 cm。一般情况下,大气中臭氧总量的变化范围在 $0.1 \sim 0.5$ 大气厘米之间。在很

---

* 1 尔格 $= 10^{-7}$ J

多文献中,人们还使用陶普生单位(简写为 Du)做为量度大气中臭氧总量的单位,这是一个为纪念英国科学家 Dobson(他于 1929 年研制成功了陶普生臭氧观测仪,这一仪器一直延用到现在)而使用的臭氧量度单位。一个陶普生单位(即 1 Du)相当于 10^{-3} 大气厘米。在日常工作中,人们还使用混合比来做为量度大气中臭氧的单位,即臭氧密度与空气密度之比,并用微克/克($\mu g/g$)来表示,即一克空气中所含臭氧的微克数。

大气臭氧的全球分布主要与地理位置和季节有关,总体而言,极大值在地球的两极地区,而极小值在赤道地区。就季节变化而言,大气中的臭氧含量的最大值一般出现在春季,而最低值出现在秋季。但在低纬度地区,最大值和最低值有时分别出现在夏季和冬季。

就全球而言,大气臭氧在南北两半球的分布也不相同,基本上呈非对称性分布。尽管臭氧总量的平均值差别不大,但南半球上空臭氧的季节变化较北半球要小,臭氧极大值区的分布也有较大差别。在南半球,臭氧的最大值出现在 9～11 月(南半球的春季),极值中心并不在极区,而一般在南纬 50～60 度左右,而在北半球,臭氧的春季 3～4 月最大值基本上覆盖在极区上空。

北极上空臭氧高值区一般出现在 3～4 月份,臭氧极大值可达 440～450 Du,而在南极上空高值区通常出现在 11～12 月份,臭氧极大值一般为 380～400 Du。可见,就地球的两极区而言,南极上空臭氧高值区出现的时间要比北极晚两个月左右,且臭氧极大值比北极上空相应的值要低。

臭氧在地球大气中的分布状况与大气环流以及大气中的其他动力、热力学等过程有密切关系,因此,对某一地区和某一时段来讲,大气臭氧的分布状况与上述提到的平均状况会有较大差别。实际观测资料表明,受天气过程的影响,对于某一地区而言,大气中的臭氧量在一天之内,甚至几小时之内,就可能变化 100 Du(陶普生臭氧单位)。正是由于这一原因,科学家们通常根据大气中臭氧的变化来认识和研究相关天气过程的演变,甚至根据臭氧变化资料来判断某一气团的来源和对其路径进行预报。

(二)大气中臭氧随高度的变化

除了大气中臭氧的总含量之外,人们还非常关心臭氧在大气中随高度是怎样变化的。由于大气中的臭氧绝大部分集中在 10～50 km 的高层大气中,因此对这一层次大气的物理、化学状态的影响也最大。目前人们所讨论的臭氧层破坏也是指这一层次中的臭氧受到破坏。

长期研究结果表明,大气中臭氧含量随高度的变化是一个很复杂的问题,由于缺乏有效的测量手段,长期以来人们主要是用间接的方法来获得大气臭氧垂直分布的资料,直到 20 世纪 50 年代,专门用以测量臭氧垂直分布的光学臭氧探空仪、化学臭氧探空仪、化学发光式臭氧探空仪等先后研制成功并投入测量之后,人们才开始得到大气中臭氧垂直分布的直接测量资料。目前,除了施放臭氧探空仪外,人们还利用施放火箭、气球以及卫星等手段获得大气臭氧垂直分布的资料,人们对臭氧在大气中随高度的分布及其变化特征也有了更多的了解,但应当指出,目前人们用以直接探测臭氧垂直分布的手段还很不完善,费用相对也较昂贵,测量站点也远远不够,人们正在努力建立包括地基和空基在内的臭氧立体观测系统以便获得臭氧垂直分布的更多资料。就平均状态而言,在地球大气的对流层中(从地面至对流层顶,这个对流层顶在赤道上空可达 15～16 km,而在极区往往只有 10 km 左右),臭氧浓度随高度上升而下降,进入平流层(从对流层顶至 50 km 左右),臭氧浓度开始是随高度上升而增高,然后是随高度上升而减小,大气中臭氧浓度的最高值一般出现在 22～25 km 高度范围内,这个高值区及其出现高度主要是由于臭氧生成和破坏的光化学平衡决定的。根据这一理论,大气中臭氧生成的必要条件是原子氧的存在,而实际大气中分解氧分子生成氧原子所需的能量(约 5.115 电子伏特)来自太阳辐射。在较高的大气层中(如 50 km 以上)尽管氧分子的分解速度较大,但由于大气密度小和相应的氧分子浓度低,大气中的臭氧浓度仍会很低,而在对流层,尽管氧分子浓度高,但却由于氧分子分解速度非常小(10 km 处的氧分子分解速度比 50 km 处的氧分子分解速度约小 10 万倍),因此,对流层中的臭氧浓度也很低。这就是说大气中臭氧的浓度应该在某一个高度上有极大值,这就是为什么在地球大气的平流层中部形成一个高浓度臭氧层的原因所在。实际上,大气臭氧的垂直分布会与上述平均状态有较大的差异。随着季节和地区的不同,臭氧的垂直分布及其结构特征也会有很大的变化。为此,科学工作者们根据实际观测资料将大气臭氧的垂直分布粗略地划分为 4 个类型,分别称 A 型,B 型,C 型和 D 型。

A 型,也称热带型,常见于赤道地区和南北纬 30°之间地区的上空。这种分布类型结构比较简单,一般为单峰结构,高值区在 24~28 km 高度,臭氧分压极大值一般不超过 200 nPa(读做纳帕,1 nPa=10^{-9} Pa),其出现的高度平均约为 27 km。所对应的臭氧总含量一般在 260 Du 左右。

B 型,也称温带型,常见于中纬度地区上空,臭氧高值区一般在 18~22 km 高度范围内,臭氧分压极大值一般在 220 nPa 左右,其出现的高度平均为 21 km 左右。这种类型相对应的臭氧总含量也较 A 型大得多,一般为 340 Du 左右。

C 型,也称极地型,是高纬度地区臭氧垂直分布类型,这一类型的特点是高值区出现的高度低,一般在 13~16 km,而臭氧分压最大值可达 300 nPa,相应的臭氧总量也较大,经常是大于 400 Du。

D 型,也称混合型,这是一种结构很复杂的臭氧垂直分布类型,多出现于极区上空,有时也出现于中纬度地区上空。这种类型中往往是同时有多个臭氧高值区出现,通常是在 20 km 高度附近出现臭氧第一极大值(有时可达 300 nPa),同时在 15 km 高度附近出现第二极大值(也可达 300 nPa)。这一分布类型的主要特征是多层次结构明显,所对应的臭氧总含量大(可达 500 Du 以上)。

以上简单讨论表明,赤道地区上空臭氧总含量相对较低,臭氧极大值也相对偏低,但极大值出现的高度较高,臭氧垂直分布廓线结构也较简单。在极区上空,臭氧总含量最高,相应的臭氧极大值也很大,但极大值出现的高度最低,臭氧垂直分布廓线一般呈多峰复杂结构。中纬度地区上空的臭氧随高度分布一般介于上述二者之间。大气中的臭氧浓度有着明显的季节变化和日变化,但这种变化在低纬度地区表现得很弱,而随着纬度的增高,这种变化的幅度也越来越大。

(三)臭氧时空变化的缘由

大气臭氧在全球范围内的分布特征以及所表现出来的明显的时空变化,主要是由平流层光化学平衡理论和大气环流特征来决定的。平流层的光化学过程导致了平流层中部高浓度臭氧层次的存在,而大气环流则决定了大气臭氧在全球分布特征和时空变化特征。由光化学过程在赤道地区上部平流层中部产生的高浓度臭氧,被大气的极向环流和大尺度混合过程输送到高纬度地区上空,由于这种环流在冬、春季节表现尤为强烈,因此出现了高纬度地区上空冬、春季节的高浓度臭氧层,并形成臭氧分布的明显径向梯度。同时,由于极区的下沉气流使得高浓度臭氧层次出现的高度随纬度增加而下降。与此同时,赤道地区的上升气流将臭氧浓度很低的低层大气补充到平流层中部,使那里的臭氧浓度降低并将臭氧高值区抬升。当然,由于大气中不同尺度的运动本身的复杂性,使得大气臭氧的分布和变化也呈现出非常复杂的图像。多年的研究结果(尤其是对卫星观测资料的分析研究)还表明,大气中臭氧的时空变化还与太阳活动有密切关系。

第二节 大气臭氧层的破坏及其后果

一、臭氧层正在遭到破坏

应当特别指出的是,除了一些有规律性的时空变化外,科学家们发现大气中的臭氧浓度近20多年来发生了明显的年际变化,这就是在全球的绝大部分地区上空都观测到了臭氧浓度下降的趋势。科学家们根据全球各地观测的历史资料和1979年以来"雨云七号"卫星的观测记录,通过仔细分析后证实了全球大气臭氧正在减少这一事实,并发现大气臭氧的减少主要发生在臭氧层的高值区。尤其在中高纬度地区,这种臭氧总量的下降趋势尤为明显,在南极地区上空冬末春初大气臭氧严重耗损出现了臭氧洞,在北极上空也观测到了臭氧的严重耗损。对全球臭氧观测资料分析表明,从1985至1995的10 a(年)间,北半球上空大气臭氧耗损平均达5%,南半球上空臭氧耗损平均达3%,并且这种臭氧耗损趋势还在继续。近些年来的研究还发现在北半球中纬度某些地区上空季节性地出现了一些臭氧低值区。所有这些都显示,大气中的臭氧层确实正在受到破坏。

二、臭氧层破坏的理论

大气中臭氧的形成和破坏理论一直是大气臭氧研究中的核心问题之一。最简单的臭氧形成模式是氧原子和氧分子相结合生成臭氧。在臭氧形成过程中最主要的是原子氧的来源。在20 km以上的大气中,氧原子几乎全部来自于太阳紫外辐射对氧分子的光解过程,因此,大气中臭氧的形成主要发生在高层大气中。在低层大气中,尤其是在对流层中,氧原子主要来源于波长较长的太阳紫外辐射对大气中NO_2的光解过程。另外通过太阳紫外线和可见光的照射,臭氧本身也会光解产生氧原子。这就是长期以来被认可的大气臭氧形成的光化学理论。这一理论的最基本假设条件是纯氧大气,即大气中的其他气体组分在反应中只起第三体的作用(这是光化反应中能量与动量守恒所必需的)。实际上,形成大气臭氧的光化学过程是相当复杂的,纯氧大气的假定也是不符合实际的。进一步研究表明,讨论大气中O_3的形成还必须考虑一些其他的作用,如氢在光化过程中的作用,电激发态氧原子的作用,氮氧化物的作用等等,这就是说实际大气中O_3的形成理论和过程要复杂得多。

大气臭氧层的破坏主要是通过光解过程完成的,在高层大气中(如40 km以上大气中),O_3因吸收来自太阳的短波紫外辐射而遭到光解,在较低层大气中O_3吸收较长波长的太阳紫外辐射和可见光辐射而光解,当然O_3也会与氧原子反应而被破坏。实际大气中,一些自由基也可能会参与臭氧破坏过程。参与破坏臭氧反应的主要是那些含有活泼自由基的气体,如HO_x、NO_x、ClO_x和B_rO_x等。其中当前人们最关注的是ClO_x和B_rO_x,因为它们的存在直接和人类活动有关。人类活动释放的氯氟烃化合物由于其性能稳定和长寿命会被输送到大气高层,在那里它们被光解而产生原子氯,也会与那里的激发态氧原子反应生成ClO_x,而原子氯和氯的氧化物则会消耗氧原子或直接与 O_3 反应使臭氧得以破坏。科学家们指出，一个氯原子可以使几万个臭氧分子遭到破坏，溴原子破坏臭氧的能力更强。目前普遍认为，由氯氟烃参与的臭氧破坏过程是当前全球性臭氧损耗的主要原因。这也正是当前国际社会限制氯氟烃化合物生产和使用的根本原因所在。

三、臭氧层破坏的后果

人类活动本身造成了大气中臭氧层的耗损，使过量的紫外辐射到达地球表面，而这过量的紫外辐射又会危害人类本身及其生存环境，这就是大自然对人类的报复。在某种意义上说，人类自己在吞食着自己酿成的苦果。臭氧耗损可能导致的严重后果表现在下述几个方面。

（一）对人体健康的危害

1. 损害免疫系统

人类生活在这个世界上，享受着太阳的沐浴，适量的太阳紫外辐射是人类维持其生命所必需的，这已经被人们所认识。目前的问题是，由于地球大气中臭氧层这个保护伞正在受到破坏，结果会使一些过多的太阳紫外辐射到达地球表面。现在人们关心的正是这个到达地面的过多的太阳紫外辐射量。

实验研究表明，人工和自然的紫外 B 过量照射都会引起人或动物局部或系统地改变其免疫系统。这首先是由于 UV-B 破坏个体细胞，降低细胞的免疫反应进而损害其中的脱氧核糖核酸（DNA）而引起的。人体细胞内 DNA 的改变，使细胞本身的修复能力减弱而导致人体免疫机能减退。人们的皮肤是一个重要的免疫器官，过量紫外辐射照射皮肤会使其免疫功能受到扰乱，使免疫反应的平衡遭到破坏，进而导致人体免疫系统的改变，使很多疾病的发病率大大增加，并会使已有的疾病加重。最容易发生的疾病包括麻疹、水痘、皮疹等以及通过皮肤传染的寄生虫病，细菌感染等等。目前，人们关于紫外辐射对人体免疫功能影响的研究工作还很不够，一些关于细胞和分子的响应机制以及免疫抑制作用谱等方面的研究也正在进行之中。

2. 皮肤癌增加

目前的一些统计资料表明，过量紫外照射与人们的皮肤癌发病率有密切关系。科学家们指出，过量紫外辐射导致皮肤癌的机制目前尚未完全清楚，一种最有可能的机制是，紫外辐射损害人体内的 DNA 并导致 DNA 在子细胞中的错误复制，即引起突变。在通常情况下，某些关键基因控制着细胞的分化、循环和死亡等过程，而这些基因中的突变则会导致癌细胞的生成。目前，已有 3 种皮肤癌被认为和过量紫外线照射有关，即鳞状细胞癌、基底细胞癌和黑瘤（前两种均属非黑瘤皮肤癌）。一些观测事实表明，非黑瘤皮肤癌绝大部分出现在人体经常被阳光照射的体位，如脸部，颈部，手部等，同时在日照强的地区这些癌症的发病率较高。不仅如此，一些资料还表明，在白皮肤人群中皮肤癌的发病率明显增高。

皮肤黑瘤是黑素细胞转变成瘤的结果，人们熟知的小痣黑瘤、结状黑瘤以及表面扩展黑瘤等均属此列。恶性黑瘤比较少见，但它与过量紫外辐射有关，其机制尚未完全清楚。同非黑瘤皮肤癌一样，皮肤黑瘤对于白皮肤个体具有相对高的危险性。相对而言，在白皮肤人身上，往往色素不正常，出现雀斑、晒斑以及各种痣的机率较大。应当指出，我们对过量紫外辐射导致皮肤癌的问题知道的还甚少，其引发机制尚不完全清楚，例如，是哪些类型的皮肤癌对哪些紫外波段最敏感，其响应时间有多长，个体差异有多大等等一系列问题还有待于进一步研究。但不管怎样，有统计资料表明，大气中臭氧每减少 1%，就可能增加 3% 的皮肤癌发病率，可见在当今大气臭氧层破坏已成事实的情况下,避免太阳紫外辐射的过量照射还是明智的选择。

3. 眼疾发病率增加

流行病学资料表明,过量的紫外辐射导致眼睛的角膜结膜炎以及白内障等眼疾发生,其中白内障与过量紫外辐射的关系已被公认,白内障是指眼中晶状体的混浊或不透明。一般来讲,引起白内障的原因很多,白内障本身的类型也很多。但是,由于由大气臭氧层破坏所导致的到达地面的太阳紫外辐射的增加具有全球性质,在空间和时间尺度上,都是其它因素所不能比拟的,因此,尽管紫外辐射可能不是引起白内障的主要原因,但是受其危害的人数将是很大的。研究工作指出,紫外辐射增强能直接损害人眼的晶状体,尤其是对晶状体表皮的损害,从而导致晶状体表皮混浊。有资料表明,大气中臭氧每减少 1％,白内障的发病率就会增加 0.3％～0.6％。

(二)恶化大气环境

人类生活在地球大气的最底层,而恰恰是这一层受到了人类本身生产和社会活动的严重污染。20 世纪中叶震惊世界的伦敦烟雾和洛杉矶光化学烟雾都曾使几千人丧生,都是人类活动恶化大气环境的典型实例,中国兰州也发生过严重的光化学烟雾事件。当大气中臭氧含量减少时会有更多的太阳紫外辐射到达地面,这会增加近地面大气臭氧形成的速率,进而会增加光化学烟雾的发生机率,使大气环境恶化。有资料表明,大气臭氧层的臭氧浓度每减小 1％,地面的臭氧烟雾就增大 2％。不仅如此,近地面大气中臭氧含量的增加还会直接危害人们的身体健康,首先会导致人们呼吸系统的疾病发生,引起咳嗽,刺激鼻咽,甚至发生胸闷等不适症状。

(三)危害海洋生物

由大气臭氧层破坏而引起的太阳紫外辐射的增加会对海洋的水生生态系统产生直接的危害,通常认为太阳紫外辐射是影响全球海洋浮游生物分布的重要因素之一。太阳紫外辐射的增加会直接影响浮游生物的定向性和游动性,并最终会导致它们生存能力的降低和总体数量的减少,有数据表明,大气中臭氧减少 16％,会使浮游生物数量减少 5％。

科学家们曾对南极臭氧洞期间臭氧洞覆盖范围内外的浮游生物产量进行了比对研究,结果显示,臭氧洞期间,南极上空的太阳紫外辐射明显增加而浮游生物数量却相应减少;在南极大陆结冰带的边缘,浮游生物的这种减少量约为 6％～12％。海洋浮游生物是海洋复杂食物链的基础,它们受到危害必然会对海洋水生生态系统的食物链和食物总产量产生影响。不仅如此,海洋浮游生物还是大气中 CO_2 的汇,因此,它们的损害也会对大气中 CO_2 浓度的变化趋势产生影响。科学家们还发现,太阳紫外辐射的增加还会对海洋藻类和海草产生影响,对鱼、虾、蟹类、两栖类及其它动物的早期发育也有损害作用,使它们的繁殖能力降低并损害其幼体的发育和生长,从而会直接引起海洋生物界的变化。

(四)对农作物的影响

过量的紫外辐射到达地面会使许多农作物和微生物受到损害。试验资料表明,最容易受到破坏的是豆类、甜瓜、芥菜和白菜等,土豆、西红柿、甜菜和大豆等产品质量会下降,产量会减少,大多数农作物和树木(尤其是针叶树木)会变得衰弱,抵御病虫害的能力会大大降低,进而使农作物和森林生态系统遭受破坏。紫外辐射增强对农作物的影响包括直接影响和间接影响。大量研究表明,这些影响是通过抑制光合作用,损害 DNA,改变植物的形态学及生物量积累等来实现的。应当指出,这种影响过程是相当复杂的,不同物种对紫外辐射增加的响应也有很大差别,即便是同一物种,由于其种植品种、发育阶段等的不同,其响应也会不同。到目前为止,这方面的研究工作多集中在对温带农作物的研究,对陆地自然生态系统的研究还很少,但科学家们推断,像森林,草原这种自然生态系统,它们对太阳紫外辐射增加的响应可能主要反映在物种的变化方面。这就是说,紫外辐射的增加会使这些生态系统中的生物多样性发生变化,但目前还不能对这种变化做出定量的估计。

(五)对高分子材料的损害

大量研究结果表明,过量太阳紫外辐射会使绝大多数合成高分子以及天然生物高分子材料(如各种塑料、橡胶制品等)受到严重损害。这种损害主要是增加这些材料的光解速率,破坏其性能,使它们的使用寿命大幅度减少,从而对这些材料在当今世界中的广泛应用(尤其是在中低纬度地区的应用)构成威胁,造成严重的经济损失,并对人们的社会经济生活带来冲击。

以上所述表明,过量紫外辐射到达地面可能导致的后果是严重的。当然,大气中臭氧耗损的报复并不仅是这些,过量紫外辐射还会加速建筑物、绘画等的老化过程,缩短它们的使用寿命,造成严重的经济损失。

第三节 大气中出现臭氧洞

一、南极臭氧洞的出现

早在 1920 年,人们便开始了对大气中臭氧含量的定量观测,但在全世界范围内对大气臭氧开展较系统和规范化地观测只是 20 世纪 50 年代以后的事。到目前为止,分布在全世界各地的约 150 多个站形成了全球臭氧观测系统(GO_3OS),并按世界气象组织(WMO)规定的统一规范对大气臭氧进行着日常业务观测。观测资料表明,较长时间以来,全球大气中的臭氧含量没有发现有明显变化。但是 1985 年,人们未预料到的事发生了,这一年,英国国家环境研究委员会南极考察队的科学家乔·法曼(Forman)等人首次报道,1980~1984 年间,南极上空每年春季(10 月)臭氧含量与同年 3 月份相比大幅度下降,出现了臭氧洞。这一事实是根据对南极哈利湾(Hally Bay)地面站约 30 a(年)的臭氧观测结果进行分析之后发现的。这一事件立即引起了美国国家航空和航天管理局(NASA)理查德·斯多拉斯基(Richard Stolarski)等人的兴趣,他们对放置在极轨轨道卫星 Nimbus-7 号上的臭氧总量图像观测仪(TOMS)所观测到的全部数据进行了分析,确认了上述事实。随后包括中国在内的很多国家都组织科学工作者对南极上空臭氧变化开展了实地考察和相应的理论研究工作。所谓南极臭氧洞是指南极地区上空大气臭氧总含量季节性大幅度下降的一种现象,并非真正出现了洞。为了给臭氧洞一个相对明确的定量化概念,WMO 建议称臭氧总量下降至 200 Du 以下的区域为臭氧洞。

对迄今已掌握的卫星和地面观测资料的分析表明,南极大陆上空大气中臭氧含量的明显减少始于 20 世纪 70 年代末。1982 年 10 月南极上空首次出现了臭氧含量低于 200 Du 的区域,形成了臭氧洞。在随后的几年里,臭氧洞的面积不断扩大,于 1987 年 10 月达到最大值并出现了臭氧总量值低于 110 Du 的区域。20 世纪 90 年代以来,南极臭氧洞继续发展,9~10 月份期间,臭氧的破坏程度均达到臭氧洞出现之前同期臭氧平均值的 60%～70%,臭氧洞最大覆盖面积约为 $20 \cdot 10^6 \sim 24 \cdot 10^6 \ km^2$,最低臭氧值在 100 Du 左右。南极臭氧洞通常于每年 8 月中或末开始逐渐形成,9 月下旬之后臭氧减少速度明显增加,一般在 10 月上旬臭氧洞的深度达到最深,面积达到最大,且臭氧量停止进一步减少,此后至 11 月中旬左右臭氧量慢慢恢复并一般于 11 月底或 12 月初臭氧量迅速恢复到正常值。

南极臭氧洞的出现提醒人们,大气臭氧层这把地球上一切生命的天然保护伞已经受到了严重威胁。当前人们普遍关心的问题是:南极臭氧洞的出现是否预示着全球臭氧层的变薄?臭氧洞是否会在地球的其他地区出现?

其实这一问题是在南极臭氧洞发现不久由科学家们自己提出来的。早在 1987 年,联邦德国的科学家们报道他们发现北极上空也有一个臭氧洞,其面积约为南极臭氧空的 1/5,这一报道在当时更加重了人们已有的紧张情绪。于是 1989 年,来自美国、英国、挪威和联邦德国等国的 200 多名科学家对北极上空的臭氧层进行了考察。结果表明,北极上空臭氧层的破坏相当严重,但没有形成臭氧洞。在随后的 10 多年间,人们不断得到有关北极上空臭氧严重耗损的报道。尤其是 20 世纪 90 年代以来,在中纬度北美洲和欧洲的大部分地区以及西伯利亚上空连续出现臭氧浓度的异常减少,其降低幅度平均在 10%～25% 之间,个别地区报道了 1d(天)之内臭氧浓度比其长期正常值低 35%～40% 的情况。但是,对已有观测资料的分析表明,到目前为止,在北极上空尽管冬季臭氧耗损比较严重,但尚不存在臭氧洞。而且根据目前对南极臭氧洞形成原因的认识,科学家们预言,北极上空冬季的臭氧耗损将会维持很长一段时间,甚至会更严重,但是由于南北极上空温度和大气环流形势等的明显差异,在北极上空出现像南极上空那样的臭氧洞的可能性较小。

二、南极臭氧洞是怎样形成的

南极上空臭氧层的严重耗损向人们提出了一个严肃的科学问题:是什么原因导致了南极臭氧洞的形成? 究竟谁是破坏大气臭氧层的元凶?

自 1985 年首次关于南极臭氧洞的报道以来,科学家们围绕南极臭氧洞形成的原因开展了大量的实地考察和理论研究工作。围绕南极臭氧洞形成的原因在一段时间内曾争论不休,众说纷纭,先后提出了多种假说。到目前为止,尽管在南极臭氧洞形成原因方面尚有很多不确定性,但基于大量研究结果,科学家们已基本上取得了共识,即认识到南极臭氧洞是人类活动造成的,是人类向大气中排放的氟氯烃化合物(CFCs)导致了臭氧层的破坏。

20 世纪以来,随着工业的发展,人们在致冷剂、发泡剂、喷雾剂以及灭火剂中广泛使用性质稳定、不易燃烧、价格便宜的氟氯烃物质以及性质相似的卤族化合物。这些物质在大气中滞留时间长(有的可达 100 a 以上),容易积累,当它们上升到高层大气以后在强烈的太阳紫外辐射作用下,释放出氯(溴)原子,后者可以从臭氧分子中夺取一个氧原子,使其变成氧分子,而生成的一氧化氯(溴)很不稳定,又与另一氧原子结合,使氯(溴)原子再次游离出来,又重复上述反应。这种过程可以重复上千次,这就是说一个氯(溴)原子可以使上万个臭氧分子遭到破坏。早在 1974 年美国加利福尼亚大学化学系的弗·罗兰(F·Rowland)等曾预言,若氟里昂的生产以每年 22% 的速度增加并释放到大气中,那么到 1985 年全球臭氧含量将下降 5%,后来的卫星和地面观测资料都证实了这一预言。

在南极上空,冬季由于没有热能或热能很弱,气温稳定下降,上层大气变冷。不仅如此,被称为极区涡流的环极气流将南极大陆上空的空气团团围住,使得高纬度周围的大量空气与低纬度空气隔离开来形成一个温度很低的区域。在这一区域内,通过相应的化学反应将不太活跃的氯(溴)化合物转化成活跃的相应化合物并在太阳紫外辐射的作用下分解出破坏臭氧的游离氯(溴)原子,从而使该区域内的臭氧遭到大幅度破坏而形成臭氧洞。春季来临,太阳回到极纬,极区温度开始升高,臭氧的耗损过程停止,同时极地涡流遭到破坏,高低纬度之间的经向交流活动加强,含有低浓度臭氧的空气迅速向低纬度地区扩散,同时极区周围臭氧含量高的空气进入极区上空,导致臭氧洞最后消失。

上述对南极臭氧洞形成过程的解释基本上已成为多数科学家们的共识,由此可见,CFC_s是造成南极上空出现臭氧洞的真正元凶。

三、臭氧洞未来的演变趋势

当前,各国政府乃至平民百姓对大气臭氧层的破坏给予极大关注,他们想知道:大气中的臭氧层是否会继续变薄?大气臭氧洞是否会在南极以外的其他地区出现?他们担心自己的生存环境是否会进一步恶化。

人们的担心是有道理的,对大气臭氧层的地面和卫星观测结果分析表明,自 20 世纪 70 年代早期开始,可以观察到大气臭氧层在全球范围内的明显耗减。近 20 多年来全球平均臭氧约每 10a 减少 3%,而且在同一纬度地区,近 10 多年来臭氧耗减速度有加快的趋势。值得注意的是,在人群集中的北半球,20 世纪 90 年代以来在冬季连续观测到 1957 年以来的最低臭氧值,而且在某些地区,如从西伯利亚至欧洲西部的广大地区上空,月平均臭氧亏损达到 10%～25%。不仅如此,在世界屋脊——青藏高原地区上空也发现了臭氧层的不寻常耗损,在这里每年夏季(6～9 月)出现大气臭氧总量的低值中心,其臭氧耗损较同纬度地区约大 11%,并有逐年加深的迹象。这些事实表明,当前在全球范围内,大气臭氧层确实在变薄,在高纬度地区尤为明显。科学家们预言,这种臭氧层变薄的过程还会继续下去。那么这种令人担心的臭氧层变薄还会继续多长时间呢?科学家们的回答是,这完全取决于人类自己。按照目前科学界对大气臭氧层耗损原因的认识,臭氧层变薄主要是由于人类向大气中排放的消耗臭氧层物质引起的,目前这种物质在大气中的浓度还在继续增长。即使按照"关于消耗臭氧层物质的蒙特利尔议定书"及相关修正案的约定,在 2010 年前全世界都停止对消耗臭氧物质的生产和使用,但由于这种物质在大气中的滞留时间很长,它们在大气中的浓度也还会继续增加,并可能在 21 世纪初达到其最大值后才开始逐渐减少。这就意味着,如果大气中的一些基本过程没有明显变化,那么大气中臭氧层的耗损会一直延续到 21 世纪中期以后。不过,在地球的其他地区出现像在南极上空一样的臭氧洞的可能性是很小的,但这并不排除今后在某一地区上空会出现臭氧耗损比目前更为严重的情况。当然,臭氧层变化涉及到发生在大气中的一系列复杂的物理、化学和动力学过程,其中有些问题目前尚未被认识,因此,上述预言在科学上有一定的不确定性。

第四节 对流层中的臭氧

一、对流层中的臭氧

对流层中的臭氧含量相当少,一般情况下,约占大气中臭氧总含量的 10% 左右,但它在对流层(尤其是近地面)光化学过程、大气环境质量以及生态环境变化等研究中扮演着重要角色。同时,作为一种大气中的气体成分,臭氧的温室效应及其对气候变化的贡献也倍受重视。因此,长期以来人们在研究大气环境质量以及环境和气候变化中都把臭氧做为重要研究对象。长期研究表明,对流层大气中的臭氧主要来源于平流层的输送和发生在低层大气中的光化学过程。气象上称对流层与平流层接壤的那个层次为对流层顶,但这个顶并不是一个平面,而是一个斜面,在赤道地区上空,对流层顶一般可达 15～16 km,而在极区则一般在 10 km 以下。不仅如此,由于大气动力学原因,对流层顶呈现出不连续的状态,通常是在纬度 40～45 度附近出现断裂,气象工作者称之为对流层顶折叠。对流层顶的存在使平流层和对流层之间的物质交换受到了限制,这就是为什么一些颗粒物、水汽等常常积累在对流层顶下部的原因。那么,平流层的臭氧又是如何通过对流层顶输送到对流层中来的呢? 科学家们很早便提出了大气臭氧从平流层向对流层输送的概念,并从 20 世纪 40 年代起先后对这种输送机制和渠道提出了种种设想。通过对大量实际观测资料的分析,目前较普遍的认识是,平流层空气中的高浓度臭氧可以通过小尺度湍流经对流层顶而进入对流层,这种湍流往往是由于对流层顶附近风的切变而造成的,这一过程虽然进行得慢而弱,但它可能是发生在所有纬度上空的 O_3 输送途径。此外,平流层臭氧还可能通过对流层顶的折叠区进入对流层,这往往发生在纬度 40～45°附近,当然在 30～60°左右的任何纬度区间,只要发生冷暖气团的交替,或形成对流层顶的断裂都有可能发生平流层 O_3 向对流层输送的过程。科学家们推断,不仅如此,根据前节提到的臭氧层顶存在的普遍性和稳定性,在热带地区上空对流层顶附近表现出较强的上升运动,而在极地区域,下沉气流使臭氧层顶的高度下降。这就表明,一些大尺度的大气环流运动也可能导致臭氧的垂直输送。应当说,平流层和对流层之间的物质交换是一个很复杂的问题。但无论如何,平流层 O_3 的向下输送是对流层 O_3 的重要来源。因此,平流层臭氧向对流层输送的机制和渠道等问题也还需要科学家们做进一步的研究。

对流层臭氧的另一个来源就是低层大气中的光化学过程。应当说对流层大气中的光化学过程进行得十分缓慢,但它确对低层大气中的臭氧生成至关重要。在对流层中,产生臭氧的光化学过程主要与大气中的氮氧化物、非甲烷烃和一氧化碳等气体参与的光化反应有关,低层大气中光化学过程产生的臭氧量也决定于这些气体的浓度和太阳紫外辐射的强度。可见,要精确地计算对流层中由于光化学过程所产生的臭氧量并不是一件容易的事,它不仅需要知道不同高度上的太阳紫外辐射量,更重要的是需要精确知道与臭氧生成、破坏有关的各种反应的反应常数,而这后者正是当前需要进一步研究的关键问题。低层大气中的氮氧化物主要是指 NO_x 即 NO 和 NO_2。对 O_3 产生过程最简单的理解就是,NO_2 在太阳紫外辐射的作用下生成 NO 和原子氧,后者与大气中的 O_2 结合生成 O_3。但是这一过程中生成的 NO 很不稳定,它会很快与 O_3 反应再次生成 NO_2 和 O_2,使 O_3 消失。因此,低层大气中与氮氧化有关的 O_3 生成过程所产生的净 O_3 量取决于反应过程中 NO 的消耗,也就是说,如果在大气中 NO_2 光化分解的同时,有另外的反应将 NO 消耗掉,则最后会有净 O_3 产生。大气中非甲烷烃和一氧化碳在低层大气 O_3 的生成和消耗中起着要作用,在 O_3 生成过程中它们都起着消耗大气中 NO 的作用。

除了平流层输送和对流层光化学过程之外,低层大气中 O_3,尤其是近地面附近的 O_3 还来自于各种放电过程。无论在实验室,还是在野外,只要有放电过程发生,人们就会嗅到臭氧的特殊味道。这一原理已被人们熟知并成为当今人们获取臭氧的主要途径。早在 20 世纪中叶,人们就发现当自然界中有雷暴发生时,大气中的臭氧含量就会明显增加,随后有些科学家通过对雷电光谱的分析发现,当雷电发生时,大气中的臭氧量可能会增加 10～15 倍,甚至更大。不少学者对一般天气条件和雷电发生时的大气电场和放电电流做了对比分析研究,并根据放电电流强度对所产生的臭氧量进行定量估计。

在大气低层有很多过程可以使臭氧损耗,其中主要是贴地层大气的光化学分解。对流层中的臭氧可被认为是比较保守的气体组分,它随着对流层中的气流运动而迁移。低层大气中的垂直运动将臭氧输送到地表而遭到破坏,这就是通常人们所说的臭氧的沉降。臭氧在近地面的破坏速率和破坏程度主要取决于近地面大气中湍流扩散系数的变化和地表的特性,前者主要影响贴地面边界层中臭氧在垂直方向的梯度,进而影响其沉降的速率。不同地表类型对臭氧的反应有很大差异,大量研究结果表明,陆地表面的 O_3 沉降速率通常要比海洋表面的相应值高出 10~15 倍,前者的变化范围为 0.2~2 cm/s,而后者的变化范围 0.02~0.1 cm/s。做为平均值,可以认为,O_3 在陆地表面、海面和冰面(或雪)的破坏速率分别为 0.6、0.04 和 0.02 cm/s。通常可以通过对地表特征进行参数化并根据贴地层的湍散特征对臭氧在地表处的破坏通量值进行模拟计算,并据此计算出全球的臭氧地表损失。一些计算结果表明,就平均而言,这个破坏通量值随着地理纬度的不同而变化,最大破坏通量值出现在北半球 30~60°N 区间。就两个半球相比而言,北半球的 O_3 地表损失约为南半球的 2 倍。

对流层大气中的光化学过程一般进行的比较缓慢,大气中氮氧化物,一氧化碳等都会参与破坏臭氧的光化学反应。NO_x 破坏臭氧的最直接反应是 NO 夺去 O_3 中的一个氧原子而生成 NO_2 和 O_2,而形成的 NO_2 可以移走一个氧原子而重新形成 NO,后者又重新参与破坏 O_3 的反应。

大气中自由基也会参与低层大气中的臭氧破坏过程。自由基也称游离基,它是具有非偏电子的基因或原子,自由基的一个主要特性是它的化学反应活性高。它在大气中的反应往往是链式反应,容易导致基质的消耗和多种产物的形成。大气中的自由基种类很多,来源也很多,但大部分都是化学反应的中间产物,寿命很短,例如人们熟知的 OH 自由基,它可以通过臭氧的光解而产生,也可以与 O_3 反应生成 O_2 和 NO_2,使臭氧得以破坏。许多研究结果证实了大气低层水汽浓度增加会导致 O3 破坏加速,其最可能的原因就是涉及到了 OH 自由基与 HO_x 的链式反应。

大气中的臭氧被公认为是一种氧化剂,它可以和大气中很多气体组分发生反应而遭到破坏。

应当说,对于对流层中 O_3 的源汇问题,还在进一步研究中,尤其是在发现当前对流层中的臭氧含量有增加趋势之后,人们对对流层中臭氧的源和汇问题更加重视。很早以前有人提出的在水滴表面的湿润气溶胶粒子表面通过复杂的非均相化学过程会产生臭氧的说法又重新引起人们的重视,大气污染的加重和大气中各种化学物质的增多等也成为人们认识低层大气中臭氧源 和汇的重要研究内容。

二、对流层臭氧的变化

对流层中的臭氧由于其含量低,因此长期以来人们对其浓度的变化并未给以应有的重视。20 世纪 80 年代以来,不少研究陆续报导了关于对流层中臭氧浓度有增长趋势的研究结果,因此才逐渐引起了人们的广泛关注。

对流层中的臭氧分布及变化显然取决于各源汇之间的平衡。较长时间以来,人们认为,对流层中的臭氧变化主要取决于平流层向对流层 O_3 的输入机制。但是,随着有关对流层 O_3 变化资料的不断增多和人们对对流层 O_3 变化认识的不断深化,发现空气污染,土地利用的变化以及大气中颗粒物、云等对 O_3 的分布和变化都会产生影响,人类活动释放到大气中的很多种排放物都有可能使对流层 O_3 的源、汇特征发生变化。

世界各地获得的大量实际监测资料表明,对流层中的臭氧在时间和空间上都有较大的变化。在近地面,大气中的臭氧变化特征是很复杂的,这主要是由于光化学过程的复杂性和多变性以及湍流活动引起的,前面已经提到在不同下垫面上空 O_3 的沉降速率会有很大差异。由于地表对 O_3 的破坏作用,因此在近地面一般会出现 O_3 的向下通量。随着高度的增加,在自由对流层中,为数不多的观测资料显示出大气臭氧的多层次垂直分布结构。尤其是在有云存在的情况下,臭氧的层状分布结构更为明显,常常在云层上面和逆温层上面观测到明显的较高浓度的 O_3 层次。就平均状态而言,在边界层中通常会观测到 O_3 浓度随高度增加的明显变化,再向上,一直到对流层中、上部, O_3 浓度随高度变化不大或呈缓慢减小势态,而在对流层顶以下的 $1\sim2$ km 范围内, O_3 随高度明显减少,直至在臭氧层顶附近 O_3 浓度达到最低值。这就是说, O_3 含量在对流层中随高度基本是减少趋势。但就臭氧在大气中的混合比(指在同一高度上臭氧密度与空气密度之比或单位空气体积中臭氧所占体积的份数)而言,它在对流层中随高度的增加却基本上是增加的。也就是说在整个对流层中似乎存在一个由大气的某种运动(如湍流等)引起的向下的臭氧通量。

对流层中的臭氧除了随高度变化之外,显然也会随不同纬度而变,这不仅仅是由于来自平流层中的臭氧输入随纬度而变,同时还由于对流层中的大气运动以及不同气团的更替等都有着明显的纬度变化特征。

从对流层中 O_3 的源汇特征不难理解,对流层中的臭氧含量,尤其是对流层低层的臭氧含量会有明显的日变化,季节变化以及年际变化。近地层大气中的臭氧含量日变化表现得十分明显,通常情况是白天浓度高,夜间浓度低,显然这与太阳辐射强度及其相应的光化学过程有关。在一年四季中,通常是低层大气中的臭氧浓度的高值出现在夏季,低值出现在冬季。

三、对流层臭氧变化对生态环境的影响

(一)影响空气质量

当空气中含有微量臭氧时,会给人们以空气清爽的感觉,目前,有些空气清洁剂中含有微量臭氧就是这个道理,但是人或动植物直接接触过量臭氧会受到危害。因此,各国环保部门都把近地面大气中的臭氧做为一种空气污染气体而对其在空气中的浓度加以限制。

当前,人们关注近地面大气臭氧增加的一个重要原因是它对人们生存环境的影响。人类的绝大部分生产和生活活动都是在低层大气中进行的,低层大气中的臭氧含量变化会直接影响空气质量进而使人们的生存环境恶化。正是由于这一原因,世界各国对近地面空气中的臭氧含量都做出了明确规定并做为国家环境保护标准以法律的形式予以公布和执行。与此同时,世界上绝大多数国家都把空气中的臭氧含量做为重要的空气污染指标,以空气质量指数的形式每天向民众公布。在我国,环保部门代表政府颁布的空气质量标准中把近地面空气中的臭氧含量分为 3 级。这 3 个级别所对应的臭氧浓度阀值限制分别为: 0.16 mg/m³(1 级), 0.20 mg/m³(2 级)和 0.20 mg/m³(3 级),这 3 个级别分别适用于国家规定的 1 类地区、2 类地区和 3 类地区。对于一般的城市居民区,空气中的臭氧含量的小时平均值不应超过国家规定的 2 级标准的阀值。对于我国绝大多数地区来讲,尽管目前对流层臭氧含量有增加的趋势,但空气中的臭氧含量基本上都不超标。但对于大城市而言,由于大气污染使空气质量变坏,人类排放到大气中的各类污染物,尤其是各种有机和无机的气体增多,强化了近地面的光化学和相关化学过程,使得在某些气象条件下,空气中的臭氧含量严重超标。尤其是在夏季,大城市空气中臭氧含量超标和严重超标的情况并不少见。

(二)对生态系统的影响

科学家们大量的研究结果表明,近地层大气中臭氧浓度的增高,会对生态系统产生明显影响,当前人们最关心的是对农作物的影响。研究结果表明,空气中的臭氧对农作物的影响主要表现在抑制农作物的发育和使农作物减产。臭氧对农作物生长发育的影响是通过多种渠道进行的,其中主要是通过破坏农作物体中的叶肉组织、海绵组织和表皮组织等来实现的。空气中臭氧浓度的增加会使更多的 O_3 通过气孔进入到农作物体中从而使 CO_2 的进入受到阻碍,同时由于 O_3 对叶肉组织的破坏,其结果是使光合作用大大受到影响,造成对农作物生长发育的伤害。当然对不同的农作物,这种影响结果也不一样。一些研究结果表明,受到空气中 O_3 浓度增大危害最大的是蔬菜类,其次是油料类作物,再其次是粮食作物。一般耕作者可以从作物的早熟、生长发育速度减慢、植株和叶绿素含量下降以及一些其他的外观症状来判断空气中 O_3 对作物的伤害程度。

定量评价空气中臭氧增加对农作物产量的影响是一件很困难的事情,最主要的原因是缺乏关于近地面臭氧浓度变化和相应的农作物产量的资料。一些实验室条件下的研究结果也还有待于进一步验证。但是,基于 O_3 浓度增加会使作物的光合作用下降,因此,导致作物的产量降低也是必然的。已有的研究结果显示,空气中的 O_3 浓度与农作物的产量呈负线性关系,即空气中的 O_3 浓度越高,作物的产量越低。例如,对小麦、玉米和大豆等我国北方主要农作物的试验研究表明,在目前空气中 O_3 浓度情况下(约为 $30 \times 10^{-6} \sim 40 \times 10^{-6}$),冬小麦、玉米和大豆的产量损失约分别为 2%,1.5% 和 4%,若空气中的 O_3 浓度增至 80×10^{-6},那么相应的产量损失约分别为 22%,23.5% 和 37%。可见,近地面空气中 O_3 浓度的增加将成为影响农作物持续发展的重要因子。

不仅如此,空气中 O_3 浓度的增加还会影响森林和草地等自然生态系统的生长。也正是由于这些原因,目前各国政府有关部门和科学家们正在积极寻求相应的防护措施,以尽量减少空气中 O_3 浓度增加对农作物造成的危害。

第五节　保护大气臭氧层

一、大气臭氧的测量和研究

20 世纪,尤其是 20 世纪中期以来,大气臭氧得到了广泛的关注。对大气臭氧的研究工作取得了长足的进步,其中包括地基、气球和卫星臭氧观测系统的建立,大气中臭氧形成和破坏理论的发展,以及大气臭氧与天气、气候和环境变化之间的关系等等。

自从确认了地球大气中有一个臭氧层存在之后,人们便开始了对大气臭氧的测量工作。对大气中臭氧总含量的首次观测是由法布里和布申于 1921 年完成的,他们所使用的是光学测量方法,即根据大气中臭氧对太阳紫外辐射吸收的多寡来确定臭氧含量的多少。在这一工作的基础上,英国科学家陶普生(Dobson)和哈里逊(Harrison)对观测方法进行了改进和完善,并于 1929 年研制成功了专门用以测量大气中臭氧含量的双单色仪型的分光光度计,这就是随后被逐渐完善并一直使用至今的陶普生(Dobson)臭氧仪。与此同时,科学家们发现了大气中臭氧与天气形势之间有着明显的关系,并开始对大气中臭氧形成和耗损的理论进行研究。20世纪 40 年代末期,科学家们利用火箭探测大气中臭氧的试验获得成功,获得了大气中不同高度上的臭氧浓度资料,从而使大气臭氧的测量研究工作进入了新的阶段。大气臭氧测量研究的第三个阶段始于 20 世纪 50 年代末,1957～1958 年国际地球物理年期间,在全球范围内开始了对大气臭氧的观测研究。从那时起,在全世界范围内约有 100 多个站开始了规范化的业务观测,形成了世界大气臭氧观测网,这个观测网在随后的几十年中得到了不断完善。目前,全世界约 150 个地面臭氧观测站监测着大气中臭氧的变化。不仅如此,从国际地球物理年起,各类臭氧探空仪也逐渐完善并投入了使用,随后,激光的出现也为大气臭氧的探测提供了新的手段,所有这些都使人们有可能对臭氧在大气中的高度分布进行业务观测。

大气中臭氧观测研究中的另一突破性的进展就是利用卫星进行臭氧观测的实现。20 世纪 70 年代以来,利用放置在卫星上的光学仪器对全球范围内的大气臭氧含量进行观测获得成功,从而可以在很短时间内获得全球臭氧分布的资料。目前,在全世界范围内已经形成了一个包括地面观测、臭氧探空以及卫星观测等系统组成的立体观测网。所有观测资料均由设立在加拿大的臭氧资料中心负责搜集、整理和出版发行。

对大气臭氧的早期研究主要集中在臭氧在大气中的生消理论以及大气臭氧与天气过程的关系等方面。自 20 世纪 70 年代起,随着人类活动的加剧,尤其是南极臭氧洞的出现,人们逐渐认识到人类活动对大气臭氧层可能产生的破坏作用。因此,在继续完善大气臭氧探测手段(如激光雷达技术、卫星探测技术等)的同时,臭氧的气候、环境效应已成为焦点问题,尤其是在评价大气臭氧层破坏所导致的种种严重后果以及采取保护臭氧层措施等方面人们付出了巨大的努力。

二、消耗大气臭氧层物质

(一)什么是消耗臭氧层物质

消耗臭氧层物质是对通过各种方式最终导致地球大气中臭氧破坏、耗损的所有物质的统称,常用 ODS 来表示(即 Ozone Depletion Substance 的字头)。

早在 20 世纪 70 年代初,科学家们便提出通过人类生产和生活等活动排放到大气中的卤化碳会对大气中的臭氧产生破坏作用。卤化碳是一种含有氯、氟、溴、碳和氢的化学品,其中人们最熟悉的就是氯氟烃类化合物。这种物质由人类通过各种活动排放到大气中之后,由于其性能稳定和在大气中的滞留时间长而被大气的环流运动带入到高层大气中,在那里由于强烈的太阳紫外辐射而分解释放出氯原子,而这些氯原子非常活跃,它们与那里的臭氧分子发生强烈的化学反应,从臭氧分子中夺得氧原子使臭氧分子受到破坏,而生成的氯氧化物进一步参与化学反应,并再次释放出游离的氯,后者继又重新与臭氧分子发生反应,又使臭氧受到破坏,这一过程多次反复,其结果是平流层中部的臭氧层受到破坏。研究结果表明,每一个释放出来的氯原子在其从平流层中消失之前可破坏几万个个臭氧分子。除氯原子外,溴原子与臭氧之间也产生类似的反应过程,并且溴原子对臭氧分子的破坏比氯原子更厉害。

(二)消耗臭氧层物质的种类

目前,被公认的消耗臭氧层物质主要有:全氯氟烃(CFC),含溴氟烷(Halons,即哈龙),四氯化碳(CCl_4),甲基氯仿,溴甲烷等。氯氟烃类的商品名称是人们熟知的氟里昂(Freon),是比利时 1892 年生产的化学品,由于其化学稳定性、热稳定性、不燃烧、无毒、沸点低以及便易运输等性能,后来被开发做为制冷剂、发泡剂、驱雾剂、清洗剂等而广泛应用于航天、机电、医药卫生、石油、化工、家用电器等很多行业。氯氟烃主要是甲烷类和乙烷类,由于化合物中氯和氟的不同取代,所以 CFC 的品种很多。除 CFC 外,还有含氢氯氟烃(HCFC),含氢氟烃(HFC)和含氟烃(FC)。含溴氯氟烃亦称含溴氟烷,是 20 世纪 50 年代开发的高效灭火剂,俗称哈龙(Halon)。目前常用的 Halon 主要有 Halon1211,Halon2402 和 Halon1301。哈龙灭火剂的灭火原理是在高温中分解产生活性游离基溴,后者可使燃烧过程中某些链反应中断,从而达到灭火目的。由于它灭火快,毒性小,无污染等优点,因此被广泛用于计算机房、宾馆、飞机、舰艇、通讯等部门。

四氯化碳是最早使用的清洗剂和灭火剂,但由于其毒性较大,因此做为灭火剂已被淘汰,而做为清洗剂也将逐渐被代替。

甲基氯仿是当今被广泛使用的清洗剂,用来对电子器件和精密机械部件的清洗和脱脂。

溴甲烷作为杀虫剂,主要用于农业种植和农产品的杀虫灭菌,同时用于国际贸易中的出入境检疫。

以上列举的这些消耗臭氧层物质对大气臭氧的损耗能力各不相同,为了表示和比较它们的这种能力,科学家们提出了臭氧耗减潜能值(简称 ODP)的概念,并以 CFC-11 为基准,即设 CFC-11 的 ODP 值为 1。CFC 系列的各类化合物中,以 CFC-11 和 CFC-12 的 ODP 值为最高,CFC-113 次之(ODP 为 0.8),再其次是 CFC-114(ODP 为 0.7)和 CFC-115(ODP 值为 0.4)。

由于已经认识到消耗臭氧层物质对大气臭氧的损耗作用,因此,目前世界各国都在谋求一些替代物来代替目前使用的消耗臭氧层物质。尽管科学家们已做了大量工作,但是至今尚未找到一种理想的替代物。目前所推荐使用的替代品中都还存在这样或那样的问题,其中绝大部分属于一种过渡性的替代品。

三、保护大气臭氧层行动

面对自己酿成的苦果和臭氧耗损的报复行为,人类似乎已经觉悟到,必须采取坚决措施强行约束自己的行为,以保护大气臭氧层这个人类和地球生态系统的天然屏障。人类保护大气臭氧层的行动最早可追溯到 20 世纪 70 年代初。

1974 年,两份科学论文提出排入大气层的氟氯化碳将进入大气层的上层部分,并在其分解后释放出氯原子,这些氯原子所产生的催化作用将破坏臭氧分子。这两份科学论文还进一步提出,超音速飞机高速飞行过程中所释放的氮化物亦为臭氧耗损的潜在原因。

1977 年,共有 32 个国家同意参与由联合国环境署发起的旨在促进开展研究活动的《世界臭氧层行动计划》,环境署设立了臭氧层问题协调委员会。

1980 年,7 个发达国家和欧洲共同体呼吁缔结一项旨在保护臭氧层的国际公约。欧洲共同体宣布冻结氟氯化碳的生产,并开始限制它在气溶胶方面的用途。美国环境保护局建议首先对氟氯化碳的非气溶胶用途实行法律管制。

《保护臭氧层维也纳公约》。该公约于 1985 年 4 月在维也纳签署,目前已有 166 个缔约方,中国政府于 1989 年 9 月加入公约。《公约》明确指出大气臭氧层耗损对人类健康和环境可能造成的危害,呼吁各国政府采取合作行动,保护臭氧层,并首次提出氟氯烃类物质作为被监控的化学品。

《关于消耗臭氧层物质的蒙特利尔议定书》。该议定书于 1987 年 9 月通过,两个月之后,英国南极调查团发表了一份论文,表明南极洲上空季节性的出现臭氧含量急剧降低的现象——即臭氧"空洞"。目前已有 165 个缔约方。该议定书对充当破坏大气臭氧层元凶的氟氯烃类物质的生产、使用、贸易和控制时间表做出了具体规定。此项议定书规定到 20 世纪末时最终将减少 5 种氟氯化碳消费量的 50％，并冻结 3 种哈龙的消费量，但各发展中国家将享有一个为期 10 年的宽限期，以便使它们得以满足国内的基本需要。

伦敦会议。人们意识到保护臭氧层的紧迫性，并普遍认为控制氟氯烃等消耗臭氧物质的时间表应当提前，因此 120 多个国家的代表于 1989 年 3 月在伦敦开会商讨拯救大气臭氧层的具体措施，并对"议定书"提出了"伦敦修正案"，目前已有 120 个缔约方。

《保护臭氧层赫尔辛基宣言》。该宣言于 1989 年 5 月通过，呼吁加强替代产品和技术的开发，提出最迟于 2000 年前取消氟氯烃类物质的生产和使用。

《关于消耗臭氧层物质的蒙特利尔议定书修正案》于 1990 年 6 月通过，该修正案扩大了对消耗臭氧层物质的控制范围，提前了控制时间并决定建立保护臭氧层临时多边基金。中国政府于 1991 年 6 月加入议定书修正案。

1992 年，《蒙特利尔议定书》各缔约国在哥本哈根举行的会议上议定，应加速逐步停用现已在控制之下的物质的时间表，并规定各发达国家着手对氟氯烃、氟溴烃和四基溴等物质实行控制。若干发达国家采取了旨在加速停用控制物质时间表的措施。多边基金正式设立。

1995 年，在维也纳举办了庆祝《维也纳公约》签署 10 周年的纪念活动。据《蒙特利尔议定书》各评估小组的报告，绝大多数发达国家的逐步停用工作进展顺利，且各发展中国家亦正在取得进展，尽管在某些发展中国家内控制物质的消费量正在增加。《议定书》各缔约国在会上议定了各发达国家对氟氯烃和四基溴采用更为严厉的逐步停用时间表，并就发展中国家逐步停用所有控制物质的时间表达成了一致意见，同时还审议了某些经济过渡体国家可能不遵守《议定书》规定的事情。欧洲联盟已完全停用使用氟氯化碳。

"9.16"国际保护臭氧层日。自 1995 年起，每年 9 月 16 日为国际保护臭氧层日，以提高人们保护大气臭氧层的意识和采取有效地保护臭氧层活动。

1996 年，发达国家业已全部停用氟氯化碳、四氯化碳和四基氯仿，且所有国家皆已全部停用氟氯烃。《蒙特利尔议定书》缔约国会议讨论了 1997～1999 年内为多边基金提供补充资金，扩大贸易限制范围以便将四基溴包括在内，以及有关氟氯化碳非法贸易等诸方面的议题。

1997 年，在蒙特利尔市举办《蒙特利尔议定书》签署 10 周年纪念活动。《蒙特利尔议定书》缔约国会议审查了对四基溴实行的控制措施。

1999 年 11 月，《蒙特利尔议定书》缔约国在北京举行第 11 次会议，具体讨论氟氯碳的生产和消费冻结等问题，会议通过了关于重申保护臭氧层承诺的《北京宣言》。2010 年前将在发达国家中全部停用四基溴，并在发展中国家全部停用氟氯化碳、哈龙和四氯化碳。

可见，人类为挽救大气臭氧层已经和正在付出巨大的努力，虽然为时已晚，但仍不失为"亡羊补牢"之举。

四、保护臭氧层人人有责

全球范围内大气臭氧层的耗损和南极臭氧空洞的出现是大自然报复行动给人类亮出的一张黄牌，我国政府非常关心保护大气臭氧层这一全球性重大环境问题，我国作为发展中国家，将于 1999 年 7 月 1 日冻结氟氯化碳的生产，将于 2010 年前全部停止生产和使用所有消耗臭氧层物质。那么，面临大气臭氧层的被破坏和对人类生存可能造成的威胁，除了政府部门采取必要的政府行为和科学家们加强相应的研究工作之外，作为在大气臭氧层这把保护伞下生活着的人民应该做些什么呢？科学家们建议，首先应当增强民众保护大气臭氧层的意识，使每一个人都意识到当前拯救大气臭氧层已刻不容缓，我们只有一个地球，拯救臭氧层就是拯救我们自己。行动起来，积极参与联合国和我国政府部门组织的一系列旨在保护大气臭氧层的宣传、科普、学术等活动，参与就是贡献；其次，是在生活中应尽量不使用消耗臭氧层的物质，如不使用含氟冰箱，不使用哈龙灭火器（1301，1211 灭火器），不使用四氯化碳做清洗剂等，为减少大气中消耗臭氧层物质的含量做贡献。在当前大气臭氧层处于被耗损的情况下，由于入射到地球表面的太阳紫外辐射一般也会相应增加，因此，科学家们还建议从事户外生活和生产活动（如野外作业，旅游等）的人们，尤其是在高山和海滨地区从事各类活动的人们，应当采取有效措施以保护自己免受过多太阳紫外辐射的照射，避免自身健康受到损害。

第七章　大气温室气体与气候变化

第一节　大气温室气体的种类、来源及其分布

一、什么是温室气体

现今人们都已经很清楚地知道人类居住的这个地球外面包着一层很厚的气体并经常被称为地球的外衣，正是由于这层气体的存在，人类才得以在地球上生存、繁衍。久而久之，人们也许并不在意这个气体层的存在，但实际上，却一刻也离不开它，地球上如果没有空气，也就不会有生命存在。

地球的这件外衣在大气科学和气象学中被称为大气圈或大气层。所谓大气圈，实际上就是指包围在地球周围的气体层，其总质量约为 $6000 \times 10^8 t$，只占地球本身质量的百万分之一左右，但由于地心的引力作用，大气层的密度随着离开地球表面的距离增加而迅速减小，大约 80% 的气体分子集中在离地球表面约 15 km 以内的气圈内。

通常情况下，大气层是由氮气（占 78%）、氧气（占 20.95%）、氩气（占 0.93%）以及少量的二氧化碳、臭氧、一氧化碳、甲烷等微量气体组成。此外，大气层中还有一些含量变化不定的水蒸汽等组分。但实际上，由于人们本身的生产和社会活动以及自然界中的各种因素影响，会使大气层的组分发生某些变化，会使大气受到污染。可见，目前人类赖以生存的大气层实际上是一个包括各种污染物（包括气态的、固态的和液态的）在内的混合体。

从能量收支的角度来讲，地球接收到的外部能量几乎全部来自太阳，所以才有万物生长靠太阳的说法。但与此同时，地球及其周围大气也向外界放出能量。研究表明，地球表面的温度在漫长的岁月中大致上没有多少变化，能量的收入和支出基本上处于平衡状态。也就是说，地球及其周围大气就其平均状态而言放射出的能量约等于它们从太阳所获得的能量，只是能量的形式不同而已。地球表面接收到来自太阳的辐射并使其变热，然后发射出与其自身温度相对应的红外辐射，但由于大气层的存在，这种红外辐射却不能百分之百地逃逸到宇宙空间中去，而是有相当一部分被大气中的某些气体所吸收。这就是说，大气层对来自太阳的辐射基本上是绿灯放过，而对于来自地球的相当一部分红外辐射却起着阻挡作用，从而使地球表面所获得的能量保持在一定的水平上。可见，大气层就像人们熟知的温室中的玻璃或塑料薄膜一样，将整个地球变成了一个大温室，使地球表面的温度变暖并基本保持在目前的这个水平上。那些能够阻挡地球红外辐射向大气层外逃逸从而对地球起着保温作用的气体就被称为温室效应气体或简称为温室气体。

二、大气中的温室气体有哪几种

前面已经提到，大气层是由多种气体组成的，但不是所有气体都能起到"塑料薄膜"的作

用。例如,大气中含量最多的氮气和氧气就不是温室气体,它们既不吸收也不发射红外辐射,因此它们对地球的红外辐射无阻挡作用。实际上,判断地球大气层中哪些气体组分属于温室气体主要是看它们对地球红外辐射的吸收性能。对大气中各气体组分的分子结构及其光谱特征研究表明,大气中绝大部分微量气体在红外光谱区都有自己的特征光谱,也就是说它们对红外辐射都有不同程度的吸收作用。从地球表面发出的红外辐射大部分被大气中的某些气体组分所吸收,只有在被称为大气窗区的少数几个波段范围内(如 $3\sim5~\mu m$ 波区、$8\sim9~\mu m$ 波区和 $10\sim12~\mu m$ 波区等)地球表面辐射的相当一部分才能透过大气层逃逸到大气层之外,而其他波段的地球红外辐射却几乎全部被大气所吸收。大量的研究结果表明,地球大气中的温室气体主要有水汽(H_2O)、二氧化碳(CO_2)、甲烷(CH_4)、氧化亚氮(N_2O)、臭氧(O_3)、二氧化硫(SO_2)、一氧化碳(CO)以及其他滞留在大气中的痕量气体,如氟氯烃、氟化物、溴化物、氯化物、醛类,以及各种氮氧化物、硫化物等。应当指出,所有这些被称为温室气体的气体组分在实际大气中的含量都是很低的,它们的总和也超不过整个大气层体积的 0.03%;另一个值得指出的问题是,这些温室气体中,一部分是原来大气中所没有的,而是由于人类本身的生产和社会活动排放而滞留在大气中的。

三、大气中的温室气体来自何处

实际上大气中的温室气体种类很多,但从它们的来源来讲,基本上可分为两大类,一类是地球大气中固有的,例如 CO_2、O_3、N_2O、CH_4 等,另一类是工业化以来在人类的生产活动过程中排放到大气中来的,如氟氯烃、醛类以及一些氮和硫的氧化物等等。下面简单介绍一下大气中一些主要温室气体的来源。

(一)二氧化碳(CO_2)

在干净空气中,二氧化碳的含量很少,其含量约占整个大气体积的万分之三,而且大部分集中在 20 km 以下的大气层中。当前,二氧化碳被认为是大气层中最重要的的温室气体,这一方面是因为它在大气中的含量相对较多,同时还因为它在大气中的浓度增长速率相对较快。因此,二氧化碳作为地球大气中的一种气体组分,从来没有像现在这样受到科学家们,乃至各国政府部门的关注。

大气中的二氧化碳主要来源于各种燃烧过程、土壤或其他地方有机物的分解以及人群和动物的呼吸。当今世界的燃烧过程主要涉及到煤炭、石油和天然气等化石燃料的燃烧,这些燃烧主要用以提供人类生存和发展所需要的能量。据估计,就地球平均而言,各类燃料燃烧所提供能量的 40% 用于工业生产,20% 用于交通运输业,而剩下的 40% 用于商业活动和家庭生活(如取暖和家用电器等)。众所周知,自工业革命以来,化石燃料的燃烧量呈快速增长趋势,而且在今后相当长的一段时间内,化石燃料仍将作为主要能源被利用。化石燃料燃烧过程中所产生的二氧化碳几乎全部排入大气中。应当说,全世界每年燃烧掉的煤炭、石油和天然气总量是不难估算的,也就是说当前由于各种燃烧过程所排放到大气中的二氧化碳量可以比较准确地计算得到。相对而言,要估计全球土壤有机物分解、土地利用变化、森林破坏等排放到大气中的二氧化碳量却并不是一件容易的事。科学家们的大量研究工作结果表明,全球化石燃料燃烧排放到大气中的碳为 6Gt,而包括有机物分解等等其他过程以二氧化碳形式排放到大气中的碳约为1.5Gt(这个数值有较大的不确定性)。这样,全世界每年由于人类活动导致的以 CO_2 形式排放到大气中的碳约为 7.5Gt。表 7.1.1 给出大气中 CO_2 的主要源和汇的估计。

表 7.1.1　全球碳的主要源汇(10^8 t/a)

源	化石燃料排放	57
	森林砍伐等排放	20
汇	大气中 CO_2 增加	34
	海洋吸收	25
	生态系统吸收	10
丢失汇?	陆地生态? 海洋?	8

（二）甲烷（CH_4）

大气中的甲烷（CH_4）由于其含量甚微,长期以来不被人们所重视,但是 20 世纪 80 年代以来,却受到极大的关注,这是因为它是大气中仅次于二氧化碳的温室气体。

甲烷是天然气的主要成分,甲烷通常被俗称为沼气,这是因为可以在缺乏氧气的地方(如沼泽地、发酵池等)从有机物腐烂发酵时产生的气泡中发现甲烷。经过长期研究,基本上弄清楚了大气中的甲烷来源可分为自然源和人为源,前者主要是自然湿地、海洋、淡水、甲烷水合物以及白蚁等,其中自然湿地是大气中甲烷的最主要自然源。天然湿地、沼泽地由于处在缺氧乃至无氧状态,致使大量有机物腐烂发酵而产生甲烷并排放到大气中来。对实际大气中的甲烷浓度变化的长期研究表明,很多甲烷排放活动都与人类活动有密切关系。科学工作者们发现,大气中甲烷浓度的增加与工业革命以来世界人口的增长密切相关,可见人为源对大气中甲烷浓度的变化有着重要贡献。最有可能的人为源就是水田,由于水田中可提供良好的厌氧条件,因此促进了甲烷气体的产生和向大气排放。为了满足不断增长的人口的生存需要,农业得到迅速发展,水田耕作面积不断扩大,其结果是向大气中排放的甲烷气体量也迅速增加。大量研究结果表明,像中国、印度等水稻种植面积占重要地位的农业大国也是向大气中排放甲烷的重要国家。除水田外,畜产业发展也是大气中甲烷的重要人为源。随着世界人口的增多,畜产业也不断扩大,尤其是反刍动物数量的增加,其肠内发酵增加会大大增加甲烷的产生量和排放量。另外,畜产业的快速发展也会使畜牧场地的粪便、碎屑等动物废弃物大量增加,而这些废弃物以肥料形式埋入地下腐烂发酵时会产生厌氧条件进而导致甲烷的产生和排放。第三个被公认的甲烷人为源就是固体废弃物的填埋,所谓固体废弃物(俗称固废)通常是指在日常生活和生产过程中被丢弃的固体和流体状的物质,这些物质包括工业固体废弃物或称工业废渣和生活垃圾。前者如煤渣、煤矸石、电石渣、玻璃渣、各类矿渣等,后者则主要是指固体废弃物,如废旧塑料、厨房垃圾、废弃的衣物、电器等等。固体废弃物的长期露天堆放或在地下填埋处理等都会造成腐烂发酵而产生甲烷。除此而外,生物质(如木材和泥碳等)的大量燃烧,煤矿业、天然气、石油工业等的生产、运输和利用过程中,也会有一定量的甲烷气体释放或泄漏出来而进入大气。研究表明,尽管对大气中的甲烷来源已经有了很多了解,并试图对这些源的大小做出定量估计,但实际情况是对这些源产生和释放甲烷的问题还远远没弄清楚。表 7.1.2 给出了大气中甲烷源及其每年释放到大气中的甲烷量,同时给出了一个甲烷量的范围,表示目前对这些源释放甲烷估计的不确定性。从表中可以发现,目前对各类甲烷的释放量估计还具有很大的不确定性。

表 7.1.2 大气中甲烷源及其释放量的估计(Mt/a)

甲烷源类型		最可能释放量	释放量范围
自然源	湿地	115	100～200
	白蚁	20	10～50
	海洋	10	5～20
	淡水	5	1～25
	甲烷水合物	5	0～5
人为源	稻田	60	20～150
	反刍动物	80	65～100
	动物废弃物	25	20～30
	家用污水处理	25	?
	固体废弃物	30	20～70
	生物质燃烧	40	20～80

(三)氧化亚氮(N_2O)

氧化亚氮(N_2O)俗称笑气,这是因为它毒性很强,人一旦吸入这种气体就会引起面部肌肉痉挛,外表看上去就像在发笑,因而得名,在医学上常用做麻醉剂。大气中的氧化亚氮来源至今人们还没有完全弄清楚,在过去的很长一段时期内,人们曾认为大气中的氧化亚氮主要来自燃烧过程,直到 20 世纪 80 年代才逐步发现陆地生态系统对大气中的氧化亚氮浓度有着重要影响。因此,在讨论大气中氧化亚氮来源时有时把陆地和海洋等生态系统的释放统称为生物源,而将矿物燃烧和生物质燃烧等释放源称为非生物源,以突出生物系统对大气中氧化亚氮含量的贡献。但是,作为温室气体,人们更关心的是人类活动对这种气体在大气中含量变化的影响,因此,通常在讨论大气中 N_2O 的来源时仍将其排放源分为自然源和人为源。不言而喻,自然源是指不受或少受人类活动影响的 N_2O 排放系统,而人为源则与人类的生产、生活等活动密切相关。

大气中 N_2O 的自然源主要包括土壤、水体和海洋等自然系统。目前,陆地自然生态系统被认为是大气中 N_2O 的最主要的自然源,其中最主要的是森林、草地和荒地,由于其土壤性质以及植被覆盖面积的差异,它们产生和排放 N_2O 的量也有很大不同。就全球平均状况而言,森林和植被的总覆盖面积超过 $40×10^8$ hm^2,其中热带森林和树木约有 $20×10^8$ hm^2,覆盖了 17% 左右的陆地表面,这些地区都是大气中 N_2O 的重要自然源。草地的 N_2O 排放量较低,但由于其全球面积已占到陆地总面积的 25% 左右,因此,仍然是大气中 N_2O 的重要来源。海洋也是大气中 N_2O 的重要自然源,其面积的广大使得它对大气中 N_2O 浓度变化的贡献不可忽视。

人类活动,如化石燃料燃烧,施用化学肥料,以及生物质燃烧等无疑会向大气中排放 N_2O,当前普遍认为,大气中 N_2O 浓度增大的那一部分主要是人为活动向大气中释放 N_2O 的结果。化石燃料(如煤炭、天然气和石油等)的燃烧过程中向大气中释放 N_2O 的事实已被公认。但是由于燃料的种类和燃烧设施的不同,其释放 N_2O 的量也有很大差异,目前确切估计它们的 N_2O 排放量还很困难。近些年来的研究结果表明,人为源排放 N_2O 的 60%～70% 来自耕作土壤,人们的种植活动和施肥导致了 N_2O 的直接产生和排放。一般认为,农田 N_2O 的排放取决于两个因素,其一是作物种植面积与作物种植比例的变化,其二是肥料的种类和施用量。由于农田 N_2O 排放受到多种因素的影响,如土壤类型、肥料种类、耕作方式、灌溉方式以及气象条件等,因此确切估算农田向大气中释放 N_2O 的量并不是一件容易的事。

生物质燃烧,如农作物的桔杆和根燃烧、森林和草地改为农用地的燃烧等均向大气中排放 N_2O,其中最主要的是热带大草场的人为燃烧。据统计,目前世界一半以上人口的基本能源来源是生物质燃烧。

除此而外,一些工业生产过程中,如硝酸生产、尼龙生产、合成氨和尿素生产等,也有 N_2O 向大气中释放。

(四)臭氧(O_3)

臭氧(O_3)是大气的重要气体组分,实际上大气中的臭氧含量甚少,一般情况下约占空气体积的一亿分之几,但由于大气中的臭氧具有吸收太阳紫外辐射的特性,使得太阳辐射中大量对地球上生物有危害的紫外辐射无法到达地面。因此,O_3 的存在加倍受到人们的重视,并被称为地球上一切生灵的保护伞。大气中的臭氧含量主要集中在 $10\sim50$ km 高度范围内,这就是通常说的大气臭氧层。大气中的臭氧主要来源于发生在高层大气中的光化学过程。对这一过程最简单的理解就是具有一定能量的太阳紫外辐射使大气中的氧分子分解成氧原子,这些氧原子再与氧分子碰撞形成臭氧,所生成的臭氧分子浓度在很高的高度上由于氧分子浓度本身很小而应当下降,而在接近地面的低层大气中由于氧分子分解速度很小,臭氧分子数也会很少。这就是说,大气中臭氧含量的极大值一般应位于大气层的某一个高度上,详细计算结果表明,这一高度约为 $20\sim25$ km。通常认为低层大气中的臭氧主要是由上层高臭氧浓度大气向下输送来的。与此同时,在低层大气中,各种放电现象也会产生臭氧。另外,大气污染、大气中的气溶胶、云、湍流等均对大气中臭氧的生成有一定影响。但是,应当指出,人们对大气低层中臭氧来源和变化的了解还很不够。

(五)氟氯烃(CFC_s)

氟氯烃(CFC_s)是卤代烃的一种,是一种人造的化学物质,是氯氟和碳的化合物,人们平常所说的氟里昂就属于这种化合物。这种物质的融点和沸点都很低,在室温下就可以汽化,而且它们无毒又不可燃,所以它们是理想的制冷剂和气溶胶喷雾剂。因此,长期以来它们被广泛地应用于制冷、泡沫、消防、气溶胶和清洗等部门。到目前为止,人们日常生活中所使用的绝大部分电视、冰箱、汽车、计算机、灭火器等产品的生产或使用都离不开氟氯烃这类化学物质,就连当今女性喜欢使用的发胶、摩丝等化妆品,以及很多老年人离不开的哮喘喷剂等等,也都使用氟氯烃。较长时间以来,氟氯烃被人们誉为理想的化学物质而备受钟爱。但是,随着氟氯烃的广泛使用,它在大气中的含量也日益增加。应当说,氟氯烃在自然界中原本是不存在的,它是人类自己生产出来的化学物质,目前大气中的氟氯烃物质全部是人类制造并在生产、生活和社会活动中释放到大气中来的。

尽管如此,大气中的氟氯烃物质含量毕竟是很少的,因此,长期以来人们一直沉溺在生产、使用这种"理想"化学物质的自我赏识中。其间,尽管有些科学家告诫,氟氯烃的大量生产和广泛被使用可能会对人类本身带来灾难,但并没有引起人们的注意。直到 20 世纪 80 年代,大气臭氧层破坏和全球变暖等这些全球性的重大环境问题逐渐被认识之后,人们,乃至各国政府有关部门才注意到一些科学家的告诫,对氟氯烃这一"理想"化学物质的生产和使用产生了动摇,人们开始醒悟到,原来氟氯烃是破坏大气臭氧层的元凶!原来氟氯烃是一种重要的温室气体,它也是全球变暖的诸多贡献者之一。

第二节　大气中温室气体浓度的变化

一、温室气体的浓度及其测量

(一)问题的提出

人们关心和研究大气中的温室气体的根本原因是发现它们与全球变暖这一当今全球性的重大环境问题有直接关系。提到大气中的温室气体,人们自然会提出一个普遍性的问题:大气中的主要温室气体都是地球大气中天然存在的组分,它们产生的温室效应(见本章第三节)也不是今天的事,为什么现在才对这些气体倍加重视? 这一问题听起来有些道理,最早是由政府官员向科学家们提出来的。的确,大气中最重要的温室气体,如 H_2O、CO_2、N_2O、CH_4、O_3 等都是长期以来经过一系列复杂变化过程才形成的现在大气中的组分,它们在大气中存在至今已有几百万至几千万年的历史,它们所产生的温室效应是维持现在大气现状的重要原因。问题是自从现在大气形成以来它们在大气中的含量一直没有较大的变化,而在工业革命以来,人们发现的一个明显事实是大气中的某些重要温室气体的含量都有了显著变化,而且都是在增加。可见,所谓温室气体问题并不是什么新问题,它之所以被重新提出来的根本原因是因为这些气体在大气中的含量不断增加,强化了它们已有的温室效应,从而可能对人类本身的生存环境构成威胁。简单地说,现在家喻户晓的所谓"温室气体"的真正科学问题是大气中的重要温室气体含量自人类工业革命以来有多大变化? 今后会如何变化? 温室气体含量变化会使它们的温室效应增强多少?

(二)温室气体浓度的表示单位和测量

对大气中温室气体含量及其变化的最客观了解就是用仪器进行直接地、长时间地测量。早在 19 世纪末,科学家们就提出大气中 CO_2 等温室气体含量的增加会导致地球表面变暖,可惜,这一科学卓见没有引起人们的注意。对大气中温室气体含量增加及其可能导致的后果的认识经历了一个长时间的过程。直到 1958 年美国斯克里普斯海洋研究所才在夏威夷岛的莫纳洛娃山上建立了全球第一个连续观测大气中温室气体浓度及其变化的观测站。

对大气中温室气体含量的变化进行观测并不是一件容易的事,对观测地点的选择,对观测仪器和观测方法等都有很严格的要求,以保证观测资料的代表性、可靠性和精度。为此,20 世纪 70 年代初,世界气象组织(WMO)、世界卫生组织(WHO)和联合国环境规划署(UNEP)等国际组织共同发起和组织了"大气本底污染观测网"(Background Air Pollution Monitoring Network,简称BAPMoN),旨在对世界范围内大气本底及污染状况进行长期的全球性观测,其中包括对大气中主要温室气体浓度的观测。此后,在世界范围内陆续建立了一些观测站(点),到目前为止,BAPMoN 系统所属的观测站(点)在世界各地已有 200 个左右,目前供政府部门决策和科学研究用的关于大气温室气体浓度及其变化的所有资料几乎全部来自这一观测系统。

要评价大气中温室气体浓度的长期变化,不言而喻,需要有关于这些气体在大气中含量的长时间序列的资料。科学家们需要知道,目前大气中温室气体含量的增加趋势究竟是从什么时候开始的? 可见仅靠 20 世纪 50 年代以来的直接观测资料是远远不够的。因此,科学家们进行了长期的艰苦努力,最后他们从南极和格陵兰等地的陆冰盖中的气泡内找到了所需要的资料。这些气泡实际上是空气化石,对它们进行分析可以获得它们被从大气中隔绝开来的那个时期大气中这些温室气体的含量,这种方法被称为冰芯气泡分析法。目前,用这种方法,已获得距今 20 万年以来的大气中 CO_2、CH_4 等气体的含量值。科学家们还试图通过研究海洋沉积物的成分来了解距今百万年以来有关大气中气体成分的信息。

为了量度大气中各种温室气体的含量,从研究不同科学问题出发,使用着不同的单位,其中最常见的使用单位是密度和混合比。某一种气体在大气中的密度是指单位大气体积中所含该种气体的分子数,如每立方厘米中含有多少个二氧化碳分子等。有时,密度也用单位空气体积中所含该气体的质量来表示,如每立方米空气中含有多少克(或微克、毫克等)二氧化碳等。某种气体的混合比是指在同一温度和压力情况下该气体的体积所占空气体积之份数,是量纲为"1"的量,通常用百分之一(%)、千分之一(‰)、百万分之一、十亿分之一、兆兆分之一等来表示。在环境研究领域人们对大气中某种气体含量的量度习惯用密度单位,而对于温室气体来讲,最习惯用的单位是混合比,实际上是体积混合比。某种气体或不同种气体在同一压力和温度情况下,若其体积相同,则表明其中所含的分子数相同,因此,根据某种气体混合比的变化实际上就能确认该气体在大气中分子数的变化。

二、大气中主要温室气体的浓度及其变化

(一) CO_2 浓度的增加

地球大气中 CO_2 是仅次于水汽的温室气体,但从大气中含量的变化及其温室效应增强的角度来讲,CO_2 已被公认为大气中最重要的温室气体。

就全球平均而言,目前,大气中 CO_2 的含量约为 360×10^{-6},若将整个大气中所有的 CO_2 含量压缩到标准状态下(即 15 ℃和 1 个大气压状态),其厚度约为 2.9 m(整个大气层被压缩到这一标准状态时其厚度约为 8000 m)。图 7.2.1 给出距今 250a(年)以来大气中 CO_2 浓度的变化情况,1958 年以前的资料来源于冰芯分析结果,1958 年之后的资料来源于莫纳洛娃站的直接观测。

大气中 CO_2 的含量取决于地球上生物圈、海洋和大气圈等主要碳库间 CO_2 的交换和平衡过程。长期以来,大量研究结果表明,在距今 20 万年以来,大气中 CO_2 含量经历了较大的变化,其变化幅度约为 $180 \times 10^{-6} \sim 300 \times 10^{-6}$,但在 1750 年前后产业革命开始之前的几千年内,地球上各碳库之间的交换基本上处于平衡状态,大气中的 CO_2 浓度的平均值约为 280×10^{-6}。这一数值目前已被公认为人类工业革命前大气中的 CO_2 浓度,很多人将这一浓度值作为评价人类活动对大气中 CO_2 浓度影响的起始值。图 7.2.1 给出的结果表明,产业革命以来的人类活动使得大气中 CO_2 浓度有了明显的增加,大气中的 CO_2 浓度已从 1750 年前后的 280×10^{-6} 增加到目前的 360×10^{-6},增加了 29%,平均年增加 0.32×10^{-6}。图 7.2.1 还表明,近几十年来大气中 CO_2 浓度的增长速度明显增大。莫纳洛娃的实测资料表明,从 1959 年至今,大气中的 CO_2 大约以每年 0.5%的速率在增加(或每年增加 1.8×10^{-6})。通常,科学家们对人类工业革命以来大气中 CO_2 浓度的变化特征是这样解释的:从 18 世纪中叶到 20 世纪 40 年代左右,大气中的 CO_2 含量缓慢增加,平均每年增加 0.06%(或 0.16×10^{-6}),这主要是产业革命以来土地利用变化,毁林造田以及生物质燃烧等人类活动造成的。20 世纪以来,尤其是第二次世界大战之后,人类开始大量开发、使用化石燃料,向大气中释放的 CO_2 量大幅度增加,从而导致了大气中的 CO_2 浓度迅速增加。就全球而言,大气中 CO_2 的浓度并非是均匀分

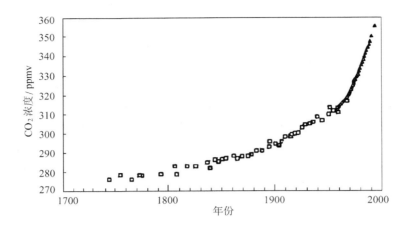

图 7.2.1　大气二氧化碳自 1700 年以来的增加(J. Houghton, 1998)□表
示南极冰芯的测量结果,△表示 1957 年以来在夏威的冒纳罗娃观象
台的直接测量结果(ppmv=1×10⁻⁶)

布的,如前所述,化石燃料燃烧是当前导致大气中 CO_2 浓度增加的主要原因,由于这种燃烧大约 95% 发生在北半球,因此,北半球大气中 CO_2 浓度要高于南半球大气中的相应值。就平均而言,南北半球大气中 CO_2 浓度之差约为 $2×10^{-6}$～$3×10^{-6}$。不仅如此,由于绝大部分陆地生物群落生长在北半球,因此,北半球(尤其是中纬度地区)大气中的 CO_2 浓度一年之内呈现出明显季节变化,即植物生长季节,大气中的 CO_2 浓度降低,而冬季观测到 CO_2 浓度的高值。

（二）CH_4 浓度的变化

如同 CO_2 一样,大气中的 CH_4 浓度资料主要来源于冰芯分析(1958 年之前)和直接观测(1959 年之后)。冰芯资料表明,距今 20 万年以来大气中 CH_4 的浓度变化范围约为 $0.35×10^{-6}$ 至 $0.70×10^{-6}$。在工业革命前的至少 2000 a 内,大气中的 CH_4 浓度约为 $0.8×10^{-6}$,工业革命后,CH_4 在大气中的浓度明显增加,短短 200 多年,CH_4 在大气中的浓度已由当时的 $0.8×10^{-6}$ 增加到目前的 $1.7×10^{-6}$,平均每年以 0.6% 的速度在增加。图 7.2.2 显示出近几百年来大气中 CH_4 浓度的增长情况。可以发现,20 世纪 90 年代后,大气中的 CH_4 浓度呈迅速增长态势,平均年增长速率为 1% 左右。如同 CO_2 一样,北半球上空大气中的 CH_4 浓度明显高于南半球的相应值,这个浓度差值平均约为 $0.13×10^{-6}$。整个南半球都是 CH_4 的低浓度区,这无疑是北半球人类活动远远高于南半球而造成的结果。应当指出,与 CO_2 相比,CH_4 在大气中的源、汇情况要复杂得多,其源、汇变化和在大气中的输送过程至今还不是很清楚。因此,对大气中 CH_4 浓度变化的评价还有很大的不确定性。在认识大气中 CH_4 浓度变化复杂性时,特别应当指出的是 1993 年前后在全球范围内观测到了大气中 CH_4 浓度增长速率大大降低的结果,在有些地区其增长率几乎为零,对这一现象至今人们尚没有一个共识,这也许可以作为大气中 CH_4 源、汇变化复杂性的一个佐证。

（三）N_2O 浓度的变化

当前,大气中 N_2O 的浓度约为 $320×10^{-9}$。对冰芯气泡的分析结果表明,直到 20 世纪中叶,大气中 N_2O 的浓度一直处在 $285×10^{-9}$ 左右,几乎没有什么明显变化,其后,其浓度呈现了明显的增长趋势。目前,大气中 N_2O 浓度的年增长率约为 0.26%,即每年增加 0.8ppb。与

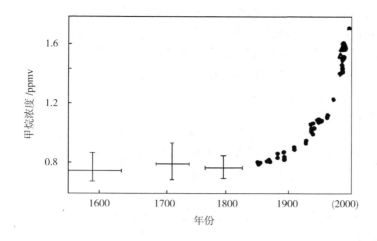

图 7.2.2　过去几百年以来大气中甲烷浓度的变化(J. Houghon,1998)

CO_2 和 CH_4 不同,大气中的 N_2O 在全球范围内呈现基本均匀的分布。尽管大气中 N_2O 的工业源、生物源大都集中在北半球,但世界各地的观测资料几乎没有显示出南半球和北半球大气中的 N_2O 浓度差。这一方面可能是与 CO_2 和 CH_4 相比,N_2O 在大气中的浓度很低,每年向大气中的排放量很小的缘故,同时也可能与 N_2O 在大气中的寿命较长有关。

（四）大气中 CFC_s 的变化

前面已经提到,CFC_s 是卤代烃的一种,大气中的 CFC_s 完全是由于人类活动向大气中释放的结果。属于卤代烃的化学物质有很多种类,都是甲烷(CH_4)或乙烷(C_2H_6)的衍生物,除 CFC_s 外,还有溴代物（即 CH_4 或 C_2H_6 中的氢原子被溴原子所代替）和含有氢的 CFC（即 CH_4 或 C_2H_6 中的氢原子没有全部被氯原子代替）等等。就它们向大气中的排放量来讲,重要的有三氯氟甲烷（即 CFC11,俗称氟里昂 11）、二氯二氟甲烷（即 CFC12,即氟里昂 12）、四氯化碳、三氯三氟乙烷（即 CFC113,俗称氟里昂 113）、甲基三氯甲烷和氯二氟甲烷（HCFC22,俗称氟里昂 22）等,其中在大气中的浓度相对较高的有 CFC11（约 260×10^{-12}）、CFC12（约 440×10^{-12}）、甲基三氯甲烷（约 210×10^{-12}）和四氯化碳（约 175×10^{-12}）。由于绝大部分卤代烃的化学性能比较稳定,而且在大气中的寿命比较长（一般在 90 a 以上）,因此它们在世界各地上空的浓度分布比较均匀。应当指出,由于大气中 CFC_s 以及其他卤代烃的含量很少,目前还缺乏比较可靠的全球测量数据,同时由于卤代烃对大气中臭氧层的破坏作用已被人们所认识,目前世界各国已对其生产和使用采取了有效的措施以抑制它们在大气中的浓度的继续增加。但另一方面,目前用来代替 CFC_s 的氢氯氟烃（$HCFC_s$）和氟代烃（HFC_s）等也都是温室气体,所以对它们的生产和使用也必须考虑到它们对温室效应的贡献。

三、未来大气中温室气体浓度的变化趋势

（一）问题的不确定性

主要温室气体在大气中的浓度在今后 $30 \sim 50a$ 间如何变化是当今人们在温室气体研究中最关心的问题,因为它关系到人类生存环境的变化和人类社会的可持续性发展这一根本性问题。一般而言,大气中温室气体浓度的变化主要取决于其源、汇的变化。如前所述,近半个世

纪以来,大气中主要温室气体的浓度均有明显增加趋势。目前,各国政府部门和有关科学家们已公认,主要温室气体在大气中的浓度增加主要是由于人类本身的生活、生产和社会活动造成的,毁林造田、土地利用变化、煤炭、石油和天然气的大量使用等是近半个世纪以来大气中温室气体迅速增加的最主要原因。因此,大气中温室气体浓度今后的变化特征将主要取决于人类本身的行为。应当说,估计大气中温室气体浓度今后的变化是一件非常困难的事,这不仅涉及到对各种温室气体在大气中的源、汇需要作出科学认识和估算,而且更重要的是它涉及到人口增长、经济发展以及能源结构等一系列的社会、环境问题。从这个意义上讲,所有温室气体未来变化趋势的预测都带有较大的盲目性和不确定性。下面仅根据政府间气候变化委员会(IPCC)以及世界能源协会(WEC)在这方面的有关构想对大气中 CO_2、CH_4、N_2O 和 CFC_s 等主要温室气体浓度的今后变化趋势作一简单介绍。

（二）CO_2

对大气中 CO_2 浓度未来变化趋势的预测是当今最困难但又不能不做的事。这种预测遇到的主要困难来自两个方面:其一是对未来人类对化石燃料的消费量变化趋势和对非化石燃料 CO_2 释放的估计;其二是在未来全球变化情况下,释放进入大气中的 CO_2 在海洋、大气和生物圈等各碳库中的再分配。由于这些问题涉及到人类社会今后发展中的诸多因素,在短时间内很难有一个确定的科学答案,因此,对未来大气中 CO_2 浓度变化的任何预测结果都会有较大的不确定性。

IPCC 是由世界气象组织(WMO)和联合国环境署(UNEP)于 1988 年共同建立的政府间团体组织,其主要任务是评估全球变化问题,下属 3 个工作组分别处理有关科学、影响和响应对策等问题。IPCC 于 1990、1992、1994、1995 和 2000 年分别发表了全球气候变化科学评估的有关报告。ＷＥＣ是一个国际性的非政府组织,由来自全世界 90 多个国家能源工业部门的代表组成,该协会曾先后提出了未来能源消费的几种构想。在 IPCC 和 WEC 对未来人口、经济、社会能源等发展的各种构想基础上,科学家们建立了相应的方法和预测模式,给出了未来大气中 CO_2 年排放量的上限值和下限值,1990 年和 2100 年的上限值分别为 7.0GtC 和 20.2GtC(GtC 为 10^9 吨碳)。表 7.2.1 列出了在 IPCC 这一构想基础上通过相应的全球碳循环模式计算得到的今后 100a 内与 CO_2 年排放量上、下限相对应的大气中 CO_2 浓度的变化。表 7.2.1 显示,未来大气中 CO_2 浓度的增加趋势还是很明显的。值得一提的是 WEC 的构想,WEC 根据人口增长、经济增长、能源使用、能源结构变化等假想,提出了关于 CO_2 释放的 3 种构想。根据这 3 种构想计算得到的未来大气中 CO_2 浓度的相应变化显示,其中前 2 种结果都是未来 100 a 内大气中 CO_2 浓度会继续增加,只是增加的幅度不同而已,而第 3 种结果则是在 21 世末之前的某一段时间,大气中的 CO_2 浓度就会停止增加并稳定在 440×10^{-6} 左右的水平上,可见对未来大气中 CO_2 浓度的估算有很大的不确定性。

表 7.2.1　未来大气中的 CO_2 浓度值(10^{-6})

年份		2000	2025	2050	2075	2100
CO_2 浓度值	上限	369	425	480	536	614
	下限	368	404	434	456	469

（三）CH_4

尽管科学家们对大气中 CH_4 的源和汇都做了相当多的研究,但是,各类源和汇对大气中 CH_4 浓度的变化的贡献尚不清楚。人们至今尚不能对 1993 年前后全球性的大气中 CH_4 浓度增长率锐减作出科学的解释,这就是人们常说的"甲烷之谜",可见科学地预测未来大气中 CH_4 浓度的变化同样是一件困难的事。大量的研究结果表明,大气中 CH4 浓度的增加与工业革命以来世界人口的增长有着密切关系。随着人口的增加,相应的水田耕作,畜牧业生产以及其他与人类活动有关的甲烷源(如生物质燃烧,固体废弃物填埋等)也相应加强,进而导致甲烷排放量的增加。基于这一基本思路,科学家们试图利用大气中甲烷浓度与世界人口增长之间的统计关系,根据联合国估计的未来世界人口的增长速率来预测未来大气中甲烷浓度的变化。根据这一预测,21 世纪末,大气中 CH_4 的浓度将翻一番,达到 3.5×10^{-6}。

（四）N_2O

目前人们对 N_2O 各类源在大气中 N_2O 浓度变化中所起的作用还不清楚,但与 CO_2 和 CH_4 相比,预测大气中 N_2O 浓度未来的变化却相对容易些。这一方面是由于 N_2O 的年释放量较少,在大气中寿命较长,浓度分布相对比较均匀,另一方面 N_2O 在大气中的汇相对比较稳定,它基本上是通过在上层大气中由太阳紫外辐射使其产生离解才从大气中消失。基于上述特征,在大气中 N_2O 浓度未来变化预测中,其不确定性相对较小。目前,多数研究结果显示,未来几十年内大气中 N_2O 浓度将以 0.2%～0.3%的年增长率缓慢增加。

（五）CFC_s

与 CO_2、CH_4 和 N_2O 等温室气体不同,大气中的 CFC_s 及其他卤代烃物质完全是由人类活动本身造成的。按目前的排放量,释放到大气中的卤代烃化合物依次为甲基三氯甲烷(约占 34%)、CFC12(约占 26%)、CFC11(约占 20%)、CFC113(约占 10%)、CFC22(约占 5%)。年排放量最大的甲基三氯甲烷属含氢原子的卤代烃,它在大气中的寿命很短并在大气低层就会分解。因此,从温室气体的角度讲人们最关心的是 CFC12、CFC11 和 CFC113 等化合物在大气中浓度的未来变化。由于这些化合物都具有较高的大气臭氧破坏潜能,均属消耗臭氧层物质,因此按照目前执行的《蒙特利尔协议书》和有关国际协议要求,它们均在被控制之列。可见这些化合物在大气中浓度的未来变化将取决于它们被控制的程度和时间进程。

需要指出的是,近几十年来,大气中的 CFC11 和 CFC12 始终以 4%左右的年增长率迅速增加,目前它们在大气中的浓度分别约为 350×10^{-12} 和 450×10^{-12},而且这一浓度值似乎尚未达到其平衡状态,因此,它们在大气中的浓度值还会缓慢上升。科学家们在不同的假设情况下,对 CFC11 和 CFC12 这两种主要化合物在大气中的浓度变化进行了预测。结果显示,如果执行了《蒙特利尔议定书》,到 2050 年,大气中 CFC11 和 CFC12 的浓度可分别达到 390×10^{-12} 和 600×10^{-12},可见它们在大气中仍呈增加态势。计算还表明,若要保持 CFC11 和 CFC12 在大气中的目前水平,只有将它们的排放在现有基础上即刻减少 85%或更多。

第三节　温室效应增强和全球变暖

一、温室效应

（一）什么是温室效应

简单地说,温室效应就是大气对于地球的保暖作用,也就是说,大气层就像一层玻璃或塑料膜一样笼罩在地球上面,使地球维持在较高温度的热平衡状态之中,就像人们熟知的暖房一样,因此,也有人称温室效应为暖房效应。这个暖房的形成首先要从地球的能量收支及其平衡过程谈起。

常言道"万物生长靠太阳",这是一条千真万确的真理。实际上,太阳可被认为是地球上一切能量的唯一源。人类自身所开发的包括核能在内的其他所有能源都无法与太阳能相比。地球及其周围大气层作为一个整体系统,它一方面接收来自太阳的辐射能,另一方面,它又将大量的能量射向宇宙空间,这两种能量的平衡就决定了地球及其周围大气层的热状态。

实际上所有温度高于绝对零度的物体都在不断地向周围发射电磁辐射,太阳和地球也不例外,只是不同温度的物体所发射的电磁辐射波长不同而已。根据热力学的基本定律,任何物体发射能量的最大值所对应的波长与该物体温度的乘积都等于同一个常数,这就是说,物体的温度越高,其发射出的电磁波波长越短,反之亦然。

太阳是一个气质高温球体,其中心部分是一个处于强烈核反应、温度高达 1500 万 K 的区域,从中心区向外可分若干层次。被人们称做太阳表面的实际上是厚度约为 500 km 的气层,通常被称为光球层,其温度约为 6000 K,在地球上接收到的太阳辐射能基本上是这一层发出的。地球及其大气层每年接收到来自太阳的辐射能量约为 5.5×10^{24} J(或 1.53×10^{18} kW·h),这约占太阳总辐射能量的二十亿分之一,但它却相当于人类所有能源全年产能总和的 2.7 万倍。太阳做为一个高温辐射体,每时每刻都在向宇宙空间发射电磁波辐射,太阳辐射的能量分布在从 x 射线到无线电波的整个电磁波谱区内。但根据辐射学的基本原理,温度为 6000 K 左右的辐射体的 99.9% 的辐射能量集中在 $0.2\sim10.0$ μm 波段范围内,并且其最大辐射能量位于 0.48 μm 波长处。太阳辐射能中,在紫外波段范围(波长小于 0.40 μm),可见光波段范围(波长处于 $0.40\sim0.76$ μm)和红外波段范围(波长大于 0.76 μm)的能量分别约占太阳总辐射能量 的 9%,44% 和 47% 左右。

进入到地球大气顶部的太阳辐射能要经过复杂的传输过程才能部分地穿越整个大气层到达地球表面。一般地讲,太阳辐射能进入到地球大气之后,经过大气中的气体、粒子和云等吸收、散射和反射等过程部分地被重新反射返回到大气层外界,部分地消耗于加热大气层,而其余部分会到达地球表面。达到地球表面的这一部分太阳能量中的一部分被地球表面所吸收,使地面升温,而另一部分又被地表反射穿过大气返回到大气层外。由此可见,正是由于太阳辐射使地球表面及其周围大气获得了能量,将温暖送到了人间。然而,地球并不只是接收来自太阳的能量,地球及其周围大气层也同样是一个辐射体并且不断地将大量能量释放到大气层以外的宇宙空间去。与太阳辐射不同,地球及其大气的辐射能量主要集中在 $3\sim100$ μm 波长范围内,其最大辐射能量位于 10 μm 左右。不难发现,太阳辐射和地球(包括其大气层)的辐射在辐射波长范围、最大辐射能对应的波长位置以及在辐射总能量等方面有着很大差别。这些差别主要来源于这样一个简单的实事,即太阳是一个温度约为 6000 K 的辐射体,而地球则是一个温度约为 300K 的辐射体。气象学家们通常将太阳辐射称为短波辐射,而将地球及其周围大气的辐射称为长波辐射,以示二者之差异。由此,可简单地说,地球及其大气接收来自太阳的短波辐射使其加热,与此同时它也以长波辐射的方式向外发射能量。大量的观测结果表明,地球表面的温度在相当长的一段时间内没有多大变化,这就意味着,地球及其大气层作为一个系统其能量的收和支基本处于平衡状态。问题到此似乎已经说清楚了,但事实却非如此,根据地球接收到的来自太阳的能量和自身发射的能量,通过计算发现,地球表面的平均温度大约应为 -18.5 ℃,而不是实际测得的 15 ℃左右。地球表面温度的计算值和实测值的差异(约 33.5 ℃)实际上是大气中的温室气体造成的。也就是说,地球发射的长波辐射的一部分被做为现代大气组成部分的 H_2O、CO_2、CH_4 和 N_2O 等温室气体所吸收,使这部分能量不能向宇宙空间逃逸。与此同时,大气又以长波辐射的形式部分地将这部分能量返回地面,从而使地表避免了这部分能量的损失,而正是这部分本应释放到大气层之外的但被大气中温室气体阻挡住并又被返回到地面的地球辐射才使得地球表面的温度平均升高了 33.5 ℃。在人类工业革命前的 大约几千年的时间内,现代大气中温室气体的浓度没有明显变化。可见,地球及其大气层的热状态基本上处在当时温室气体浓度控制下的能量收、支平衡状态。可是,自人类工业革命以来,绝大多数人所没预料到的事在悄悄地发生着,工业革命使长期以来处于能量收支平衡状态的地球及其大气层系统受到了冲击。这一冲击主要是由于工业革命以来人类活动排放到大气层中的温室气体增多了。正如前节提到的那样,大气中的温室气体就像玻璃一样,它可以使来自太阳的短波辐射顺利通过到达地球表面,而对于来自地球表面的长波辐射却不肯放行,其结果是使被阻止在大气层之内并且又被返回到地面的那部分地球长波辐射逐渐增加,进而使地球表面的加热增强。换句话说,就是使原来已有的温室效应进一步增强,大气中温室气体浓度增加的幅度越大,它们所产生的温室效应也就越强。由此可见,人们所关心的实际上不是温室气体及其温室效应本身,而是大气中主要温室气体的浓度"增加"了多少,其温室效应"增强"了多少。

　　为了加深对温室效应这一概念的认识,图 7.3.1 给出了地球及其周围大气的能量收支示意图。

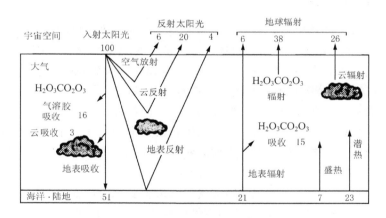

图 7.3.1　地球及其周围大气的能量收支示意图
(田中正之(日),1992)

　　假定地球及其大气层从太阳接受到的能量为 100 个单位,则其中约 30 个单位被大气层和地表反射返回太空,大约有 19 个单位被大气层吸收,其余 51 个单位被地表所吸收。地表吸收的 51 个单位中,有 21 个单位又以长波辐射的形式释放出来(其中 6 个单位直接释放到太空中去,另外 15 个单位被大气中的温室气体吸收),其余的 30 个单位以感热和潜热的形式释放进入大气中。这样大气层共接收到来自太阳的短波辐射 19 个单位,来自地球的长波辐射 45 个单位,共计 64 个单位,大气又以长波辐射的形式将这 64 个单位释放入太空。

　　最终结果是地球大气系统从太阳接收到 100 个单位能量,同时又经过复杂的变换和传输过程之后,又将 100 个单位的能量释放到大气层外(其中 30 个单位以反射的短波辐射形式,60 个单位以地球和大气的长波辐射形式)。

（二）温室气体产生温室效应的能力

前面已经列举了大气中存在的主要温室气体的种类以及它们在大气中的浓度变化,正是由于这些温室气体的存在才导致了温室效应的产生。那么,这些温室气体的作用有多大? 哪种气体对温室效应的贡献最大? 哪种气体对温室效应的"增强"贡献最大?

这些都是当前大气温室气体研究中的重要内容,因为这对评价各种温室气体对于当前气候、环境变化的影响和采取科学的对策十分重要。

温室效应是由于大气中的温室气体联手阻挡地球表面的长波辐射释放到大气层之外的宇宙空间,进而减少了地球表面能量的损失而产生的。因此,一般认为,各类温室气体对总的温室效应的贡献取决于它们在大气中的浓度和对地球表面长波辐射的阻挡能力(即产生温室效应的能力),其浓度越大,阻挡能力越强,其贡献也就越大。

对于大气中各种温室气体浓度及其变化,目前已有比较多的资料,尤其是自 20 世纪 50 年代末开展的直接测量,为了解全球范围内大气中主要温室气体含量及其变化情况 提供了可靠的资料。目前仍在不断地完善有关全球监测系统,以便监视大气中温室气体含量及其不同空间和时间尺度的变化特征,同时也在寻求更科学的方法,以便对它们在未来的变化趋势做出较可靠的预测。

二、温室效应的量度指标

不同温室气体对地球长波辐射的阻挡能力取决于这些气体各自的光谱辐射特征。实际上大气中的 CO_2、CH_4、N_2O、O_3、CFC_s 等气体之所以被称为温室气体就是因为它们在红外波区有着强度不同的光谱吸收带,对来自地球表面的长波辐射有吸收,这种光谱吸收带越多,吸收带的强度越强,则该种气体吸收掉的长波辐射能量就越多,它的阻挡能力就越大。图 7.3.2 给出了大气中主要温室气体在红外波区主要光谱吸收带的位置。

评价各类温室气体对地球表面长波辐射的阻挡能力并不是一件容易的事情,下面介绍几种定量评价大气中温室气体这种阻挡能力的方法。

（一）辐射强迫

所谓辐射强迫法是指某一温室气体在大气中的浓度变化所造成的大气对流层上部净辐射通量的变化,这种变化的大小可以做为该温室气体对地球表面长波辐射的阻挡能力的量度指标。

这一量度的具体操作是通过建立相应的模式来计算某种温室气体在大气中的浓度增加某一量值时所产生的辐射强迫,并以每平方米多少瓦(W/m^2)净辐射通量的结果给出,即通过加热率(W/m^2)来量度该气体的阻挡能力。这种方法的最大优点是精度高,因为它的基础是温室气体的光谱特性,大气分子光谱学的已有成果已为这种计算提供了可靠的基础资料。然而,应当指出的是对同一种温室气体而言,目前不同研究结果之间仍然存在明显差异,其主要原因是在具体操作中,这一方法所需要的大量计算工作迫使人们不得不对所使用的光谱资料和对采用的计算方法做出种种简化。例如,光谱参数的选择,光谱区间的划分,重叠吸收的处理等等,均会影响计算结果的精度。

为了对大气中各类温室气体产生温室效应的能力的相对大小有一定量的认识,表 7.3.1 给出了大气中主要温室气体每个分子相对于一个 CO_2 分子的加热率比值。可以发现,就其产生温室效应的能力来讲,大气中一个 CH_4 分子的作用相当于一个 CO_2 分子作用的 21 倍之

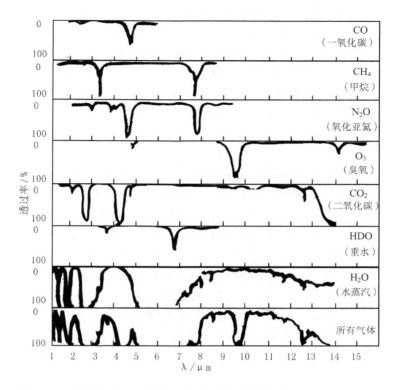

图 7.3.2　温室气体在红外波区主要光谱吸收带的位置(田中正之(日),1992)

多,N_2O 为 206 倍,而 CFC_s 物质则大于 1 万倍。但是由于当前大气中的 CO_2 浓度及其增长的绝对值大大高于其他温室气体,所以就其对总温室效应增强的贡献来讲,CO_2 仍占首位。研究结果表明,近 10 年内,大气中温室气体增加所造成的温室效应增量已相当于 20 世纪前半世纪的温室效应增量并已超过从 18 世纪中期到 19 世纪末的一个半世纪期间的相应增量。可见温室效应增强之速度之快。但另一个事实是在对总温室效应增强的贡献中 CO_2 的相对作用却正在逐渐下降。在 19 世纪末,总温室效应增强量中 CO_2 的贡献约占 67%,而近 10a(年)这一贡献已下降到 49%,CH_4 的相对贡献在 20 世纪 70 年代之后也明显减小。与此同时,大气中 CFC_s 对总温室效应增强的贡献明显增大,它的贡献已由 20 世纪前半世纪的 3% 左右,猛增至目前的 20% 左右。同时也发现,对流层中大气臭氧的这种相对贡献也有增大趋势。

表 7.3.1　不同温室气体相对于 CO_2 的加热率比值 R

气体种类	CO_2	CH_4	N_2O	CFC-11	CFC-12	CFC-13	HCFC-22
R	1	21	2O6	12400	15800	15800	10700

　　大量研究结果显示,目前,大气中除 CO_2 以外的其他温室气体对总温室效应增强的贡献已经超过 CO_2 的相应贡献。

　　(二)地区温度

　　评价大气中不同温室气体浓度增加所引起的温室效应增强相对大小的另一个方法就是比较它们所引起的地球表面温度变化,不言而喻,这是一种最直接的量度方法。这一方法似乎更容易被人们所理解和接受,因为地球表面温度的变化取决于其净辐射量的变化,而后者又直接与温室气体阻挡地球长波辐射的能力即温室效应能力相关。用地面温度变化来量度温室效应的相对大小可以使人们对温室效应增强有一个直接的定量概念。但是地球表面温度的变化取决于很多因子,而且各因子之间有着复杂的相互作用过程。因此,选择合理的、科学的计算模式就成为确定地面温度变化精度的关键。一般来讲,不同模式对影响地表温度的各种物理、化学和辐射以及有关反馈过程的考虑也不一样,尤其是对大气中云这一影响地表温度变化的重要因素的处理方法有着很大的不同,所有这些都会直接导致计算结果的差异。

(三)全球增温潜势

实际上,估计大气中不同温室气体浓度的增加所导致的温室效应增强能力的相对大小是一件很复杂的工作。这是因为无论哪种温室气体,它最终所表现出的温室效应增强能力,不仅仅取决于该气体本身的分子光谱结构特征,而且与该气体在大气中的浓度变化量,与该气体在大气中的寿命以及该分子的化学和辐射活性有着密切关系。不难理解,在大气中寿命很长并且化学和辐射活性强的温室气体会有更多的机会参与有关过程,其结果也会导致间接的温室效应。为此,科学家们提出了全球增温潜势(GWP)的概念,试图走出只从单个分子行为评价温室效应能力的局限性。这一概念将温室气体诱发温室效应的所有直接的、间接的潜在能力统统考虑进来,从温室气体在大气中的滞留时间和未来向大气中释放量变化的角度来讲,这一概念似乎更合理。目前,用"全球增温"潜势这一概念来评价各种温室气体浓度增加所导致的温室效应增强的大小虽然还在不断研究和完善之中,但已被广大科学研究人员所接受。

三、全球已开始变暖

(一)全球温度在上升

当前,全球变暖已成为全世界各界人士所关心的重大科学问题,不少人还把全球变暖、酸雨和大气臭氧层破坏视为当今全球的三个重大环境问题。对全球变暖研究的一个早期重要成果是,当大气中温室气体的浓度继续增加时,从地球表面到对流层上部(气象学家们称从地面到约 10 km 高的大气层为对流层,而从对流层顶部到大约 50 km 高的大气层被称为平流层)的气温会上升,而在平流层,气温却反而会下降,而且,随着高度的增加,气温下降的幅度越大。实际上,对这一结论的解释并不困难。在低层大气,使空气得到加热的是来自地球表面的辐射,这一过程是靠低层大气中的对流输送来完成的。就其绝对含量而言,主要温室气体(CO_2,CH_4,N_2O 等)都集中在对流层,这些气体在大气中浓度的增加量基本上也在对流层,它们对来自地球表面的长波辐射的阻挡也发生在对流层。因此,大气中温室气体含量增加,其温室效应增强,最终导致地表和对流层空气温度上升。而在平流层事情发生了变化,首先,来自地球表面的对流热输送无法越过对流层顶到达这一高度气层,使平流层空气得到加热的主要是那里的大气臭氧对太阳紫外辐射的吸收。通常情况下,臭氧吸收太阳紫外线所获得的能量与这层大气放出的长波辐射(主要是这层大气中的二氧化碳和水汽的辐射)能量基本处于平衡状态。当这层大气中的温室气体含量增加时,就会把更多的长波辐射释放到大气层以外的宇宙空间中去,其结果会使这一气层的温度降低。由此可见,目前人们所议论的由于大气中温室气体浓度增加所引起的全球变暖问题,实际上是指地球表面温度和对流层气温上升。就全球平均状态而言,这种温度上升现象已被大量观测资料所证实。

(二)气温上升多少?

自 20 世纪中叶至今,对于全球变暖已进行了很多的研究工作,预计在今后相当长的一段时间内,这种工作还会继续加强。在全球变暖研究的诸多问题中,人们非常关心的是大气中温室气体浓度增加后,全球的气温到底上升了多少? 这种温度上升未来如何变化? 在某种意义上讲,要回答第一个问题相对比较容易些,这主要是因为对过去一段时间内全球气温的变化已经有较多的观测资料,在对已有资料的综合、归纳和分析的基础上,科学家们可以给出一个较为合理和较为科学的答案。

对于近百年来全球实际观测资料的分析表明,全球平均气温总的来说呈现出上升的趋势。这个平均气温上升的量约为 $0.3 \sim 0.6$ ℃。应当指出,这个数值的含意一是全球,二是平均,因此,并不排除在某一地区,或在某一年份出现比这个量值大得多的变化。实际上,地球的温度每年都在变化,有的年份比较低,有的年份则比较高。人们已经发现,刚刚过去的 20 世纪的最后两个 10 年已被观测资料所证实是有准确气象记录资料的 100 多年以来最暖的年份,其中有 11 个 100 年来最暖的年份发生在 80 年代中期以后。

要回答全球平均气温上升未来如何变化这一问题是很困难的,根据目前所掌握的知识,要确切回答这一问题几乎是不可能的。的确,科学家们可以对已发生过的事情进行多方面的归纳、分析,对其发生的原因可以进行有根据的论证,并且可以建立科学的方法来模拟,来恢复过去全球气温的变化,这些人们都做到了,并且做的相当出色。但是对像全球气温今后如何变化这类未来要发生的事,科学家们似乎还显得无能为力。尽管他们已付出了和正在付出着相当大的努力,但由于问题本身的复杂性和各种依赖因子的不确定性,使得科学家们对这一问题做出确切回答还为时过早。但是科学家们并不悲观,他们一直在孜孜不倦地进行探讨,进行各式各样的分析、模拟和评估研究,同时也在进行对未来全球变暖的预测尝试,并且已经取得了相当不错的研究结果。人们建立和发展了各种各样的模式,试图尽量把地圈——大气圈——生物圈以及海洋等所有会影响全球温度变化的因子考虑进来,以便给出一个科学的预测结果,显然,这不是一件容易的事。目前人们能够做的是将所有可能影响全球温度变化的因子归纳分类并做出相应的假设,然后寻求一个比较合理而科学的模式进行预测计算。由于未来全球温度变化直接与大气中温室气体浓度的增长量密切相关,所以从影响和对策的角度人们做的最多的工作是预测当大气中主要温室气体 CO_2 浓度加倍时,全球温度会如何变化。也就是说,在其他众多影响因子均符合某一“假定”的情况下,预测大气中 CO_2 浓度加倍所导致的全球增温效应。由于所采用的模式中对这些“假定”的处理存在着差异,因此,预测结果也很不相同。目前,一个比较能够认可的结果是对大气中 CO_2 浓度加倍所引起的全球气温上升约为 3.5 ± 1 ℃。如果将海洋的热惯性也考虑进去,那么,全球范围内气温会平均上升 2.5 ± 0.7 ℃,也就是说,全球平均气温的上升范围为 $\pm(1.8 \sim 3.2)$ ℃。不仅如此,科学家们还预测,全球升温在地球的赤道附近最不明显,而在地球的中、高纬度,尤其在极区,气温上升的幅度会最高。

（三）温室气体增加和全球变暖

根据目前的认识和已掌握的资料,大气中温室气体浓度的增加会导致地球表面和对流层气温上升,而且近百年来全球平均气温的确在上升。那么,一个很自然的问题就是,近百年来的全球变暖是不是由于大气中温室气体的增加所造成的? 这又是一个看来似乎简单而实际上是很复杂的问题。目前,尚无法对这一问题做出确切回答。

从历史气候变化来看,过去的 100 万年中曾发生过一系列重大的冰期和暖期的交替,其中最后一个冰期大约在距今 2 万年前开始结束。可以认为,人类目前正处在间冰期,这些对我们来说,似乎显得十分遥远了。前节提到,有记录以来的观测数据已显示出近百年来全球平均温度大约上升了 0.3～0.6 ℃。从全球平均的意义上讲,这个变化,已是很明显了,当然,这种变化和增温并不均匀,在此期间,某些时段内曾发生过明显的降温或增温。现在的问题是,这种全球变暖趋势和大气中温室气体浓度的增加有多大关系。实际上,全球温度的变化是由多种因素造成的,归纳起来可简单地分为自然因素和人为因素。纵观历史气候的变化,变冷、变暖、再变冷、再变暖等都是由地质和天体演变等自然因素造成,其冷、暖变化幅度有大、有小,近百年来 0.3～0.6 ℃的地球温度变化幅度并没有超出自然因素引起的温度变化范围。人为因素对气候变化的影响基本上是人类工业革命以来的事,大气中温室气体浓度增加导致温室效应增强进而使地球增温这一理论也是成立的,但能否把近百年来已经出现的全球变暖现象归之于大气中温室气体的增加,却是一个有争议的问题。应当承认,温室效应的增强和全球温度的实际变化是两个概念,是两件事。在大气中温室气体浓度不断增加的情况下,理论上会导致全球温度的继续上升,但某一时期内全球温度的实际变化则又是另一件事,实际温度变化可能会大于,也可能会小于由于温室效应增强引起的温度变化。可见,目前评价人类工业化以来,尤其是近半个世纪以来温室效应增强对近百年来全球地表平均温度上升的贡献似乎还有不少困难。尽管如此,科学家们仍在继续对近半个世纪以来,近百年来,工业革命以来以及近千年、近百万年以来的气候变化特征进行着大量研究工作,试图从中找出气候变化的某些规律,并试图对自然因素和人为因素对气候变化的相对贡献做出合理的评估。一些研究结果已经显示,当前全球变暖的进程比过去 100 万年以来由自然因素诱发的类似变暖进程要快,由此可认为,人类活动似乎应是近半个世纪以来全球变暖的主要贡献者,IPCC 的评估报告(2000)支持了这一观点。

　　无论如何,目前,科学家们还无法回答大气中温室气体增加对全球变暖的实际贡献究竟是多大,对全球变暖进程中的一些已被证实的现象也还不能给出令人信服的解释。例如,气候变暖过程中所表现出来的突变性,1940 年之后大气中温室气体迅速增加,但全球温度(尤其是北半球温度)却呈现下降趋势,全球变暖所表现出来的明显区域性差异(如中国大陆近百年来的变暖就很不明显)等等,显然对这些问题的科学解释还需要科学家们付出较长时间的努力。

第四节　气候变化对人类生存环境的影响

　　未来气候如何变化?它对人们的生存环境会有哪些影响?影响程度如何?这无疑是人们最关心的问题。但是,应当说,目前科学家们还不能确切地回答这些问题,所给出的一些预测实际上是在很多假定条件下做出的推论,均具有很大的不确定性,也仅仅具有警示作用,对有关部门制定政策有一定的参考价值。因此,下面仅对这一问题做最简单的介绍,以免造成不必要的误导。

一、全球和区域气候变化

　　全球变暖不仅仅只意味着全球平均温度的上升,这一现象的发生还意味着全球和区域性气候会发生相应的变化,这是很容易理解的。全球变暖对气候的影响是多方面的,是一个相当复杂的问题。目前,人们对这种影响的机理、途径、后果以及在气候系统内部可能产生的种种反馈效应等了解的还非常少,因此,目前所有关于大气中温室气体增加以及全球变暖对气候影响的评估都具有很大的不确定性,所给出的一些结果也在很大程度上只具有推理性质。

　　首先,人们推断,由于温室效应增强,全球变暖会导致地球及其大气系统的能量收支的变化。这是因为全球的冰雪覆盖面积会随着全球变暖而减小,其反照率效应相应减小,进而会使更多的太阳辐射能被地球表面所吸收,不仅如此,全球变暖还会改变陆地生态系统的种群和分布,其结果同样会改变地表反照率,进而改变地球表面的能量收支。

　　其次,全球变暖会导致大气中水蒸汽含量的变化,进而改变全球的云量及其分布。云是大气物理和气候研究中使科学家们最受困扰的问题之一。大气中的云可以使地球变暖,也可以使地球变冷,有人做过计算后指出,如果地球大气中没有云存在,那么地球的平均温度将比现在高出 10～20 ℃。可见,如果全球大气中的云随全球变暖呈减少趋势,其后果会使全球变暖的进程加快。不仅如此,全球云量的变化必然会导致全球降水量及其分布的变化,有研究结果指出,全球变暖会使地球上原来多雨的地方更加多雨,原来少雨的地方却愈加少雨。

　　由于全球变暖会引起全球降水分布的变化及土壤含水量的变化,因此,全球的冷暖、干湿格局也会发生相应的变化。有些科学家指出,全球变暖会使北半球地处 30 ～60°范围的中纬度地带变得干燥起来,而撒哈拉沙漠等目前的干燥地带会变得比现在湿润。但是,与此同时也有相反的研究结果报道,即全球变暖会使北半球中纬度地区更加湿润,而撒哈拉沙漠等地将变得更加干燥。

　　全球变暖给了一个全球气候变化的量化概念,但更关心的是区域性气候变化,如大陆尺度的气候变化,在这方面也做了大量的研究工作。例如,一些研究结果给出了全球变暖导致的气候变化的纬度分布,有的研究结果指出全球温度增加最大的地方在北半球大陆地区,而在南半球海洋部分地区以及格陵兰附近,其增温幅度最小。也有的研究结果表明某些地区的温度升高主要表现在夜间最低温度的增加,而不是白天最高温度的升高(如中国、美国等),而在另一些地区(如印度),最高温度和最低温度的升高具有同样的量级。更有一些研究结果表明,在全球变暖的大背景下,世界某些地区却有变冷的明显趋势。这些研究结果都充分说明区域性气候变化的复杂性和现有认识的局限性。对于评估和预测小于大陆尺度的气候变化,问题的就更大了,这不仅是由于目前使用的评估模式中格点太稀疏,更重要的是模式中对于某些过程的处理,(如对于云的处理,对地表反照率的处理等)还有很多问题,因此,即使是给出研究结果,其可信度也是很低的。

　　为了对未来的区域气候变化有一个定量概念,下面介绍 IPCC 给出的到 2030 年对全球 5 个地区气候变化的估计,它们是:

　　北美中部地区冬季增温2～4 ℃,夏季增温2～3 ℃,冬季降水量增加可达 15%,而夏季则减少5%～10%,夏季土壤湿度减小15～20%。

　　南亚地区全年平均增温1～2 ℃,冬季降水无大变化,但夏季降水增加5%～15%,夏季土壤湿度增加5%～10%。

　　非洲撒哈拉地区全年增温幅度为1～3 ℃,全年降水量略有增加,土壤湿度略有减小。

　　南部欧洲冬季增温约 2 ℃,夏季增温范围为2～3 ℃,冬季降水量略有增加,而夏季降水量减小5%～15%,夏季土壤湿度减小15～25%。

　　澳大利亚夏季出现降温,其幅度为1～2 ℃,冬季降温幅度约为 2 ℃,夏季降水量增加约10%。

二、海平面上升速度会加快吗?

全球变暖会对人类本身的生存环境产生深远影响,其中海平面上升是最容易预言的后果。在过去气候冷暖变迁的历史长河中,海平面也曾经发生过很大的变化。例如,当上次冰期末(约1.8万年前),覆盖北美大陆,斯堪的纳维亚半岛及西伯利亚等地的大陆冰盖达到最大面积时,海平面比现在约低100 m左右,也就是说,从上次冰期末向后冰期(距今约1万年前左右)过渡期间,由于大陆冰盖的融化使海平面大约升高了100 m。在过去的一个多世纪中,全球温度平均上升了0.3~0.6 ℃,出现了明显的冰川后退,同时观测到海平面平均上升了10~15 cm。分析和估算表明,100 a来造成海平面升高的主要原因有两个:其一是这一期间的全球变暖使海水温度升高,结果使海洋变暖,海水膨胀,造成海平面升高;其二是全球变暖导致冰川和冰盖的融化,进而导致海平面升高。预测未来海平面的变化是一件相当复杂的工作,未来海平面变化取决于海洋的热膨胀和大陆冰盖的融化,但是由于未来全球变暖的不确定性,就使得对未来海平面上升的估计有更大的盲目性。应当说,海洋膨胀量的计算并不是一件易事,因为它与海水的起始温度有关,也就是说,处于不同温度下的海水如果其温度都增加1 ℃,它们的热膨胀量会有明显不同。这就意味着,在同样的增温情况下,热带海水要比高纬度海水的体积增加量大。可见,海洋的膨胀效应随着地理位置的不同会有很大差异。不仅如此,由于海水的热容量很大,不同层次海水对气温变化的响应速率也有很大差异,这样使得海水温度的变化速率也不尽相同,所有这些都使得对海水热膨胀的定量估计遇到了很大的困难。

冰川融化是影响海平面变化的另一重要因素,通常认为,它对海平面变化的贡献与海水膨胀的贡献相当或略小。现在的问题是,关于气候变化对冰川消长影响的认识还很不够,冰川的消长决定于它上面所覆盖的降雪量和融化量之间的平衡,当积累大于融化时会产生净增长,反之会出现冰川的消融。因此,进一步研究目前地球上各大冰川的实际变化特征将是定量预测海平面变化的前提。

除海洋膨胀和冰川融化这两个重要因素之外,其它自然因素(如大陆架和有关地质过程的变化)和人为因素(如地下水的不合理利用等)也会对海平面的变化速率产生影响。可见,无论是全球,还是某一地区,要定量预测未来海平面变化,还必须对所有影响因素做更深入的了解。尽管如此,科学家们还是基于目前所掌握的知识,对未来海平面的变化做出了种种预测,当然,不同预测结果之间的不一致性是自然的。有人大胆地预测,到21世纪末,全球海平面的平均上升高度约为0.6~4.3 m;有些科学家认为,如果南极洲西部的冰原发生分离、崩塌和融化等灾难性事件,全球海平面会平均上升5~8 m,他们还论证了正是由于南极和格陵兰冰原的减少使得上次温暖的间冰期期间,全球海平面升高了5~6 m,而如果覆盖在南极大陆和格陵兰的冰盖全部融化,则全球海平面会上升60 m。但是绝大多数科学家认为,由于南半球气候变暖的某些特征以及南极附近洋流循环的某些特点,南半球冰原的减少会小于其他地区,因此海平面上升也不会如此严重。在21世纪人们还不必担心西南极冰盖的崩溃问题,当然要加强对西南极冰盖、乃至东南极冰盖、格陵兰冰盖的冰盖动力学研究。目前一个比较被认可的估计是,到21世纪30年代,全球海平面会上升10~15 cm,到2100年,全球海平面平均会上升35~40 cm。

毫无疑问,海平面升高会对人类的生存环境构成极大威胁,考虑到目前全世界约有一半人口居住在沿海地区,其中沿海地区,河流入海口的三角洲地区往往都是土地最肥沃,人口密度最大的地区,同时考虑到目前大多数海岸逐步下沉的事实,海平面上升可能对人类构成的威胁就更令人担心了。

海平面上升造成的最直接后果就是大量沿海建筑物(包括天然的和人工的)被淹没、损害,许多海滨和海拔不高的岛屿、滩涂消失,大量湿地和低洼地被淹没或消失,众多受威胁的人群向内陆迁移等等。可以预料,首先受到海平面上升威胁的是位于三角洲地区的国家和人群,例如孟加拉、埃及以及其他东南亚和非洲地区的国家,中国东部沿海地区也包括在内。其次是像荷兰这样其国土大部分由沿海低地组成的国家和城市,还有那些生活在地势低洼的小岛屿上的人群,例如印度洋中的马尔代夫群岛和太平洋中的马绍尔群岛等。应当指出的是,当前全世界很多大城市都座落在海平面很低的沿海地区,这些城市由于地下水的不合理抽采,多数已出现地面下沉的征兆,海平面上升对这些城市来讲无疑更是雪上加霜,诸如上海、威尼斯、亚历山大、香港、里约热内卢、曼谷、东京、纽约等海滨大城市均难逃厄运。

除此而外,海平面上升还会导致其他方面的一些严重后果,例如使海岸受到侵蚀,使海岸线后退,会使洪水泛滥更严重,使风暴灾害更频繁,同时还会使河流、海湾和地下水的含盐度增加等等。

三、对水资源的影响

环境恶化使得人们对全球淡水资源的问题越来越重视,全球变暖引起的气候变化必然会对全球水文学和水资源产生明显影响,将会大大改变全球淡水资源的分布和可利用程度。温度增加的最直接效应就是使地表水的蒸发增强。在世界某些地区未来降水的减少和蒸发的增强将导致水资源的严重变化。而在另一些地区未来降水量增加则会导致严重的洪涝灾害。一些统计资料表明,全球由于洪涝灾害给人类生存造成的危害已被列在第三位,即仅次于热带气旋和地震。目前,全球水资源的现状是,随着人口的增加和环境的恶化,人类对水资源的需求明显增长,对地下水的开发和利用大幅度增加,淡水资源的供需求矛盾日益尖锐。与此同时,全球干旱、半干旱地区扩大,荒漠化面积也在扩大。全球变暖引起的气候变化会使全球水资源的分布发生巨大变化,会明显地改变河川径流和水分平衡值,进而改变河湖的总水量和水位并由此导致一系列的水文学问题,例如江河流域和河床侵蚀的变化,水体的水质会变坏,河流径流减少和湖水水位下降会直接降低对水体污染物的分解和自净能力等等。研究报告指出,20世纪下半世纪之后,由于全球变暖进程的加快,全球淡水消耗量大量增加,其增加速度相当于同期人口增长速度的 2 倍,并使水的正常循环受到严重影响。

有资料预测,全球每年人均淡水占有量将会从 1995 年的 7300 m^3 降到 2025 年的 4800 m^3。根据世界公认的标准,凡人均淡水拥有量低于 5000 m^3 的国家被认为是贫水国。考虑到目前全世界占总人口 20% 的富人消耗 80% 水资源的这种不平等现实,届时对绝大多数人来讲将生活在严重缺水的日子里,水荒不仅会直接影响经济的发展和社会的稳定,而且将危及人类本身的生存,"21 世纪人类将为水而战"并非耸人听闻。

四、对全球生态系统的影响

气候变化最具体的体现就是温度和降水的变化,全球变暖及其纬度和季节的变异,降水分布格局的变化等等,无疑对全球生态系统产生最直接的影响,气候变化会改变全球生态系统的分布,并使生物群落的结构发生变化。当然,生态系统对气候变化的响应和变迁需要一定时间,不同物种之间的这种响应和变迁也有很大差异。气候变化对生态系统的影响首先表现在一些动植物种群的灭绝,生物的多样性和丰度会受到直接影响。研究报告指出,1 万年前,世界人口只有 500 万,却得到 5000 种植物提供食品,当今世界人口约 50 多亿,却只剩下 150 多种植物提供食品。据世界野生生物基金会报道,全世界约有 1000 多种鸟类和 2500 多种植物濒临绝迹,持续干旱使大量野生动物销声匿迹,到 2050 年可能会有 6 万种植物灭绝或濒临灭绝。

五、气候灾害频繁发生

气候变化除了使全球温度、降水发生变化之外,还会导致一些极端气候事件和灾害性天气事件的发生。已经发生和正在发生的气候变化会在自然界中导致一系列灾害性事件发生。前面已经指出,目前正在发生的全球性变暖,就其速率来讲,在已过去的 100 万年中是最快的。刚刚过去的 20a 则是 20 世纪中发生极端气候事件和气候灾害最严重的廿年。这段时间内,在全世界范围内高温年份出现的频数超过以往任何相应时段,极端气候事件的频度和强度也创下了历史记录,热带气旋、洪水、雷暴、热浪、雪崩、干旱、泥石流和海啸等与气候变化直接有关的自然灾害事件频频发生。和 20 世纪中叶 10 年相比,20 世纪末 10 年发生在北美和欧洲的风暴灾害几乎增长了 4 倍。在非洲大陆,一半以上的自然灾害事件与气候变化有关。所有这一切都对人们的生存环境造成了破坏,使人们的生命和财产蒙受了极大的损失。例如,1970年的 1 次风暴就曾使孟加拉国 25 万人丧生,1991 年,1 次飓风的袭击又使孟加拉国 1000 万人无家可归,1992 年的安德鲁飓风在佛罗里达和美国南部造成的损失高达 160 亿美元等等。据预测,在未来的半个世纪中,由于温室气体增加所造成的气候变化会使全世界不同地方发生干旱和洪涝的频数增加,海洋变暖意味着有更多的能量会被释放,进而可以导致更频繁的风暴发生,同时风暴的强度也会增强。

1998 年中国长江流域发生特大洪水,受灾人口达 2.23 亿,造成经济损失达 2700 亿人民币。一些科学家预测,世界将有 5 亿人口和 10 几座城市面临水患,其中上海、曼谷、新奥尔良、亚历山大、圣·彼得堡、威尼斯、伦敦等都将面临洪水的威胁。基于这些情况,1987 年 12 月 11日联合国第 42 届大会一致通过第 169 号决议,确认从 1990 年至 2000 年的 10 年间在全世界范围内开展"国际减轻自然灾害十年"的活动,以提高人们抵御自然灾害的能力。

在结束本章之际,作者想特别提醒读者注意以下两点:

其一是,由大气中温室气体浓度增加所导致的地球变暖和气候变化确实存在,问题是未来的气候实际上将如何变化? 如果目前对未来全球变暖趋势的预测和对未来气候变化的预测被认可,那么这些变化可能给人类生存环境所带来的严重后果将远远不止本章所提及的那几个方面,人类为了自己的生存和发展必须严肃地面对这一挑战。

其二是,本章介绍的"温室气体增加—温室效应增强—全球变暖—全球气候变化— 人类生存环境恶化"这一推断是有一定科学根据的,是有可能发生的。但是这一推断的每一步都有着很大的不确定性。科学家们对全球变暖进程中已经发生的某些重要现象至今还不能给出科学的解释,对未来气候变化及其影响的预测也有着很大的盲目性和不确定性,甚至在某些问题上有着相反的结论。因此,在提高对当前全球气候变化及其影响的认识和积极采取相应对策的同时,不必为未来可能发生的种种环境恶化事件而过分担心。

第八章　沙尘暴

　　沙尘暴是大风扬起的地面沙尘,使空气混浊,能见度恶化的一种大气灾害现象。沙尘暴多发区主要位于沙漠附近,但吹起的沙尘随风可输送到上千公里以外。严重的沙尘暴可造成人畜伤亡、农田毁坏,并影响生态环境,因此为各国政府和科学家所重视。沙尘暴的研究内容涉及到沙尘暴的起因、天气特征和预测方法,沙粒的物理化学特性、沙尘的长距离输送和沙尘暴的危害及防治。

第一节　沙尘暴概况

　　沙尘暴(特别是强或特强沙尘暴)是强风从地面卷起大量沙尘,使能见度极度恶化的灾害性大气现象。西北地区老乡常根据沙尘暴出现时天色昏暗大风肆虐的形象称之为"黄风"、"黑风"。从成因、强度和危害程度上,它都不同于扬尘或浮尘天气,也有别于单纯的大风天气,它是干旱和荒漠地区特有的灾害。

　　沙尘暴是在特定的气象和地理条件下的产物。怎样界定它,不同的气象和沙漠研究者有不同的意见。对于1993年5月5日在我国西北发生的一次特大沙尘暴有以下的描述,5月5日西伯利亚强冷空气路经北疆东部、内蒙古西部、向东南移入河西走廊,风沙先造成甘肃和新疆交界处兰新铁路100多公里路基埋沙,交通中断31 h(小时),并使河西走廊中北部自西北向东南先后出现了17m/s以上的大风,能见度小于200 m,如金昌市,15时30分左右,首先发现市区西北方向的地平线上有一堵高约300 m的风沙壁向市区推过来,上部呈菜花形,再近些便见到沙尘滚滚,由前向后,由下向上,团团翻滚,宛如原子弹爆炸时的磨菇状烟云,铺天盖地压过来。15时42分风沙壁推过金昌气象站,顿时17 m/s以上的西北风大作,飞沙走石,开始一两分钟还能见到东西,以后能见度降到0 m,伸手不见五指,白昼顿变黑夜。金昌市区到18时05分开始放亮,17 m/s以上的风持续了2 h 56 min,在16时17分出现最大风速34 m/s,黑风肆虐期间,天色时而显土黄色,时而显桔红色,数分钟后又转为漆黑,反复几次,其中15时44分到16时,16时30分到45分为两次较长的漆黑时段。据当时测量,室内(外)空气中的含尘量为80(1016) mg/m³,为生活区国家标准的40倍以上。市区未闻雷声,也未下雨。接着15时54分黑风扫过永昌县城,继之又先后席卷了民勤县和武威市。黑风在武威和民勤分别持续2 h和1 h,该两地均闻雷声,也都下了微量雨,武威雨点大,但不密,全成了泥浆雨,再稍后,黑风分别于17时24分,17时50分和18时16分扫过古浪、景泰和天祝县城,又于19时20分扫过宁夏中卫县城,持续75 min,最大风速竟达38 m/s。在古浪也是狂风、黑浪、炸雷、泥浆雨交织,黑风持续1 h 41 min。19时左右,冷空气闯入兰州市区,一时阵风大作,沙尘弥漫。至此,黑风在发作了近5 h,跋涉500 km以上,才逐渐耗尽了它的能量,留下了方圆500 km左右的一片重灾区。

　　对以上个例及许多沙尘暴的分析,可以认为沙尘暴天气的最主要特征是大风和低能见度。

参照国际上的标准,我国沙尘暴天气的标准如下,单点沙尘暴天气以瞬间极大风速、水平最小能见度作为划分标准,见表 8.1.1。由系统性天气引发邻近地区 2 站以上沙尘暴天气,称为区域性沙尘暴天气。由非系统性天气(如局地强对流等)引发的零星 1~2 站沙尘暴,称为局地沙尘暴天气。区域或局地沙尘暴天气强度,以沙尘暴天气过程影响台站中最强 1 个台站的强度确定。

表 8.1.1　沙尘暴天气强度划分标准(方宗义等,1997)

强度	瞬间极大风速	最小能见度
特强	≥10 级,≥25 m/s	0 级,<50 m
强	≥8 级,≥20 m/s	1 级,<200 m
中	6~8 级,≥17 m/s	2 级,200~500 m
弱	4~6 级,≥10 m/s	3 级,500~1000 m

一、世界沙尘暴的地理分布

就全世界来说,沙尘暴主要发生在中国西北地区,西南亚洲地区,阿拉伯地区、非洲撒哈拉地区、美国中南部地区和苏联的中亚地区。以下分别予以介绍。

西南亚洲地区有两个沙尘暴多发区:一个在伊朗、阿富汗和巴基斯坦等国的交界处;一个在阿富汗的土耳其斯坦平原。最大的年平均出现天数为 80.7 d,出现在伊朗的宾斯登地区。这地区的沙尘暴主要出现在雨季之前的 3~5 月,印度有两种沙尘暴:一种称为洛风(LOO),是由低槽加深产生强气压梯度造成的;另一种称为对流性沙暴(Andhi),是由雷暴云或飑线的下曳气流而引起的。

阿拉伯地区也是沙尘暴多发地区,当地称为哈布(Haboob)沙尘暴。1986 年 3 月 7 日在波斯湾地区出现 1 次沙尘暴,阵风风速达 21 m/s。3 月 26 日在阿拉伯半岛又出现 1 次沙尘暴,也是由雷暴活动引起的。1979 年 6 月下旬阿拉伯半岛发生了 1 次大范围强沙尘暴,从伊拉克进入波斯湾,席卷了整个阿拉伯半岛。

撒哈拉大沙漠是发生沙尘暴的一个主要源地。撒哈拉沙尘暴在夏、秋季节常西移到北大西洋赤道上空,甚至可到达加勒比海地区。撒哈拉沙尘暴大范围爆发时,在可见光云图上表征出一条灰色的狭长带,类似于卷云。1974 年 7 月 9 日从云图上看到,有一带状沙尘羽明显地从非洲沿岸向西伸,开始时较窄,约位于 14~20°N,向西逐渐展宽,到 30°W 处已扩展到 10~25°N,其垂直厚度从北非上空的混合层高度,抬高到大西洋上空的 1~5 km 厚,称为撒哈拉沙层。

美国中南部是美国沙尘暴多发地区。亚利桑那州凤凰城每年要遭到 2~3 次沙尘暴的袭击。这些沙尘暴属于 Haboob 型,大多数是由雷暴的下曳气流引起的,沙暴到达时,地面气温一般下降约 7°C,最大风速可达 36 m/s,最小能见度约为 400 m。通常在下午 17:00~21:00 发生,推持 1 h。

此外,前苏联中亚地区也是沙尘暴多发地区。在罗斯托夫地区的东南部,最持久的沙尘暴能维持 73~157 d(天),但沙尘暴的最大风速不超过 30 m/s。西南亚洲的沙尘暴也可以传输到前苏联中亚地区。

二、中国西北沙尘暴的时空分布

中国西北是一个沙尘暴多发地区。据研究,早在 7000 万年以前,就有沙尘暴发生。从搜集到的有关沙尘暴的记载表明,我国西北从公元前 3 世纪(西汉初年)到新中国成立的 2154 a 中,共发生风沙尘暴 70 次,平均 31 年发生 1 次。但沙尘暴在各个世纪发生的次数是不均匀的,少时为零,多时高达 17 次。20 世纪仅半个世纪就发生 17 次。总的趋势是从 13 世纪后发生频率增高,18 世纪后大增。沙尘暴有强弱之分,估计上了历史记载的必是强的,范围大的沙尘暴。从历史资料看,沙尘暴在 1 年中各个月份均有可能发生,但以 3～5 月发生最多,在有月份记录的 62 次沙尘暴中,这 3 个月中共发生 32 次,占总数的 51.6%。就地域分布来说,新疆有 14 次(占 20%),甘肃 38 次,青海没有,宁夏 10 次,陕西 3 次,内蒙古 11 次。在 70 次历史沙尘暴中,有 6 次是跨省的。

从 1949～1991 年的 42 a 间,我国西北共发生沙尘暴 70 次,平均每年 1.6 次。其中 50 年代有 10 次,60 年代有 12 次,70 年代有 17 次,80 年代有 29 次,仅 1990 年就有 2 次。如果说在历史时期,沙尘暴发生的频率随年代增加,对在近代可以说日益增加,不但频率高,而且涉及范围扩大,灾害程度也加重。在这 70 次沙尘暴中发生在新疆的最多,达 45 次,甘肃有 17 次,宁夏和陕西各有 1 次,内蒙古有 7 次。这一时期供有 6 次跨省(区)的沙尘暴。

关于我国西北地区沙尘暴的地理分布和路径见图 8.1.1。可以看到以下特点:第 1 是地理纬度高,面积大。沙尘暴易发区西起新疆的喀什,东至陕北榆林,北起新疆富蕴、内蒙古海力

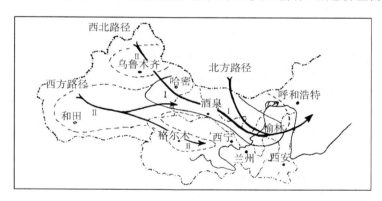

图 8.1.1 我国西北地区沙尘暴地理分布和区划
(方宗义等,1997)

素,南到和田、格尔木、吴旗一线,总体上呈从西向东的带状分布,其中南北最宽处约 11 个纬度,东西长约 34 个经度,总面积约 $4×10^6$ hm²,沙尘暴面积以南疆盆地最大,河西走廊到贺兰山脉以西地区次之。第 2 特点是沙尘暴多发区比较集中。主要位于吐鲁番、哈密、敦煌、巴彦毛道、景泰和中卫,基本呈西北—东南向分布,其次多发区在和田、北疆和河套地区。第 3 个特点是沙尘暴分散在我国西北七大沙漠或其边缘地区。即多发区分布在古尔班通古特沙漠、塔克拉玛干沙漠、库姆塔格沙漠、柴达木盆地沙漠、巴丹吉林沙漠、腾格里沙漠、东止乌兰布和沙漠、毛乌素沙地周围,有的地方,年沙尘暴天数多达 39d。

在春季降水偏少、气温偏高的年代,沙尘暴发生率高。强和特强沙尘暴主要出现在 3～5 月,特别是 4～5 月,占总数的 75%,4 月份约占一半。在 1 日中沙尘暴又最易出现在午后到傍

晚前后。

三、沙尘暴的危害和影响

沙尘暴是一种大气灾害。对人身安全和经济建设可造成十分严重的损害。例如,1979 年 4 月 9~11 日,新疆发生强沙尘暴,涉及托克逊、吐鲁番、尉犁等南疆地区。哈密、伊吾等东疆地区以及兰新铁路沿线等处,灾情也很严重。共死 29 人,伤 45 人,牲畜死亡 2.57 万头(只),失踪 1043 头(只),受灾农田 3.1×10^4 hm²,损失粮食 80t、饲草 3062t,损坏房屋 14886 间,农机具 49 台,刮倒刮折树木 5758 棵、电杆 140 根、交通及通讯中断 100 多小时,仅兰新线各站直接经济损失达 4281 万元。又如 1993 年 5 月 5 日发生的特强沙尘暴造成了更大的浩劫。据我国林业部组织的专家调查组报告,这次沙尘暴涉及范围很广,包括新疆北部、东部,甘肃西部,宁夏中北部,内蒙古西部的 72 个县(旗),受影响的总面积 11×10^7 hm²,占国土总面积的 11.5%,在这次沙尘暴中,死亡 85 人,失踪 31 人,伤 264 人;农作物受灾面积 37×10^4 hm²,受灾果树 1.6×10^4 hm²,塑料大棚被毁数百亩,死亡和丢失大小牲畜 12 万头(只),草场和牧场基础设施破坏十分严重,被沙埋掉的水渠总长达 2000 多公里,水利设施损坏多处;刮坏、刮倒电线杆 6021 根,部分输电通讯设施遭严重毁坏;多处铁路和公路遭风蚀和沙埋,运输中断;盐场 2.8×10^4t 盐和芒硝被刮失;风沙毁坏房屋 4412 间,无数牲畜棚圈倒塌;先后 10h 的沙尘暴,造成直接经济损失达 5.425 亿元,并产生严重的环境问题。

总之沙尘暴的直接危害和影响可以概括为 4 个方面:其一,以大风形式摧毁建筑物及公用设施、树木和花果,伤害人和畜禽。沙尘暴时狂风突起、飞沙走石、天昏地暗、空气混浊呛人,使人恐怖甚至失常,身不由已地随风盲目奔走最终倒地死亡,或者因看不清而掉入水渠、水井、河流等溺死,放牧在外的牲畜大都也是顺风奔逐而最终死去。其二是以风流沙的方式使农田、灌溉用渠道、村舍、铁路、草场等被大量流沙淹埋而毁坏。其三是严重污染环境,以 1993 年 5 月 5 日特强沙尘暴为例,据金昌县当时测定的空气含尘量,室外为 1016 mg/m³、室内 80 mg/m³,非常呛人,均超过国家规定生活区内含尘量标准的 40 倍以上。沙尘暴时的恶劣能见度,常可小于 50 m,会造成飞机停飞,引起各种交通事故的发生。其四是风蚀危害严重。每次沙尘暴发生和经过的地区,都会有程度不同的受到风蚀侵害,轻者刮走农田表层沃土,重者可风蚀土壤深度达 1~10 cm,使农作物根系外露或连苗连株刮走。很有趣的是,在历史记载中,1709 年在中卫地区,大量埋压农田的沙子,在一场沙尘暴中被大风搬运走了,万亩农田重见天日,恢复了生产。这反映了沙尘暴的有利一面。在历史记录中这是绝无仅有的一例。

沙尘暴对生态环境还有间接的、长远的危害和影响。对于直径较大的沙尘粒子,沙尘暴使它们进行近距离搬运和短距离的输送。如 1993 年 5 月 5 日的沙尘暴,在侵袭永昌县时,把县电厂的 14.5×10^4 m³ 的炉灰全部吹向空中,使金昌市的 3×10^5 m³ 的尾矿刮走。沙尘暴过后,市内的建筑物有如从灰地底下冒出来似的,外表层都蒙上了厚厚一层灰土,远看尤如出土文物。沙尘暴还引起半径 ≤10 μm 的沙尘粒子的远距离输送。据估计,自亚洲大陆输送到北太平洋 25~40°N 之间海域的尘粒,每年约 $2.3 \times 10^6 \sim 566 \times 10^6$ t,从亚洲输送到日本的黄沙,全年约为 $4.1 \times 10^6 \sim 5.3 \times 10^6$ t。估计一次撒哈拉沙尘暴携带的含沙量约为 8×10^6 t,估计中国西北地区沙尘的年平均风蚀量还在 $10^6 \sim 10^7$ t 以上。每年损失这么多的黄沙土微粒,其中相当部分粒径在 10 μm 以下,它显然来自深耕的农田沃土、长此以往,对我国西北的农田、地貌、沙漠化等一系列生态环境有严重影响。另外这样大量的沙尘粒子,内含许多碱性物质、营养物质,输入我国黄海、东海和太平洋,对其局部海域的营养盐结构,物质平衡产生一定影响。日本发现,来自中国的黄沙中含有丰富的冰晶核,对形成降水起重要作用,黄沙中的碱性物质,对减缓酸雨的产生,起着积极的中和作用。

第二节 沙粒的特征及其运动

沙尘暴中风和沙是主角,为了了解沙尘暴产生的原因和它对生态环境造成的危害,就需要研究沙尘粒子的物理和化学特性,研究沙尘粒子是如何从地面被风吹起的,粒子在近地面层是怎样运动的等。

一、沙粒的物理和化学特性

沙分原生沙和风成沙。前者是指没有经受风作用的沙源物质,在地面和沙漠表层的沙粒一般均为风成沙。沙粒在风力作用下,不仅出现了搬运和堆积过程,形成各种沙丘形态。而且产生相应沉积物构造特征,并使沙粒本身在物理、矿物和化学成分方面也不断发生变化。表8.2.1给出了我国塔克拉玛干沙漠风成沙与原生沙粒度的对比。可以看到风成沙中,粉沙比例减少了,粗粒子的比例增加了。中间粒径变大,分选系数变小、即分选程度变好。且遭到吹扬的时间越久,风成沙分选程度愈高。

表 8.2.1　塔克拉玛干沙漠风成沙与原生沙粒度对比(吴正等,1987)

沙粒种类	粗沙	中沙	细沙	极细沙	粉沙	中间粒径(mm)	分选系数(so)
粒径(mm)	>0.5	0.50~0.25	0.25~0.10	0.10~0.05	<0.05		
原生沙(%)		2.1	24.9	25.2	47.8	0.79	1.50
风成沙(%)	0.1	4.8	46.5	32.9	15.7	0.123	1.26

前苏联中亚地区的沙漠基本上由0.25~0.1 mm的细沙组成,粉沙和粘粒的数量非常少,总含量不超过1.5%~2%。对我国各地沙漠风成沙的粒径测量表明,粒径为0.25~0.1 mm的细沙,在各粒级的百分比含量中,平均占66.8%,最高为97.4%,粒径在0.25~0.1 mm的中沙和粒径在0.1~0.05的级细沙平均分别占16.3%和12.7%;粒径小于0.05 mm的粉沙和粒径在1.0~0.5 mm的粗沙含量都很少,平均分别占2.9%和1.3%,几乎不含粒径大于1 mm的极粗沙。

沙粒形态绝大多数是有棱角的,圆的或接近圆形的极少。对我国毛乌素沙地的测量表明,原生沙中石英颗粒的圆度很差,棱角状的颗粒占80%以上,其次为次棱角状颗粒,不见次圆和圆状的颗粒。在风成沙中,沙粒的圆度比原生沙略好,以次棱角状占优势(50%以上),棱角状占23%,次圆状占17%,圆状和滚圆状的颗粒没有。

根据对沙物质的矿物分析,组成风成沙的主要矿物(90%以上)是石英和长石,它们的比重在2.5~2.8,称为轻矿物;而比重大于2.9的重矿物,在沙物质中含量少(10%以上),但种类很多,一般有16~22种,其中主要有角闪石、辉石、绿帘石、金属矿物、石榴石等。但这些重矿物的种类及其含量是随地区的地质及古地理环境的不同而有着明显的差异。例如在我国毛乌素沙地,靠近红综色沙岩出露地区的淡红色风成沙,重矿物中以石榴子石(20%~30%)和金属矿物占优势,而位于灰绿色岩地区的淡灰黄色风成沙则以角闪石(33%~41%)为主。在塔克拉玛干沙漠的南部地区,则以角闪石占优势(40%~50%),其次是云母、绿帘石和金属矿物。但在北部地区,则以云母为主(40%以上),角闪石减少了。

颜色是沉积物的一种重要标志。沙粒的颜色主要决定于它的矿物成分,但也与环境条件有密切关系,可以随环境的改变而发生变化。一般认为,淡黄色、黄色、黄棕色或棕红色是风成沙具有的典型颜色。原生沙具有青灰色,是由石英、斜长石的无色颗粒,微斜长石的玫瑰色颗粒,以及大量黑云母和普通闪石的黑色颗粒所造成的。

沙经风吹扬后在粒度成分和矿物成分方面发生变化,同时沙的化学成分也发生变化。沙在吹扬过程中失去一部分的 Al_2O_3、CaO、CO_2 和有机质。而 SiO_2 和 Fe_2O_3 的含量相应有所增加。

对毛乌素沙地沙粒的全量化学分析(见表8.2.2)表明,沙中主要化学物质是 SiO_2,一般占60%以上,其次是 Al_2O_3、Fe_2O_3、K_2O、CaO、MnO,若流动沙丘得到固定,随着土壤的发育,其化学成分也会发生变化,表现为 SiO_2 逐渐减少,而铁铝氧化物明显增加。如在流动沙丘1.5 m 深的剖面内,SiO_2 的含量均在80%以上,而在固定沙丘表层则减到65%以下。而铁铝氧化物的含量从8%~12%增到15%~20%。这种情况既与植物生长后矿物风化有关,也有细土物质不断沉积的影响。

表 8.2.2 毛乌素沙地沙丘的全量化学分析(%)(吴正,1987)

类型	深度(cm)	SiO_2	Al_2O_3	Fe_2O_3	TiO_3	MnO	P_2O_5	K_2O	CaO	MgO
流动	0~10	82.82	5.77	1.90	0.38	0.04	0.05	2.08	1.99	0.78
沙丘	80~100	81.16	8.04	2.00	0.33	0.02	0.03	2.05	1.09	1.17
固定	0~6	64.10	15.21	5.10	0.56	0.07	0.13	1.98	3.26	2.47
沙丘	71~81	76.22	12.65	2.80	0.51	0.04	0.04	2.25	1.81	0.65

在原生沙中含有一定量的盐类物质。而风沙中的盐类较少,二者可相差6~7倍,分析表明,阳离子 Ca^{++}、Mg^{++}、Na^+、K^+ 和阴离子 SO_4^{2-}、HCO_3^-、Cl^- 的含量在风成沙里较低,而在原生沙中较多。我国沙漠中沙的易溶性盐分含量是不高的。在盐分组成上,阴离子一般以硫酸根和重碳酸根为主,氯根在风成沙中都不高。阳离子的组成主要是 Ca^{++} 和碱金属。沙漠沙的有机质含量低,流动沙丘仅为0.02%~0.23%。而 $CaCO_3$ 的含量可达1.7%~4.6%。

二、沙粒的运动

风沙流是指含有沙粒的运动气流,从流体力学角度来看,风沙流是一种气流及其搬运的固体(沙粒)的混合流。它们形成依赖于空气与沙质地面两种不同密度的物理介质的相互作用。风吹过疏松的沙质地表(实际上缺乏物理粘性)时,由于风力作用使沙粒脱离地表进入气流中而被搬运,导致沙地风蚀的发展,产生风沙运动,出现风沙流。因此,在研究风搬运沙粒的运动时,有关沙粒脱离(起动)的物理机理研究,占有相当重要的地位。

(一)沙粒起动的机理

关于沙粒怎样脱离地表面有不同的观点,如认为有湍流的扩散作用,气体涡流运动引起的上升力作用,沙粒之间的冲击力作用。气流作用于单颗沙粒的力主要有:迎面阻力或拖曳力、上升力、冲击力和沙粒的重力。

通过对在风力作用下沙粒脱离地表进入气流的微观运动过程的高速摄影表明,这一运动过程及其物理机制是相当复杂的。在风力作用下,当平均风速约等于某一临界值时,个别突出的沙粒受湍流流速和压力脉动的影响,开始振动或前后摆动,但并不离开原来位置。当风速增大超过临界值之后,振动也随之加强,迎面阻力和上升力相应增大,并足以克服重力的作用。较大的旋转力矩促使一些最不稳定的沙粒首先沿沙面滚动或滑动。由于沙粒几何形状和所处的空间位置的多样性,以及受力状况的多变性,因此在滚动过程中,一部分沙粒当碰到地面凸起沙粒,或被其他运动沙粒冲击时,都会获得巨大的冲量。受到突然的冲击力作用的沙粒,骤然向上(有时几乎是垂直的)起跳进入气流运动。

(二)沙粒起动风速

运动的沙粒由于是从气流中获取其运动的动量,因此沙粒只是在一定的风力条件下才开始运动,当风力逐渐增大到某一临界值以后,地表沙粒开始脱离静止状态而进入运动,这个使沙粒开始运动的临界风速称为起动风速。沙粒的起动风速与沙粒粒径、地表性质和沙子含水率等多种因素有关。从理论上可以推导出在高度 Z 上的沙粒起动风速 u_t 为

$$\mu_t = 5.75A \sqrt{\frac{\rho_s - \rho}{\rho}gd} \cdot \log \frac{Z}{Z_o}, \tag{8.2.1}$$

其中 ρ_s 为沙粒密度,ρ 为空气密度,g 为重力加速度,d 为沙粒的直径,Z_o 为地面粗糙度,A 为经验系数,由实验确定,一般在0.17~0.20之间。在我国新疆布古里沙漠地区的试验测量结果见表8.2.3。我国的沙漠多属粒径在 0.1~0.25 mm 的细沙,野外大量观测确定,对于一般干燥裸露的沙质地表来说,当在地表以上 2 m 高处,风速达到 4 m/s 左右,或者相当于气象台风标风速≥5 m/s时,沙子被起动,形成风沙流。

表 8.2.3　沙粒粒径与起动风速值(新疆莎车)(吴正,1987)

沙粒直径(mm)	(离地 2 m 高处)起动风速(m/s)
0.10~0.25	4.0
0.25~0.50	5.6
0.50~1.00	6.7
>1.00	7.1

(三)沙粒运动的形式由于风力、颗粒大小质量的不同,沙粒的运动可分为 3 种基本形式,即悬移、跃移和表层蠕移。

1. 悬移运动:沙粒保持一定时间悬浮于空气中而不同地面接触,并以与气流差不多的速度向前移动,称为悬移运动。这时沙粒悬浮气流的向上脉动分速必须超过其因重力的下降速度。一般来说,较大的沙粒不能真正悬移,只有最小的沙粒($d<0.1$ mm)才能在空中停留得较长,并且在它碰到地面前被风输运得更远。只有粒径小于 0.05 mm 的粉沙和粘土颗粒,由于其体积细小,质量轻微,在空气中的自由落速很小,一旦被风扬起,就不易沉落,能被风悬移很长距离,有的甚至可运离源地到千里以外。例如,撒哈拉沙漠的微尘,可在相距 3000 km 以上的德国北部、英国和斯堪的那维亚地区观测到,美国堪萨斯地区的沙尘可在纽约看到,中国塔克拉玛干的沙尘向东可输送到太平洋和美国的夏威夷,相距都在上千公里以上。表8.2.4 给出了不同粒径的沙粒在空中能停留的时间和可输送的距离。小的沙尘可在空中停留几年,在全球范围内输送往返。

表 8.2.4　不同沙粒的悬移时间和距离(平均风速 15 m/s)(吴正,1987)

粒径(mm)	降落速度(cm/s)	在空中悬浮的时间	能输送的距离	能吹扬的高度
0.001	0.0083	0.95~9.5a	$4.5×10^5~4.5×10^6$ km	7.75~77.5 km
0.01	0.824	0.83~8.3 h	45~450 km	78~775 m
0.1	82.4	0.3~3 s	4.5~45 m	0.78~7.75 m

2. 跃移运动:沙粒在受风力上扬作用脱离地表进入气流以后,就从气流中不断取得动量加速前进,并在沙粒自身重量作用下,以相对于水平线一个很小的锐角迅速下落。并带有相当大的动量,因此,下落的沙粒不但本身有可能反弹起来,继续跳跃前进,而且由于它的冲击作用,还能使下落点周围的一部分沙粒飞溅起来加入跳跃,这样就会引起一连串的连锁反应。沙粒如此作连续跳跃形式的运动,称为跃移运动。观测表明,通常粒径为0.1~0.15 mm的沙粒最容易以跃移的形式运动。

3. 地表层蠕移运动:沙粒沿地表面滚动或滑动,称为表层蠕移运动。沙粒的表层蠕移和跃移的差别是渐变的,它们之间很难划出一条确定的分界线。沙面沙粒可以在风力直接作用下发生蠕动,也可能有另外一种情况;虽然一些粗沙粒不能在风力的推动下单独移动,但可依靠比它们细得多的跃移沙粒的冲击作用,而获得能量被推动向前蠕动。实验表明,在跃移中通过冲击方式,可以推动 6 倍于它的直径,200 倍于它的重量的粗沙粒作蠕动。凡是在0.5~2.0 mm 的沙粒,一般都属于表层蠕移的范畴。在风沙运动的 3 种基本形式中,蠕移的沙量通常约占总沙量的1/4,跃移约接近3/4,悬移的沙量不到5%。所以,在风沙运动中,以跃移运动为主要形式。它的重要性,不仅表现在它在移沙量上最大,而且还在于表层蠕移和悬移都与跃移运动有关,跃移沙粒的冲击是风蚀的主要原因,故防止沙质地表风蚀和风沙危害的主要着眼点,应放在如何制止沙粒以跃移形式的运动。

三、风流沙结构和输沙率

风流沙结构是指气流中所搬运的沙子在搬运层内随高度的分布。研究表明,在沙砾地区,沙子最大跃移高度为 2 m,90%风流沙高度低于 87 cm,平均高度为 63 cm,在沙面上,沙子最大跃移高度为 9 cm。在土壤表面,90%的风流沙高度低于 31 cm,0~5 cm 高度内搬运的物质占总搬运量的60%~80%。野外观测指出,气流搬运的沙量绝大部分(90%)是在离沙质地表30 cm 的高度内进行的,其中又特别集中分布在0~10 cm 的气流层内(约占80%)。可见,一般风沙运动主要是一种贴近地面的沙子搬运现象。但当有强烈上升气流的大气条件时,即沙尘暴发生时,沙尘可扬起数十米至数公里高,并可输送到上千公里以外的地区。

观测表明,在 10 cm 气流层内的风流沙结构有以下一些基本特征:(1)含沙量随高度分布是遵循着指数函数关系,即沙量随高度成指数规律递减;(2)随着风速的增加,下层气流中沙量相对减少,相应地增加了上层气流中搬运的沙量;(3)在同一风速条件下,随着总输沙量的增大,下层气流中搬运的沙量增加,而上层沙量相对减少。

气流在单位时间内通过单位宽度或面积所搬运的沙量,叫做输沙率,它不仅有理论意义,而且是合理制定防止工矿、交通设施不受沙埋的措施的主要依据,具有重要的实用价值。输沙率与风速、沙粒直径、地表特性等有关,可用以下公式来表示

$$q = C\sqrt{\frac{d}{D}\frac{\rho}{g}U_x^3}, \tag{8.2.2}$$

其中 q 为输沙率，D 是 0.25 mm 标准沙的粒径，d 为所研究的沙粒粒径，U_x 为摩擦速度，C 为经验系数，不同沙质 C 不同，一般在 1.5～2.8 之间。野外观测表明，影响输沙率的因素很复杂。要精确表示风速与输沙量的关系是相当困难的。在新疆莎东古里沙漠的测定结果为，距地表 10 cm 高度上输沙率与 2 m 高度上风速的关系

$$Q = 1.47 \times 10^{-3} u^{3.7} .$$

当 $u=5$ m/s 时，输沙率 $Q=0.6$ g/mim；当 $u=10$ m/s 时，$Q=7.4$ g/mim。

第三节　沙尘暴的形成与天气特征

一般认为，要形成强或特强的沙尘暴必须同时具备强风、沙源和不稳定天气三个条件。只有强而持久的大风才能吹起大量沙尘，显然强风是必不可少的动力。丰富的沙源是沙尘暴的物质基础。而不稳定的热力条件才更利于风力加大，强对流发展，从而向上夹带更多的沙尘，并卷扬得更高。

一、沙尘暴的形成条件

（一）沙尘暴产生的气候背景

沙尘暴最容易发生在前期长期干旱少雨，植被差，沙化极为严重和地表疏松的春季。最为明显的例子是 1963 年春季我国西北地区大范围的沙尘暴，其成因之一就是由于 1962 年西北大范围干旱、沙化严重，植被荒芜，地表裸露，加之冬季寒冷，地面土壤严重冻裂，来年春季回暖明显，地表浮土极为疏松，一旦有强空气入侵，紧贴地表产生大风，并极易扬起沙尘。这就是沙尘暴形成的特殊气候背景，反之，同样强度的冷空气入侵，只能造成大风，不能产生扬沙，更无法形成沙尘暴。

（二）沙尘暴形成的大气环流形势

强冷空气的入侵是形成沙尘暴的必要动力因素。只有足够强的冷空气入侵，才有可能形成强的气压梯度和变压梯度，使冷空气能够推动暖空气加速运动，从而形成地面大风。形成沙尘暴的冷空气强度要比形成一般大风的冷空气强度更强。典型的大气环流形势如下：产生沙尘暴当日 08 时，在 500 hPa 上有明显的冷槽，槽正好处在我国西部国境线附近，槽线中点在 45°N，81°E 附近。槽线南北伸展近 20 个纬距，比一般中纬度槽线的南北跨度要大。温度槽和高度槽几乎是同位相的，对流层中层槽前的高空锋区不明显。如果追踪到沙尘暴日前两天欧亚范围内的 500 hPa 形势，共同的特征是两脊一槽或一脊一槽形势，且冷槽上游的脊约位于乌拉尔山附近，后来因该脊强烈发展脊前冷空气东南下，才促使冷槽东南移加深，诱发沙尘暴天气。当日 08 时 700 hPa 冷槽已进入北疆阿勒泰到乌鲁木齐一线，槽线中点在 46°N，88°E 附近，约比 500 hPa 的冷槽超前 7 个经度，700 hPa 温度槽落后于高度槽约 10 个经度。从等高线和等温线斜交的情况看，冷槽后的冷平流是相当强的。在地面天气图上，有一个宠大的冷高压位于哈萨克斯坦、北疆一带，中心在哈萨克斯坦中部，强度达 1025 hPa。它是沙尘暴冷空气的大本营。其前沿冷锋活跃段抵达哈密、若羌一带，又比 700 hPa 槽线超前近 10 个经度，冷锋前的热低压位于南疆东部、河西走廊西部，低层中心约为 1000 hPa。冷锋前后气压梯度很大，锋前的热

低压很强,且发展迅速,这又进一步加大了气压梯度,为产生沙尘暴提供了强大的动力条件。

（三）沙尘暴的中小尺度气象特点

在沙尘暴前沿常见到有一道高约 300～400 m,有时达700～1000 m的黄色沙尘壁,呈 3 层结构,每层有一球状团滚动,顶部呈菜花状,似积雨云,壁下层呈黑色,中、上部红黄相间,像咆哮的洪水冲来,气势磅礴,距壁 1 km 处,还能听到沉闷的轰鸣声。显然,没有强烈的辐合上升运动,不可能有此沙尘壁。沙尘暴时许多地方均闻雷声,始为远雷,后为近雷,有的还是炸雷,有阵性降水(只是降水量不大),各地均出现阵性强风,过境沙尘浓稀变化不定。说明沙尘暴时有明显的对流性天气征 ,卫星云图上也清楚地显示出狭窄的强对流云带和云团。分析表明沙尘暴时有几种中小尺度对流天气,即锋前的飑线引起的强对流带;冷锋前后并列平行的对流线,可以有几条对流线,造成天色黑一会,亮一会,沙尘浓稀相间反复几次的现象;冷锋中层前侧突出部的湿辐合区,有强对流云团发展。

（四）沙尘暴天气形成的地形作用

根据历年典型沙尘暴个例分析,发现适合地形有重要的促进作用,一种是山脉与盆地的配合,例如 1984 年 4 月 19 和 25 日的河套沙尘暴,由于在甘肃河西形成大风,经阿拉善高原,在东移过程过中,在贺兰山北面受阻,冷空气堆积,冷锋正处于"爬山"阶段,当一部分冷空气翻越贺兰山向银川盆地俯冲时,大量位能转化为动能,加之锋前高温,促使在银川盆地形成强烈的辐合上升运动,从而导致沙尘暴的形成。另一类是狭管地形效应,如 1983 年 5 月 18 日在玉门产生的沙尘暴和 1977 年 4 月 22 日在张掖产生的沙尘暴,主要是由于冷空气翻越天山,在南疆盆地形成大风和扬沙进入河西走廊,形成水平辐合,加大气压梯度和温度,促使冷锋加强,导致沙尘暴的产生。

二、沙尘暴的预报

沙尘暴是一种严重的灾害现象,如能及时(哪怕只提前 1h)准确的预报,就能很大程度上减少人民生命和财产的损害。根据研究和我国西北地区气象预报员的经验,沙尘暴的预报应注意以下几个方面。

（一）要考虑季节和气候特点

沙尘暴一般出现在冬末到夏初这一段降水相对较少、大风次数较多的春季,以及冬、春降水明显偏少、气温偏高的条件下。

（二）及时把握产生沙尘暴的天气形势

在西北地区强沙尘暴前 2～3 d(天),乌拉尔山附近 500 hPa 高压 在发展,其前的冷槽一直在加深发展中,前 4 d 内南疆盆地南缘和河西地区的地面气温也在连续回升。

强沙尘暴产生当日 08 时的典型形势是,500 hPa 冷槽在国境线附近,700 hPa 槽在北疆,槽前锋区明显,在哈萨克斯坦和北疆的地面有较强的冷高压,前缘冷锋在哈密—若一线。

在强沙尘暴前日早晨 500 hPa 以下气层常是不稳定的,中午有强对流云带和云团发展,当日地面冷锋前(后)的 3 h 变压($-\Delta P_3$ 或 ΔP_3)中心常在不断发展中,冷锋前后的变压差可达 10 hPa,可用锋后每个 3 h 变压中心的移动方向或锋后(前)正(负)变压中心连线的方向指示沙暴未来的移动方向。

（三）要注意天气系统影响的时间

沙尘暴的出现有明显的日变化,影响的天气系统在中午前后到达长时间干旱、高温的沙源丰富地区,则会产生和加强沙尘暴,如果是傍晚前后到达,则会减弱或不产生沙尘暴。

（四）要考虑下垫面和地形的影响

沙尘暴常产生在干旱及半干旱地区,那里土壤裸露,沙源丰富。分析表明年平均降水量为25～300 mm分布地区,恰好是沙尘暴的易发区,雨量在100 mm以下的地区正是沙尘暴的多发区。另外,沙尘暴的发生与地理环境有关,在强沙尘暴多发地区里,从山脉分布看,南有祁连山和青藏高原,北有阿尔泰山,中有天山、马山、合黎山、龙首山,东有贺兰山、阴山等高大山脉,沙尘暴发生在高大山脉间呈横"丫"字形的狭窄地域中,从海拔高度来看,多发1500～2000 m以下的沙漠边缘、山间盆地或走廊地区。相反高大山脉、植被良好地区,沙尘暴灾害很少。

一般性的沙尘暴在西北地区是常有的,但强沙尘暴是一种小概率事件,在我国整个西北地区平均每年只发生1.6次（根据1949～1990年的统计）。目前虽然对强沙尘暴产生的条件有一定了解,但实际情况比较复杂,各次强沙尘暴的形成因素不尽相同。有的沙尘暴产生的天气形势不典型,高空冷槽弱,锋区也不强,且冷锋前后的变压中心不明显,前期连续增温条件并不具备,但局部热力条件却十分有利。这说明同时满足前述共同特征不一定是沙尘暴出现的必要条件。因此目前要准确预报强沙尘暴还有一定困难,需要进一步研究。

三、沙尘暴的防治对策

如前所述,沙尘暴灾害的产生主要有两方面的条件:一是特殊的气象条件,即前期干旱少雨,发生前3～4 d又是连续增温,当天是强风和不稳定层结;二是特殊的地表地貌,即地表植被稀少,土质干燥疏松,沙源丰富。沙尘暴的防治对策也应从这两方面考虑。

首先,要加强沙尘暴的预测预报。为此要加强沙尘暴形成的天气动力条件、沙尘暴形成和发展的物理过程的研究,要发展沙尘暴的监测网,信息传递和预警系统,经验表明,当上游地区已经监测到沙尘暴生成后,火速向下游地区传递有关情报,哪怕是提前半小时知道沙尘暴将到达的消息,也是十分珍贵的。要发展沙尘暴的天气预报、警报系统,要发布准确的短时沙尘暴天气预报,利用卫星、雷达等各种先进装备开展沙尘暴天气的临近预报和警报。

第二,要遏制环境的沙尘源。调查表明,沙尘暴产生在沙尘源丰富的沙漠边缘,植被稀少,土质疏松的地区。沙漠化的一个重要原因是土地的过度使用（过度的农业和牧业）。进入20世纪80年代以来,我国西北地区强沙尘暴频繁发生。1949年以来有记载的10次强沙尘暴中,1980年以后就有7次。不适当的放牧、耕作和建筑,水资源管理不善,滥伐和露天采矿等破坏植被、恶化地表的活动可能是沙尘暴增多的原因之一。因此在沙漠、戈壁等沙尘源的周边地带,采用林业、农业、生物等工程和技术措施,其中包括用人工栽植、植物固沙、飞播植物种子固沙等措施,营造防护田林网等,以逐步阻止沙漠化的发展,限制流动沙丘,增加沙地植被,改造沙丘为沃土,最终把固沙、防沙推向沙漠纵深,以最大程度地遏制沙尘暴的沙尘源。

在沙尘暴多发的地区,应进行广泛的科普宣传,宣传沙尘暴的知识,特别如何避免和防止沙尘暴危害的方法和措施。一般来说,沙尘暴对生产活动、财产危害和环境破坏是直接的,对人的生命危害往往是间接的,在沙尘暴中人员的伤亡,常常是人们在恶劣能见度、强劲大风挟持下,失足掉到水渠,盲目深入沙源等遇害,其中有不少是放学归途中的中小学生。所以要广泛宣传沙尘暴的预防知识。

第四节　沙尘的远距离输送

一般来说,沙尘暴本身是一种局地灾害现象,其大风、低能见度和高浓度沙粒的强灾害所涉及的范围在几十公里到几百公里。但是由沙尘暴所卷扬起的沙尘,在空中形成大范围的沙尘云(羽),随高空风飘移,可输送到几千公里以外的地区。从中国塔克拉玛干沙漠扬起的沙尘可输送到日本和夏威夷,从撒哈拉沙漠卷起的沙尘可输送到西欧和加勒比海。有人估计,从亚洲大陆中部向北太平洋输送的沙尘总量每年约为 $6 \times 10^6 \sim 12 \times 10^6$ t,从撒哈拉输送到北大西洋的沙尘总量则每年有 $60 \times 10^6 \sim 200 \times 10^6$ t,这样大量的沙尘输送对所经历地区的局地气候、辐射、云雨分布、海洋深海沉积、地球化学循环等均有一定影响。

一、沙尘的远距离输送现象

有一些科学家对起自我国沙漠地区和撒哈拉沙漠的沙尘远距离输送,进行了比较细致的观测、分析和计算,提出和证实了这种沙尘的远距离输送现象。

1988 年 4 月 9 至 16 日有一次沙尘天气,涉及全国很大范围。4 月 9 日 20 时,乌鲁木齐率先出现大风、沙尘暴,此后随着冷锋东移南下,大风和沙尘天气也随之挺进,至 12 日 20 时,沙尘天气所及范围南至南昌、长沙、桂林,西抵南充、达县,东到南京、上海、杭州。13 日东支沙尘天气开始减弱,在淮河以北地区消失。14 日除南方少数城市如桂林等地外,沙尘天气也基本结束。整个过程于 16 日结束。表现的天气现象,南方是浮尘,北方的新疆、内蒙、黄土高原一带及少数地面裸露严重的地区以沙尘暴和吹沙为主。分析表明,这次沙尘天气的源地并非单一,除了起风的新疆北部沙漠区外,途经的蒙古高原戈壁滩、内蒙古的各沙漠区和黄土高原是主要的源地。9 日和 10 日北京尚未受沙尘天气的入侵,天气晴好,能见度(v)和直接太阳辐射日总量(s)的值较高,11 日沙尘来临,v 和 s 降至最低,分别为 1.2 km 和 0.00 MJ/(m² · d),12 日沙尘天气移出北京,天气好转,v 与 s 值上升,其值分别为 20 km 和 13.51 MJ/(m² · d)。在北京地面采集的沙尘,其 TSP 的平均值为 5118 $\mu g/m^3$,比其正常大气条件要高 15.7 倍,浙江临安沙尘期间的 TSP 浓度比其正常大气条件下要高 14.7 倍。

1990 年 4 月有二次沙尘天气,影响我国长江以北广大地区。第一次是 4 月 5 日到 7 日;5 日 20 时冷锋到达新疆东部,蒙古西部一带,6 日 08 时锋面到河套西缘,河西走廊蒙古高原西部一带,同时出现 20 m/s 的大风和沙尘暴,当天晚上锋面抵达华北东部,约 20 时 30 分北京出现浮尘,并进一步发展为强沙尘天气,7 日 14 时锋面到达长江流域一带,武汉、合肥和南京等地出现浮尘天气,8 日 02 时锋面入海,这次沙尘天气过程结束。第二次沙尘天气是在蒙古气旋发展,致使冷空气以偏北路径南下的天气形势下形成的。24 日 14 时当锋面移至中蒙边境时,锋前出现强的上升运动,随着锋面南移,锋后出现大风和沙尘暴,至 25 日下午又有一股冷空气快速南下,锋后的西北气流中,内蒙古中部、河北北部、北京地区出现大风并伴有沙尘、吹沙、浮尘等天气现象,能见度恶劣,26 日 02 时以后,京、津、唐逐渐转为地面高压后部,并开始出现西南风,河北、山东一些地区再次出现沙尘、浮尘等天气。据分析,第一次沙尘天气的源地以内蒙古西、中部的巴丹吉林、腾格里、毛乌素、库布齐及乌兰布和等沙漠为主。此外还有蒙古高原和黄土高原也有影响。路径为西北偏西方向而来。第二次沙尘源地是蒙古高原、内蒙古部分沙漠区和河北北部、西部的裸露沙地,路径为西北偏西方向而来。在北京、呼和浩特、榆林、延安和太原的观测表明,在沙尘天气时,TSP 的浓度比沙尘天气前可高出数倍至十几倍,沙尘天气时,测到的来自土壤、沙尘的大颗粒子明显增加,其比例从占总粒子的 60% 增至 88%,沙尘天气时粒子中的 Ca^{++}、Cl^- 和 Na^+ 等离子浓度明显增大。

1993 年 5 月 5 日在甘肃、宁夏发生一次特大沙尘暴,称为"黑风暴"。5 日 08 时在乌拉尔山及其以西的东欧地区有高压脊生成,脊前在蒙古西部至新疆北部有冷低槽。4 日 20 时地面冷空气抵达天山北麓至北疆一带,由于受天山和北山山脉的影响,又分成两部分,一部分沿天山北麓继续东南下,随后造成内蒙古部分地区的黑风天气;另一部分冷空气则翻越天山后经南疆东部进入甘肃河西走廊、内蒙古的阿拉善盟,一直至宁夏平原一带,这次特强沙尘暴横扫了 5 大沙漠,72 个县市,总面积约 1 亿多公顷。这次强沙尘暴引起的沙尘天气在其边缘(宁夏的石咀山)及上千公里的北京也观测到。如 5 月 5 日 19:35,石咀山观测到的 TSP 浓度为 18429.8 $\mu g/m^3$,比这次沙尘天气之前高 47 倍。5 月 7 日 23:07,在北京观测到的 TSP 浓度为 1051.0 $\mu g/m^3$,为沙尘天气之前的 12 倍。可见位于特强沙尘暴边缘的石咀山的 TSP 浓度比北京大 18 倍。但位于这次特强沙尘暴中心的金昌市,测到最大 TSP 浓度是石咀山的 55 倍,是北京的 970 倍。这是由于沙尘在远距离输送中不断扩散稀释及重力沉降,其浓度在减小。

在日本春季常观测到沙尘天气。沙尘呈黄色或棕色,这期间常观测到一些有色的降水现象,如红雪、黑雨和黄雾等,这些沙尘一般来自亚洲大陆的东部(大部来自中国境内)。日本称之为"黄砂"及黄砂天气。据日本名古屋的观测统计,在 62 a(年)中,80% 的黄砂天气发生在 3~6 月,与中国发生沙尘暴的季节变化相符。该地每年出现黄砂天气的日数在 0~18 d 间变动,平均为每年 3.5 d。

1979 年 4 月 14~15 日,在日本许多地方观测到黄砂天气,沙尘浓度较高,能见度下降,天空发黄等。长崎在 14 日 2:00~10:00 观测到黄砂天气,气溶胶浓度平均为 128 $\mu g/m^3$,鹿儿岛在 14 日的 2:00~12:00,粒子平均浓度为 174 $\mu g/m^3$,千叶、名古屋、岐阜和秋田等地在 14 日都观测到气溶胶浓度明显增大。卫星云图和在名古屋的激光雷达发现空中有 2 层沙尘羽,低层在 2 km 左右的高度,高层在 6 km,厚度约为 1 km。空气轨迹分析指出,大约 4 月 12 日在塔克拉玛干沙漠有沙尘暴,13 日到达河套地区,14 日输送到山东半岛及日本,输送的高层沙尘主要来自塔克拉玛干沙漠,而低层沙尘则来自河套地区的黄土高原(内蒙古的戈壁和陕北的黄土地区)。这次沙尘面积达 1.36×10^8 hm^2,沙尘量估计为 1.63×10^6 t。

1979 年 4 月 30 日到 5 月 3 日,在美国的夏威夷观测到一层沙尘羽,光学厚度很小,高约 3.5~4.0 km,沙尘云厚约 1 km。空气轨迹分析认为,此沙尘起自中国戈壁中部,大约在 4 月 21 日戈壁有沙尘暴,22 日吹到渤海,22 日中午到达日本,以后向东在太平洋上传输,30 日到达夏威夷岛。从 1981 年 1 月到 1982 年 3 月,在北太平洋的 7 个岛上进行了沙尘观测,发现沙尘浓度最高在 2 月到 6 月,最低在 7 月到次年 1 月,分析认为,这些沙尘来自亚洲的沙漠地区,并估计,每年从亚洲沙漠向北太平洋中部输送的沙尘量约为 6×10^6~12×10^6 t。

1977 年 5 月 10~19 日在意大利半岛和南欧出现沙尘天气,在博洛尼亚观测到沙尘浓度达 154 $\mu g/m^3$,这次沙尘天气也波及南斯拉夫、阿尔巴尼亚和希腊。空气运动轨迹分析表明,这次沙尘来自非洲的撒哈拉沙漠。一般来说撒哈拉沙尘很容易到达欧洲,但最多的是到达意大利半岛。

从 1969~1970 年的 5~7 月间,在加勒比海的巴巴多斯观测到多次沙尘天气,沙尘浓度可达 20~70 $\mu g/m^3$,分析指出,这些沙尘来自撒哈拉沙漠,它向西沿低纬大西洋到达加勒比海。

传输高度主要在850～550hPa。

二、沙尘远距离输送的数值模拟

大量观测事实表明,沙尘暴扬起的沙尘可随风输送到很远的地方,但每次沙尘暴过程的天气背景、发生的位置、起沙强度和输送的路径、高度和距离都不尽相同。为了定量地说明沙尘的输送、分析沙尘的输送对生态环境的影响以及探讨地形、防风沙林带对沙尘输送的阻挡作用等,从80年代以来,一些学者采用数值模拟的方法来研究沙尘的远距离输送。我国科学家从90年代开始,也进行了这方面的研究。

与其他污染物的远距离输送的数值模式相比,基本的物质输送方程是一样的,其中要考虑风场的输送、湍流的扩散、干沉降和湿清除、以及有关的化学反应。但沙尘输送的数值模式中有一些过程要加以特殊考虑、首先是起沙机理的描述是很重要的。影响起沙过程的主要因子有三个,即气象条件、地表特征和沙粒特性。气象条件中主要考虑的是天气系统和大风状况。沙尘暴产生的天气系统主要是气旋活动及相应的冷锋过境,锋区的不稳定层结及冷空气入侵引起的大风,是卷扬起沙尘的主要气象条件。起沙的临界风速在不同地表对不同沙粒有所不同,野外的观测和风洞实验表明,起沙临界风速一般在$5\sim15$ m/s之间,平均为8.2 m/s,对于我国酒泉的洪积戈壁为7 m/s,流沙为6 m/s,黄土高原的起沙风速在$10\sim12$ m/s。下垫面的湿度状况也是一个重要的起沙判据。一般来说,近地面层空气相对湿度小于40%才能起沙,但这个临界相对湿度在不同地区也有所变化,可根据实际观测加以确定。

其次要考虑沙尘粒子的分谱机理,沙尘粒子有不同的粒径,构成一定的粒径分布谱。但沙尘在起沙、输送、降落过程中,沙尘粒径谱在不断地发生变化。引起沙尘粒径谱变化的过程主要有:(1)起沙时的分谱,一般来说,小粒子容易被风卷扬到空中,根据各地的地面沙尘粒径谱的分布,考虑起沙过程中随风场,地貌、植被变化而扬起不同粒径的沙尘粒子;(2)不同粒径、不同密度和形态的沙尘粒子有不同的降落末速度,大粒子、重粒子降落速度大于小粒子和轻粒子,引起留在空中沙尘粒径谱的变化,离源区愈远,平均粒径会愈小,谱变窄,高空的沙尘粒子小于低层;(3)微物理过程的影响。干燥天气条件下,对于粒径大于$5\ \mu m$粒子,相互碰撞结合的机率很小,但是沙尘的输送往往是有大尺度天气系统,从卫星云图上看经常伴有云的出现,因此必然有部分沙尘粒子发生凝结增长和蒸发减少,沙粒与云滴及沙粒之间的相互碰并,这样就引起沙尘粒子谱的变化。粒径的变化又会引起降落末速度的变化,又进一步影响空中沙尘粒径的相对分布;(4)降水的清除作用,雨水在降落过程中,会捕获和碰并沙尘粒子,把它们带到地面,从而减少了空中沙尘粒子的浓度,由于雨滴清除沙尘的效率与雨滴和沙粒的大小有关,所以清除过程也引起空中沙尘粒径谱的变化。在沙尘远距离输送模式中,就要定量地描述这几种沙尘粒径的变化,建立必要的方程和参数化公式。

第三,要考虑沙尘表面的非均相化学过程。在沙尘中含有可溶性盐类成分,如属易溶盐的氧化物盐类,易溶的硫酸盐和碳酸盐,属中溶类的石膏,以及难溶的碳酸钙,这些盐类在一定的湿度和温度条件下发生潮解,在沙尘表面形成一层薄薄的水层,环境中的SO_2、NO_x气体和氧化剂O_3、H_2O_2等通过粒子的吸附作用和扩散作用进入溶液中,而后通过气液相互作用,与其表面的可溶性或活跃物质发生液相化学反应,生成硫酸盐和硝酸盐,并被吸附在沙尘粒子的表面,这就是沙尘表面的非均相化学过程。因此沙尘的输送不只带有它原来的化学组分,而且增加了硫酸盐、硝酸盐等其他化学物质。也引起了大气中一些氧化剂(如O_3)的变化。

现在介绍一些东亚黄沙输送的数值模拟结果。中国科学院大气物理研究所对东亚黄沙的远距离输送进行了数值模拟，下面介绍他们的研究结果。用于作数值试验的黄沙输送过程发生于 1988 年 4 月 9~23 日，由于受西伯利亚冷空气爆发入侵，上旬末至下旬初，西北东部、华北和东北西部出现了 3 次大范围的大风、沙尘暴、扬沙和浮尘天气，风力一般为 5~8 级，局地达 12 级，大风挟带着大范围的沙尘南下，第 1 次从 9 日开始到 15 日，沙尘天气消失在东南沿海，沙尘主要由西北向东南输送，从新疆塔克拉玛干，经青海、陕西、黄土高原到中国东部地区，东端到达日本，南端到达华南，几乎席卷了整个东亚。第 2 次从 14 日开始，22 日消失，从 14 日到 17 日基本为由北向南输送，直伸华中，18~19 日在黄土高原剧烈发展，改由从西向东输送，并向南扩展。

首先利用沙尘远距离输送模式，模拟这期间的起沙过程，并用中国 400 多个气象站观测的天气现象进行了比较，气象观测中的扬尘、沙尘和沙尘暴表明了该测站周边存在着扬沙和起沙情况。4 月 4 日，模拟的起沙源区有新疆的塔克拉玛干沙漠、青海和黄土高原等地区，观测的沙尘暴和扬沙地区也位于类似地区。4 月 5 日起沙区东移，模拟出两个主要起沙区，南部位于青海境内，北部在内蒙古和蒙古边界附近，观测的扬沙区与模拟的南部起沙区基本一致。4 月 10 日，模拟的起沙区也在经青海到黄土高原等广大地区，在此范围内观测到扬沙天气，但我国东部的扬沙现象没有模拟出，其他在 16~20 日起沙现象，也基本上能模拟出。

模拟了黄沙的输送过程，并计算了部分台站黄沙的最大浓度，与观测情况进行了比较。4 月 10 日在塔克拉玛干沙漠、青海、甘肃、陕西等地出现沙尘暴或扬沙、浮尘天气，我国东部也有零星的测站观测到黄沙。模式计算的黄沙高值区有两块，西部的塔克拉玛干地区和东部的甘肃、陕西、山西、内蒙等地，中心值超过 1500 $\mu g/m^3$。11 日黄沙向东南输送，东端到达渤海和山东半岛，南端到达武汉，东部各台站观测到的黄沙现象与计算值结果符合得很好。新疆地区的黄沙现象没有计算出。11 日的沙尘浓度比 10 日普遍降低。12 日模拟的黄沙浓度进一步降低，并向东、向北、向南输送，东北到达乌兰浩特地区，东端到达朝鲜半岛，南端到达华东和华南。观测到的黄沙现象包括了中国东部的大部分地区，与模拟结果相似。13 日模拟的黄沙进一步向东输送，南端到达台湾，东部到达东海、日本海，西日本，高浓度值区位于江淮、黄海、朝鲜半岛和日本海。观测的浮尘主要集中在江南大部分地区，华北地区的天空已无黄沙，与计算结果相符，13~14 日本出现黄沙。14 日模拟的黄沙浓度高值区有两个，西部为新出现的起沙区，在 40°~48°N，85°~100°E 之间，东部分布在华东、东海、日本海和整个日本。观测的黄沙区也有两个，西部比模拟的略偏南，东南的观测结果与模拟的基本一致。15 日模拟的黄沙分为 3 块，西部的一块进一步发展，向东略有扩展，东部分裂为南北两块，南边的停留在华东和华南，北边的分布在日本海和日本中部，这与日本的一些台站的观测一致。我国气象台站的观测也存在两块黄沙区，西北部的新起沙区，南部为浮尘区，计算的比观测的稍偏东。16 日南部的黄沙消失，西北部的黄沙区积极发展，南端到达武汉，东到达京津唐，观测的黄沙区集中在山西以西地区，浮尘向南延伸到了湖南和广东，分布形势基本一致。17 日黄沙进一步南移。18 日计算的黄沙从西北到东南存在一条黄沙的输送通道，浓度最大值在 35°N，100°~115°E 附近。与观测很相似。19 日在黄土高原黄沙天气激烈发展，大于 1500 $\mu g/m^3$ 的区域范围很大。向东输送到山东半岛、朝鲜半岛和日本西部，与观测的区域基本符合，观测的浮尘区略偏南。20 日计算的黄沙浓度普遍降低。21 日黄沙进一步东移，浓度降低，200 $\mu g/m^3$ 的高值中心分布在从江苏、黄海、朝鲜半岛到日本海的广大区域。西南端到达广西。观测的情况大体类似。22 日计算的黄沙浓度再降低,黄沙已逐步东移出海,观测和模拟的形势基本相同。看来,模式计算能模拟黄沙的分布和随时间的移动,能给出黄沙输送过程的许多具体图像。

数值模拟能计算出各地黄沙浓度值随时间的演变。这期间国内的北京、成山头、郑州、合肥、衢州等台站有黄沙天气的起讫时间,计值结果与观测结果比较符合。日本的一些地方有沙尘浓度的观测,可以与计算值进行比较。如日本长崎在 14 日 2:00～10:00,沙尘粒子浓度平均值为 128 $\mu g/m^3$,计算值为 116 $\mu g/m^3$,二者很接近。鹿儿岛 14 日 2:00～12:00 的平均观测值为 174 计算值为 90 $\mu g/m^3$,18～21 日观测平均值为 194 $\mu g/m^3$,计算值为 75 $\mu g/m^3$,22～23 日观测平均值为 102 $\mu g/m^3$,计算值为 140 $\mu g/m^3$。千叶 14 日 16:00～15 日 21:00 的观测值为 76 $\mu g/m^3$,计算值为 60 $\mu g/m^3$。歧阜和秋田的模拟计算结果与观测值也较相近。

模拟计算还讨论了黄沙不同粒径在空中的分布和输送情况。计算给出了不同粒径粒子浓度的水平和垂直分布。可以发现,小粒子的分布范围远远大于大粒子。在低层 2 μm 的黄沙粒子分布在从北漠、黄土高原源区到达我国东部的广大地区,包括了朝鲜半岛、渤海、华北、华中、华中、华东等地,13 μm 较大的粒子分布主要局限于源及其向东的一带地区(如河北、山东北部和朝鲜等)。在源区低层的黄沙浓度大于低层,其值可几倍到 10 倍。小粒子的分布范围和高度远远大于大粒子,越远离源区,粒子在空中分布越均匀,2 μm 的小粒子可高达 3～4 km 及以上,13 μm 较大沙粒一般分布在 2 km 以下。这清楚地表明,小粒子黄沙输送快于大粒子,大粒子输送距离有限,也局限于低层的输送。另外高层黄沙的输送快于低层。

数值模拟还讨论了我国北方的防护林对减弱风沙的作用。我国华北防护林主要位于河套地区,假设把华北防护林改变为草原下垫面,模拟 1988 年 4 月黄沙浓度的变化。12 日黄沙分布在我国东部广大地区,从黄土高原向东、向北、向南输送,东北到达乌兰浩特地区,东端到达朝鲜半岛,南端到达福建、江西和湖南,京津唐地区也在黄沙分布区内。计算结果表明,如果没有华北防护林,环渤海地区,包括京津唐、山东半岛、辽宁、朝鲜等地的近地面黄沙浓度将增大 1%～20%,在京津唐地区增大超过 20%。在 1000 m 高度上,防护林对黄沙浓度的影响已很小,仅增大 1%～5%,表明防护林减弱黄沙浓度的影响主要在近地面层。4 月 13 日黄沙浓度增大区东移,位于山东半岛和朝鲜上空,浓度增大超过 5%。总之,修建华北防护林对于降低东部地区黄沙浓度,减少沙尘的危害有着重要的作用。另外,为了减少黄沙对北京地区的侵袭,试考虑在北京的西北一些地区营造一定规模的防护林带。运用模式模拟了假设营造从山西大同到张家口的宽度为 50 km 的防护林带对北京黄沙浓度的影响。计算了 1988 年 4 月北京地区 3 次黄沙过程,结果表明,由于这条防护林带,北京地面的黄沙浓度可减小 10%～40%,其中大粒子浓度可减少达 70%。但防护林的影响高度不高,1 km 高度上黄沙浓度减小不超过 5%。

数值模拟也讨论了我国北方的山脉对黄沙输送的阻挡作用。太行山和吕梁山位于华北平原的西部,海拔在 2000～5000 m 之间,有五台山等高山。计算表明,如果没有这些山脉,在山脉以东的西安、郑州、石家庄、大同等地区黄沙浓度将增大 10%～20%,而在山脉的东南部地区,黄沙浓度则减少 10%～50%,清楚表明,这些南北向的山脉有利于和加强了黄沙向南的输送,而减弱了向东的输送。也计算了燕山对黄沙输送的减弱影响,结果指出,如果没有燕山,1988 年 4 月 13 日在些地区地面黄沙浓度将有明显变化,在 120°E 以东地区黄沙浓度将减少 10% 左右,燕山以南地区增加 10%～100%,燕山南麓将超过 100%,即包括延安、榆林、呼和浩特、张家口、北京、天津、太原在内的地区黄沙浓度将明显增大。说明像燕山这样东西向的山脉有利于黄沙向东输送,抑制黄沙向南输送。

参 考 文 献

第二章

[1]马广大等．大气污染控制工程．北京：中国环境科学出版社，1985

[2]张秀宝，高伟生，应龙根等．大气环境污染概论．北京：中国环境科学出版社，1989

[3]Seinfeld J H，Pandis S N. Atmospheric Chemistry and Physics——from Air Pollution to Climate Change，John Wiley & Sons INC. 1997

第三章

[4]李宗恺等．空气污染气象学原理及应用．北京：气象出版社，1985

[5]蒋维楣，曹文俊，蒋瑞宾．空气污染气象学教程．北京：气象出版社，1993

[6]塞恩菲尔德．空气污染——物理和化学基础．北京：科学出版社，1986

第四章

[7]唐云梯，刘人和．环境管理概论．北京：中国环境科学出版社，1992. 281

[8]张秀宝，高伟生，应龙根，大气环境污染概论．北京：中国环境科学出版社，1989

[9]蒋维楣，曹文俊，蒋瑞宾．空气污染气象学教程．北京：气象出版社，1993

第五章

[10]塞恩菲尔德．空气污染——物理和化学基础．北京：科学出版社，1986

[11]莫天麟．大气化学．北京：气象出版社，1991

[12]张光华，赵殿五．酸雨．北京：中国环境科学出版社，1989

[13]黄美元，沈志来，刘帅仁等．中国西南典型地区酸雨形成过程研究．大气科学，1995，19(3)，359～366

[14]黄美元，王自发，徐华英等．我国冬夏季硫污染物沉降与跨地区输送模拟研究．科学通报，1996，41(11)，1013～1016

[15]冯宗炜．酸雨对生态系统的影响．北京：中国科学技术出版社，1994

[16]石弘之，张坤民、周北海译．酸雨．北京：中国环境科学出版社，1997

第六章

[17]王贵勤等．大气臭氧研究．科学出版社，1985

[18]曹凤中．臭氧空洞的报告．中国环境科学出版社，1990

[19]A. S 米勒，I. M. 明特著，刘秀茹，邹源 译．保护臭氧层的战略．北京：中国环境科学出版社。1989

第七章

[20]丁一汇．石广玉．中国的气候变化与气候影响研究．北京：气象出版社，1997

[21]王庚辰，温玉璞．温室气体浓度和排放监测及相关过程，北京：中国环境科学出版社，1996

[22]A. K. 贝茨著，苗润生，成志勤译．气候危机——温室效应与我们的对策．北京：中国环境科学出版社，1992

[23]田中正之著，石广玉，李昌明译．地球在变暖．北京：气象出版社，1992

第八章

[24]方宗义,朱福康等. 中国沙尘暴研究. 北京:气象出版社,1997

[25]吴正. 风沙地貌学. 北京:科学出版社,1987

[26]黄美元,王自发. 东亚地区黄沙长距离输送模式设计. 大气科学,1998,22(4),625~637